キーノート
有機化学
第 2 版

Andrew F. Parsons 著
村田　滋 訳

東京化学同人

Keynotes in Organic Chemistry
Second Edition

Andrew F. Parsons
Department of Chemistry, University of York, UK

© 2014 John Wiley & Sons, Ltd.

All Rights Reserved. Authorised translation from the English language edition published by John Wiley & Sons Limited. Responsibility for the accuracy of the translation rests solely with Tokyo Kagaku Dozin Co., Ltd. and is not the responsibility of John Wiley & Sons Limited. No part of this book may be reproduced in any form without the written permission of the original copyright holder, John Wiley & Sons Limited.
Japanese translation edition © 2016 Tokyo Kagaku Dozin Co., Ltd.

まえがき

　学ぶべき科目が多様化し，学位や資格を得るためにさまざまな試験が行われる現代において，効果的にその科目のキーポイントを学べる簡潔に書かれた書物に対する必要性が高まっている．本書は，有機化学の重要事項を簡潔にまとめたものであり，英国の化学と生物化学など関連する課程の初年度の学生を対象としている．また，本書は，ほかの国において同様の課程に学ぶ学生にとっても，適切な書物であろうと思う．

　絵は言葉よりも雄弁である，といわれるとおり，本書では，取上げた話題を図によって説明することに重点をおいた．したがって，文章による説明は比較的少なく，図が多くなっている．図には，重要な概念や鍵となる情報を要約した注釈をつけた．また，重要な原理や定義を簡潔に記載した文には，黒丸印をつけてそれらを強調した．

　本書では，取上げた話題を体系化して配列し，学びやすい構成とした．まず，導入として，構造と結合，官能基および立体化学といった基礎的な概念について，最初の三つの章で解説した．次の反応性と機構に関する第4章は，有機化学反応の基本原理を簡潔に説明した重要な章である．この章は，読者に対して，後続の章を理解するために必要となる"重要な手法"の要点を解説することを目的としており，取上げた話題が反応機構に基づいてまとめられている点が重要である．この章では，たとえば置換反応や付加反応といった反応の一般的な経路や機構が概観されているが，これらの反応の機構については，再び後続の章でより詳しく解説される．第5章から第9章は，基本的には，反応機構を具体的な例を用いて説明した章であり，最も重要ないくつかの官能基の化学が述べられている．最初に第5章でハロゲン化アルキルを取上げ，つぎに，第6章ではこれらの化合物の脱離反応によって生成するアルケンとアルキンの反応性について議論した．さらに，付加反応性を示すアルケンとは対照的に，置換反応性を示すベンゼンとその誘導体について第7章で解説した．豊富な内容を含むカルボニル化合物の化学については，二つの章に分けて説明し，第8章ではアルデヒドとケトン，第9章ではカルボン酸誘導体を取上げた．この分類は，求核剤に対して，それぞれ付加反応，置換反応と異なった反応性を示すこ

とに基づいたものである．また，構造決定におけるスペクトルの重要性を復習するために第10章を設け，最後の第11章には，数多くの重要な天然有機化合物と合成高分子の構造と反応性について，その要点をまとめた．読者の理解度を試すために，各章の終わりに例題と問題をつけ，すべての問題について略解を与えた．さらに，役に立つ物理的データの表，反応のまとめ，用語集を，付録として巻末につけた．

第2版で新しくなったこと

第2版ではいくつかの点を付け加えることによって，学生や教師から寄せられた意見を反映させた．

- 2色刷りにして，いくつかの図，特に反応機構の表記を明確にした．
- 読者が情報を探しやすいように，また異なる話題の関連性を強調するために，欄外に注釈を加えた．
- 各章の導入部にあるキーポイントの部分に図を加えた．
- 各章の章末問題に，いくつかの問題（とその略解）を追加した．
- 各章の終わりに例題を加えた．
- 付録の情報を拡充するために，反応のまとめと用語集を加えた．

謝　辞

本書の出版に関して，援助してくれた多くの人々に感謝したい．このなかにはヨーク大学の多くの学生や同僚も含まれている．彼らの建設的なコメントはたいへん貴重であった．また，本書を執筆している間，忍耐をもって私を支えてくれた家族に感謝したい．最後に，第2版を進めるにあたり援助してくれたWiley社のPaul DeardsとSarah Tilleyに謝意を表したい．

Dr Andrew F. Parsons
2013

訳者まえがき

　本書は，英国ヨーク大学の Andrew Parsons による"Keynotes in Organic Chemistry, 2nd Edition"の邦訳である．書名に示されているとおり，有機化学の重要事項を簡潔にまとめたものであり，自然科学系の大学生が教養として身につけているべき有機化学の基礎的な事項は，この1冊に集約されているといってよい．したがって，理工系，生物科学系，生活科学系の学生が有機化学を学ぶときの教科書として，あるいは短期間に有機化学の全容を学びたいと思う自然科学系技術者の参考書として，最も適した書物である．また，有機化学をすでに学んだ化学系の専門課程の学生にとっても，知識を整理，あるいは確認するために一読に値する書物であろうと思う．

　新しい素材がつぎつぎと開発され，生命現象の分子科学的な理解が進む今日において，自然科学に携わるすべての人々は，有機化学の基礎的な知識を身につけている必要があるだろう．しかし，有機化学の重要事項や考え方を手軽に学ぶための入門書となると，説明が詳しすぎて大部なものになったり，逆に断片的な記述がなされて体系的に学ぶことができないものであったりと，適切な書物を見つけることが難しい．本書は，キーノートといっても，重要事項が羅列的に並べられているわけではなく，取上げる事項は精選され，それぞれについては丁寧な説明がなされている．特に，図が多用されて，巻矢印を用いた反応機構の説明が詳しくなされており，単に重要事項を暗記させるのではなく，有機化学を体系的に学ぶことができるように配慮されている．また，概論となる第1章から第4章に十分なページが割かれており，そこで基礎的な内容をしっかり身につけてから第5章以降の各論で具体的な例を学ぶといった，非常に学習しやすい構成となっているのも本書の特徴である．なお，第1章において，原著では，オクテット則，形式電荷，あるいは共鳴といった学術用語がほとんど説明なく用いられていたが，大学初年度の学生が読んでわかりやすいように，必要に応じて説明を加えた．

　第2版は2色刷になったことに加えて，例題やいくつかの問題も追加され，初版よりもいっそう学びやすい本になっている．なお，原著では欄外に多くの注釈がつけられていたが，本書ではそのうち重要なものを精選し，適宜本文や

図表,あるいは脚注に収載した.本書の出版にあたり,東京化学同人の橋本純子さん,丸山 潤さんには大変お世話になった.原稿の細部まで注意深く点検して下さったのみならず,原著のわかりにくい図や挿入文を適切に配列し直していただいた.見事な編集によって,本書はずいぶん読みやすいものになったと思う.心から感謝の意を表したい.

2016 年 5 月

村　田　　　滋

目　　次

1. 構 造 と 結 合 ……………………………………………… 1
1・1　イオン結合と共有結合 ……………………………… 1
1・2　オクテット則 ………………………………………… 2
1・3　形式電荷 ……………………………………………… 3
1・4　シグマ結合とパイ結合 ……………………………… 4
1・5　混　成 ………………………………………………… 5
1・6　誘起効果，超共役，共鳴効果 ……………………… 7
　　1・6・1　誘起効果 …………………………………… 7
　　1・6・2　超 共 役 …………………………………… 8
　　1・6・3　共鳴効果 …………………………………… 9
1・7　酸性と塩基性 ………………………………………… 11
　　1・7・1　酸 …………………………………………… 11
　　1・7・2　塩　基 ……………………………………… 14
　　1・7・3　ルイス酸とルイス塩基 …………………… 17
　　1・7・4　塩基性と混成 ……………………………… 17
　　1・7・5　酸性と芳香族性 …………………………… 18
　　1・7・6　酸塩基反応 ………………………………… 19
例　題 ………………………………………………………… 19
問　題 ………………………………………………………… 21

2. 官能基，命名法，有機化合物の表記法 ……………… 23
2・1　官 能 基 ……………………………………………… 23
2・2　アルキル基とアリール基 …………………………… 24
2・3　アルキル基の置換 …………………………………… 25
2・4　有機化合物の命名法 ………………………………… 25
　　2・4・1　特別な場合 ………………………………… 27

 2・5 有機化合物の表記法 …………………………………… 30
 例 題 ………………………………………………………… 31
 問 題 ………………………………………………………… 31

3. 立体化学 …………………………………………………… 34
 3・1 異 性 …………………………………………………… 34
 3・2 配座異性体 ……………………………………………… 35
  3・2・1 エタンの立体配座 ………………………………… 35
  3・2・2 ブタンの立体配座 ………………………………… 36
  3・2・3 シクロアルカンの立体配座 ……………………… 37
  3・2・4 シクロヘキサン …………………………………… 38
 3・3 立体配置異性体 ………………………………………… 40
  3・3・1 アルケン …………………………………………… 40
  3・3・2 キラル中心をもつ異性体 ………………………… 42
 例 題 ………………………………………………………… 48
 問 題 ………………………………………………………… 50

4. 反応性と反応機構 ………………………………………… 52
 4・1 反応中間体 ── イオンとラジカル …………………… 52
 4・2 求核剤と求電子剤 ……………………………………… 54
  4・2・1 相対的な強さ ……………………………………… 55
 4・3 カルボカチオン, カルボアニオン, 炭素ラジカル …… 57
  4・3・1 安定性の順序 ……………………………………… 58
 4・4 立体効果 ………………………………………………… 59
 4・5 酸化準位 ………………………………………………… 59
 4・6 反応の一般的な様式 …………………………………… 60
  4・6・1 イオン性中間体を含む極性反応 ………………… 60
  4・6・2 ラジカル反応 ……………………………………… 62
  4・6・3 ペリ環状反応 ……………………………………… 63
 4・7 イオンとラジカル ……………………………………… 64
 4・8 反応選択性 ……………………………………………… 64
 4・9 反応の熱力学と速度論 ………………………………… 65
  4・9・1 熱力学 ……………………………………………… 65
  4・9・2 速度論 ……………………………………………… 67

4・9・3　速度支配と熱力学支配 …………………………… 70
4・10　軌道の重なり合いとエネルギー ……………………………… 71
4・11　反応機構を書くための指針 …………………………………… 72
　例　題 ………………………………………………………………… 74
　問　題 ………………………………………………………………… 75

5. ハロゲン化アルキル …………………………………………… 78
5・1　構　造 …………………………………………………………… 78
5・2　合　成 …………………………………………………………… 79
　　5・2・1　アルカンのハロゲン化 ………………………………… 79
　　5・2・2　アルコールのハロゲン化 ……………………………… 80
　　5・2・3　アルケンのハロゲン化 ………………………………… 82
5・3　反　応 …………………………………………………………… 84
　　5・3・1　求核置換反応 …………………………………………… 84
　　5・3・2　脱離反応 ………………………………………………… 91
　　5・3・3　置換反応と脱離反応 …………………………………… 96
　例　題 ………………………………………………………………… 98
　問　題 ………………………………………………………………… 99

6. アルケンとアルキン …………………………………………… 102
6・1　構　造 …………………………………………………………… 102
6・2　アルケン ………………………………………………………… 104
　　6・2・1　合　成 …………………………………………………… 104
　　6・2・2　反　応 …………………………………………………… 105
6・3　アルキン ………………………………………………………… 118
　　6・3・1　合　成 …………………………………………………… 118
　　6・3・2　反　応 …………………………………………………… 119
　例　題 ………………………………………………………………… 122
　問　題 ………………………………………………………………… 123

7. ベンゼンとその誘導体 ………………………………………… 126
7・1　構　造 …………………………………………………………… 126
7・2　反　応 …………………………………………………………… 128
　　7・2・1　ハロゲン化 ……………………………………………… 128

  7・2・2 ニトロ化 …………………………………………………………… 129
  7・2・3 スルホン化 ………………………………………………………… 130
  7・2・4 アルキル化 —— フリーデル-クラフツアルキル化 …………… 130
  7・2・5 アシル化 —— フリーデル-クラフツアシル化 ………………… 132
 7・3 置換ベンゼンの反応性 …………………………………………………… 133
  7・3・1 ベンゼン環の反応性 —— 活性化基と不活性化基 …………… 133
  7・3・2 反応の配向性 …………………………………………………… 134
 7・4 芳香族求核置換反応 ……………………………………………………… 137
 7・5 ベンザインの生成 ………………………………………………………… 138
 7・6 側鎖の変換 ………………………………………………………………… 139
 7・7 ベンゼン環の還元 ………………………………………………………… 141
 7・8 置換ベンゼンの合成戦略 ………………………………………………… 142
 7・9 ナフタレンの求電子置換反応 …………………………………………… 145
 7・10 ピリジンの求電子置換反応 …………………………………………… 146
 7・11 ピロール,フラン,チオフェンの求電子置換反応 ………………… 146
 例 題 ……………………………………………………………………………… 147
 問 題 ……………………………………………………………………………… 148

8. カルボニル化合物: アルデヒドとケトン …………………………… 150
 8・1 構 造 ……………………………………………………………………… 150
 8・2 反 応 性 ……………………………………………………………………… 151
 8・3 求核付加反応 ……………………………………………………………… 153
  8・3・1 アルデヒドとケトンの相対的な反応性 ……………………… 153
  8・3・2 求核剤の種類 …………………………………………………… 154
  8・3・3 ヒドリドの求核付加 —— 還元 ……………………………… 154
  8・3・4 炭素求核剤の求核付加 —— C−C 結合の形成 ……………… 157
  8・3・5 酸素求核剤の求核付加 —— 水和物およびアセタールの生成 … 161
  8・3・6 硫黄求核剤の求核付加 —— チオアセタールの生成 ………… 163
  8・3・7 窒素求核剤の求核付加 —— イミンおよびエナミンの生成 … 164
 8・4 α置換反応 ………………………………………………………………… 167
  8・4・1 ケト-エノール互変異性化 …………………………………… 168
  8・4・2 エノールの反応性 ……………………………………………… 169
  8・4・3 α水素原子の酸性度 —— エノラートイオンの生成 ……… 169
  8・4・4 エノラートイオンの反応性 …………………………………… 170

   8・5　カルボニル-カルボニル縮合反応 …………………………………… 172
      8・5・1　アルデヒドとケトンの縮合反応 —— アルドール縮合反応 …………… 172
      8・5・2　交差アルドール縮合 ……………………………………………… 173
      8・5・3　分子内アルドール反応 …………………………………………… 174
      8・5・4　マイケル反応 ……………………………………………………… 175
   例　題 ……………………………………………………………………………… 176
   問　題 ……………………………………………………………………………… 177

9. カルボニル化合物：カルボン酸とその誘導体 …………………… 179
   9・1　構　造 ………………………………………………………………………… 179
   9・2　反 応 性 ……………………………………………………………………… 179
   9・3　求核アシル置換反応 ………………………………………………………… 180
      9・3・1　カルボン酸誘導体の相対的反応性 …………………………………… 180
      9・3・2　カルボン酸誘導体とカルボン酸の反応性 …………………………… 181
      9・3・3　カルボン酸誘導体とアルデヒドまたはケトンの反応性 …………… 181
   9・4　カルボン酸の求核置換反応 ………………………………………………… 182
      9・4・1　酸塩化物の合成 …………………………………………………… 182
      9・4・2　エステルの合成 …………………………………………………… 183
   9・5　酸塩化物の求核置換反応 …………………………………………………… 183
   9・6　酸無水物の求核置換反応 …………………………………………………… 184
   9・7　エステルの求核置換反応 …………………………………………………… 185
   9・8　アミドの求核置換反応と還元反応 ………………………………………… 187
   9・9　ニトリルの求核付加反応 …………………………………………………… 188
   9・10　カルボン酸の α 置換反応 ………………………………………………… 189
   9・11　カルボニル-カルボニル縮合反応 ………………………………………… 190
      9・11・1　クライゼン縮合反応 …………………………………………… 190
      9・11・2　交差クライゼン縮合反応 ……………………………………… 191
      9・11・3　分子内クライゼン縮合反応 —— ディークマン反応 …………… 192
   9・12　カルボニル基の反応性の総括 …………………………………………… 193
   例　題 ……………………………………………………………………………… 194
   問　題 ……………………………………………………………………………… 195

10. スペクトルと構造 …………………………………………………… 197
   10・1　質量分析法 ………………………………………………………………… 197

10・1・1　概　要 ··· 197
　10・1・2　同位体パターン ··· 199
　10・1・3　分子式の決定 ·· 200
　10・1・4　フラグメンテーションパターン ····························· 200
　10・1・5　化学イオン化 ·· 202
　10・2　電磁スペクトル ··· 202
　10・3　紫外分光法 ··· 203
　10・4　赤外分光法 ··· 204
　10・5　核磁気共鳴分光法 ·· 207
　　10・5・1　^{1}H NMR 分光法 ··· 209
　　10・5・2　^{13}C NMR 分光法 ·· 215
　例　題 ··· 217
　問　題 ··· 218

11. 天然物および合成高分子 ··· 221
　11・1　炭水化物 ·· 221
　11・2　脂　質 ··· 223
　　11・2・1　ろう，脂肪，脂肪油 ·· 224
　　11・2・2　ステロイド ·· 224
　11・3　アミノ酸，ペプチド，タンパク質 ······························· 225
　11・4　核　酸 ··· 228
　11・5　合成高分子 ·· 230
　　11・5・1　付加高分子 ·· 230
　　11・5・2　縮合高分子 ·· 232
　例　題 ··· 233
　問　題 ··· 234

問題の略解 ··· 237
さらに詳しく学びたい人のための参考書 ·································· 259
付　録 ··· 261
索　引 ··· 275

構造と結合

キーポイント

有機化学は，炭素化合物に関する学問である．電子を受取った原子と電子を失った原子の間では**イオン結合**が形成されるが，炭素原子は，その外殻にある4個の電子をほかの原子と共有することによって，4個の**共有結合**を形成する．炭素原子はほかの炭素原子と，単結合（C−C），二重結合（C=C），あるいは三重結合（C≡C）によって結合する．炭素が異なる種類の原子と結合するときには，電子は2個の原子によって同等に共有されるわけではない．これは，**電気陰性な原子**（あるいは置換基）は電子を引寄せ，一方，**電気陽性な原子**（あるいは置換基）は電子を押しやるためである．原子や置換基の電子求引性あるいは電子供与性を理解すると，ある有機化合物が良好な**酸**であるか，あるいは**塩基**であるかを予想することができる．

1・1 イオン結合と共有結合

- **イオン結合**（ionic bond）は，異なる電荷をもつ分子あるいは原子の間で形成される．負電荷をもつアニオンと正電荷をもつカチオンの間には，静電的な引力がはたらく．イオン結合は，無機塩（inorganic salt）にみられる結合である．

    カチオン⊕……⊖アニオン　　例：Na⊕……⊖Cl

- **共有結合**（covalent bond）は，一つの電子対が2個の原子の間で共有されることにより形成される．共有結合は，2個の電子からなる結合であることを示す1本の線

    原子——原子　　例：Cl—Cl

で表記される．

- **配位結合**（coordinate bond）は，**供与結合**（dative bond）ともよばれ，一つの電子対が2個の原子の間で共有されることにより形成される．配位結合では，一方の原子が結合に関与する2個の電子を供与している．配位結合は，2個の電子からなる結合であることを示す1本の線か，あるいは矢印で表記される．

- **水素結合**（hydrogen bond）は，ある分子の部分的な正電荷をもつ水素原子が，別の分子の部分的な負電荷をもつヘテロ原子（たとえば，酸素原子や窒素原子）と相互作用することにより形成される．部分的な正電荷および負電荷は，それぞれ記号 δ+ および δ− で表す．

1・2 オクテット則

有機化合物が形成されるとき，炭素原子はほかの原子と電子を共有して，8個の価電子をもつ"みたされた殻"を形成し，安定な電子配置をつくる．一般に，第2周期の元素は，外殻に8個の電子をもつと安定な分子を形成する傾向がある．これを**オクテット則**（octet rule）とよぶ．

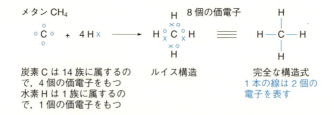

単結合は2個の電子から形成され，また，二重結合は4個，三重結合は6個の電子から形成される．価電子のうち，ほかの原子との結合に関与していない電子対を，**非共有電子対**（unshared electron pair）という．非共有電子対は，**孤立電子対**（lone pair）

あるいは**非結合電子対**(nonbonding electron pair)ともよばれる.非共有電子対は,2個の点(··)で表記される.

1・3 形式電荷

分子の結合の形成をオクテット則に基づいて考える場合,共有結合をつくる2個の電子をそれぞれの原子に割り当てると,その原子に割り当てられた電子数が価電子の数と異なることがある.このような場合に生じる電荷を,**形式電荷**(formal charge)という.見かけ上"異常な"結合数をもつ原子に対しては,正または負の形式電荷が割り当てられることになる.

原 子	C	N, P	O, S	F, Cl, Br, I
族番号	14	15	16	17
通常の結合数	4	3	2	1

形式電荷 = 周期表の族番号 − 結合数 − 非結合性電子の数 − 10

例: 硝酸 HNO₃

4個の共有結合をもつ窒素原子は,
形式電荷 +1 をもつ
形式電荷: 15−4−0−10 = +1

窒素原子はこの結合を形成するために電子対を供与している

炭素は,通常4個の共有結合を形成する.炭素が共有結合を3個しかもたない場合には,その炭素原子は負の形式電荷か,または正の形式電荷のいずれかをもつことになる.

- **カルボアニオン**(carbanion): 炭素原子は3個の共有結合と負の形式電荷をもつ.

炭素上の形式電荷:
14−3−2−10 = −1

8個の外殻電子:
3個の共有結合と
2個の非結合性電子

負電荷を用いて2個の非結合性電子を表す

- **カルボカチオン**(carbocation): 炭素原子は3個の共有結合と正の形式電荷をもつ.

炭素上の形式電荷:
14−3−0−10 = +1

6個の外殻電子:
3個の共有結合

正電荷を用いて電子が2個不足していることを表す

1・4 シグマ結合とパイ結合

2個の原子によって電子が共有され共有結合が形成されることは，原子軌道が重なり合って新しい分子軌道ができることを意味する．1s および 2s 軌道からなる分子軌道を電子が占有すると，**シグマ（σ）結合**（sigma bond）が形成される．

2個の 1s 軌道が同位相で重なり合うと，**結合性分子軌道**（bonding molecular orbital）ができる．

2個の 1s 軌道が逆位相で重なり合うと，**反結合性分子軌道**（antibonding molecular orbital）ができる．

p 軌道からなる分子軌道を電子が占有すると，σ 結合あるいは**パイ（π）結合**（pi bond）が形成される．

- σ 結合は，2個の p 軌道が正面から重なり合うことによって形成される強い結合である．

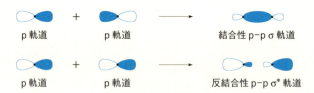

- π 結合は，2個の p 軌道が側面から重なり合うことによって形成される比較的弱い結合である．

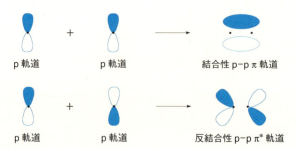

有機化合物にみられる結合は，σ結合とπ結合だけである．すべての単結合はσ結合である．また，すべての多重結合は，σ結合とπ結合を含む．すなわち，二重結合は1個のσ結合と1個のπ結合から，また三重結合は1個のσ結合と2個のπ結合から形成されている．

1・5 混成

- 炭素原子の基底状態の電子配置は，$1s^2 2s^2 2p_x^1 2p_y^1$ である．

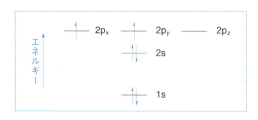

- **構成原理**（Aufbau principle）により，6個の電子は低いエネルギーの軌道から高いエネルギーの軌道へと順にみたされる．
- **パウリの排他原理**（Pauli exclusion principle）により，それぞれの軌道には最大2個の電子しか入らない．
- **フントの規則**（Hund's rule）により，2個の2p電子は対を形成せず，異なった軌道に入る*．

炭素原子上の2s軌道と2p軌道を混合して，新しい原子軌道をつくり出すことができる．この手法を**混成**（hybridization）とよび，つくられた原子軌道を**混成軌道**（hybrid orbital）という．

- **sp^3 混成**: メタン CH_4 にみられるような四つのσ単結合をもつ炭素原子を，sp^3 混成炭素という．4個の軌道はできるだけ互いに離れるように配置され，軌道の広がり〔ローブ（lobe）〕は正四面体の頂点の方向を向いている．軌道間の角度は109.5°

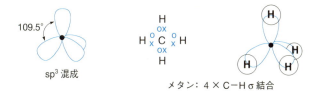

---

* フントの規則によると，同じエネルギーをもつ1組の軌道に2個の電子を配置するときには，対を形成させて一つの軌道におくのではなく，異なる軌道にスピンが平行になるように配置する．

である.

- **sp² 混成**: エテン（エチレン）H₂C=CH₂ にみられるような三つの σ 単結合と一つの π 結合をもつ炭素原子を，sp² 混成炭素という．3 個の sp² 混成軌道は正三角形の頂点の方向を向いており，軌道間の角度は 120°である．混成に関与しない p 軌道は，sp² 混成軌道が形成する平面に対して垂直に位置し，π 結合を形成する．

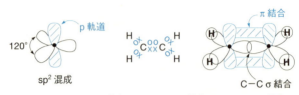

エテン: 4×C−H σ 結合, 1×C−C σ 結合, 1×C−C π 結合

- **sp 混成**: エチン（アセチレン）HC≡CH にみられるような二つの σ 単結合と二つの π 結合をもつ炭素原子を，sp 混成炭素という．2 個の sp 混成軌道は正反対の方向を向いており，軌道間の角度は 180°である．混成に関与しない 2 個の p 軌道は，sp 軌道軸に対して直交しており，二つの π 結合を形成する．

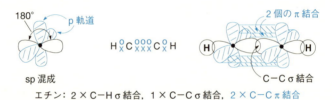

エチン: 2×C−H σ 結合, 1×C−C σ 結合, 2×C−C π 結合

- C−C あるいは C−O 単結合を形成する原子は sp³ 混成原子であり，その炭素原子は正四面体構造をとる．
- C=C あるいは C=O 二重結合を形成する原子は sp² 混成原子であり，その炭素原子は平面三角形構造をとる．
- C≡C あるいは C≡N 三重結合を形成する原子は sp 混成原子であり，その炭素原子は直線構造をとる．

このように，有機化合物の形状は，原子の混成によって決まる．

π結合はσ結合より弱いので，π結合を含む官能基（§2・1参照）は，一般に反応性が高い．アルケンあるいはアルキンのπ結合の強さ（結合解離エンタルピー）は，$+250\,\mathrm{kJ\,mol^{-1}}$程度であるのに対して，σ結合の強さは$+350\,\mathrm{kJ\,mol^{-1}}$程度である．

結合	平均結合解離エンタルピー（$\mathrm{kJ\,mol^{-1}}$）	平均結合距離（pm）
C—C	+347	153
C=C	+612	134
C≡C	+838	120

結合距離が短いほど，結合は強くなる．C–H結合については，炭素原子軌道のs性が高くなるほど，結合距離は短くなる．これは，s性が高い炭素原子軌道の電子ほど，原子核のまわりに近接して存在するからである*．

$$\underset{\text{最も長い}}{\mathrm{H_3C-CH_2\overset{sp^3}{-}H}} > \mathrm{H_2C=CH\overset{sp^2}{-}H} > \underset{\text{最も短い}}{\mathrm{HC\equiv C\overset{sp}{-}H}}$$

C–Cσ単結合は室温で自由に回転することができるが，C=C結合の回転はπ結合のために阻害されている．これは，π結合における軌道の重なりを最大にするためには，2個のp軌道は互いに平行でなければならないので，C=C結合のまわりの回転はπ結合を開裂させることになるからである．

1・6 誘起効果，超共役，共鳴効果
1・6・1 誘起効果

異なる種類の2個の原子間で形成される共有結合では，σ結合の電子は2個の原子によって同等に共有されているわけではない．原子が電子を引きつけようとする傾向を，その原子の**電気陰性度**（electronegativity）といい，電気陰性度が比較的高い原子

ポーリングの電気陰性度							
K	C	N	O	I	Br	Cl	F
0.82	2.55	3.04	3.44	2.66	2.96	3.16	3.98

数値が大きくなるほど，原子は電気陰性である

---

* C≡C結合に結合した水素原子は，C=C結合あるいはC–C結合に結合した水素原子よりも酸性が強い．これはそれぞれの水素原子に結合した炭素原子の混成の違いによって説明される（§1・7・4参照）．

を**電気陰性な原子**(electronegative atom),電気陰性度が比較的低い原子を**電気陽性な原子**(electropositive atom)という.

異なる原子間で形成される共有結合の電子は,より電気陰性な原子の方に引寄せられている.次の図表において共有結合を表す線の上方に書いた矢印(⊢→)は,このような電子の偏りを表している.矢印は線上に書くこともある.矢印の方向は,電子が引寄せられている方向を表している.このように,σ結合を通じて,原子あるいは置換基の電子的な影響が伝達される効果を,**誘起効果**(inductive effect,I効果)という.言いかえれば,誘起効果は,σ結合を通じて伝達された電子の分極である.

X: $-$I 置換基		Z: $+$I 置換基	
$\overset{\delta+}{-}\text{C}\overset{\delta-}{-}\text{X}$	原子Xが炭素より電気陰性の場合,**電子はXへ求引される**	$\overset{\delta-}{-}\text{C}\overset{\delta+}{-}\text{Z}$	原子Zが炭素より電気陽性の場合,**電子はCへ求引される**
負の誘起効果 $-$I		正の誘起効果 $+$I	
X = Br, Cl, NO$_2$, OH, OR, SH, SR, NH$_2$, NHR, NR$_2$, CN, CO$_2$H, CHO, C(O)R		Z = R (アルキルまたはアリール) 金属(たとえば Li, Mg)	
原子Xが電気陰性であるほど,$-$I効果は強い		原子Zが電気陽性であるほど,$+$I効果は強い	

> アルキル鎖が長くなるにつれて,原子の誘起効果は急速に減少する
>
> $\text{H}_3\text{C}\overset{\delta\delta\delta+}{-}\text{CH}_2\overset{\delta\delta+}{-}\text{CH}_2\overset{\delta+}{-}\text{CH}_2\overset{\delta-}{-}\text{Cl}$
>
> Clの $-$I効果は無視できる　　Clの強い $-$I効果を受ける

分子全体の極性は,各結合の極性,形式電荷,非共有電子対の寄与によって決まる.**双極子モーメント**(dipole moment)μ は,分子の極性の目安となり,双極子モーメントが大きくなると化合物はより極性となる.双極子モーメントは,デバイ(D)単位で表されることが多い.

1・6・2 超共役

σ結合は,電子を空のp軌道に供与することによって,隣接するカルボカチオン(すなわち,正電荷をもつ炭素,R$_3$C$^+$)を安定化することができる.正電荷は非局在化し,分子全体に広がって安定化する.このようなσ結合が関与する電子の非局在化を,**超共役**(hyperconjugation)という.超共役では,近接するC$-$H結合,あるいはC$-$C結合から電子が供与される.また,一般に,電子の非局在化による安定化の効果を,

共鳴 (resonance) という.

1・6・3 共 鳴 効 果

電子は,誘起効果によって σ 結合骨格を通じて求引されるが,π 結合系を通じても移動することができる. π 結合は,負電荷,正電荷,非共有電子対,あるいは隣接する結合を,共鳴,すなわち電子の非局在化によって安定化する. このように,π 電子の非局在化によって原子あるいは置換基の電子的な影響が伝達される効果を,**共鳴効果** (resonance effect) という. 共鳴効果は**メソメリー効果** (mesomeric effect, M 効果) ともよばれる.

一般に,電子が非局在化している分子の構造は,単一の構造式で表現することはできず,複数の構造式を重ね合わせたものとして理解される. このとき,それらの構造は,その分子に"寄与している"といい,それらの構造を**共鳴構造** (resonance structure) あるいは**極限構造** (canonical structure) という. 一般に,共鳴構造は,その分子がとりうるすべての電子分布を表す. 巻矢印 (§4・1 参照) を用いて π 電子あるいは非共有電子対の移動を表すと,その分子に寄与する別の共鳴構造を書くことができる. それらを両頭の矢印で結ぶことによって,それらが互いに共鳴構造の関係にあることを表す. 共鳴構造において移動しているのは電子だけであり,原子核は移動しない.

a. 正の共鳴効果
- π 電子系が電子を供与するとき,π 電子系は正の共鳴効果 (+M) をもつ.

- 非共有電子対が供与されるとき,電子を供与する置換基は正の共鳴効果 (+M) をもつ.

b. 負の共鳴効果

- π電子系が電子を受容するとき，π電子系は負の共鳴効果（−M）をもつ．

$$\diagup \!\!\!\!C\overset{\ominus}{-}CH=\!\!CHR \quad \longleftrightarrow \quad \diagup \!\!\!\!C=\!\!CH-\overset{\ominus}{C}HR$$

電子を受容する
−M基

$$\diagup \!\!\!\!C\overset{\ominus}{-}CH=\!\!O \quad \longleftrightarrow \quad \diagup \!\!\!\!C=\!\!CH-\overset{\ominus}{O}$$

カチオンあるいはアニオンの実際の構造は，2個の共鳴構造の中間の構造である．すべての共鳴構造は，同じ総電荷数をもち，同じ原子価の規則に従って表記されねばならない．

> −M基は一般に，電気陰性原子またはπ結合をもつ
>   CHO, C(O)R, CO_2H, CO_2Me, NO_2, CN, 芳香族置換基，アルケン
> +M基は一般に，非共有電子対またはπ結合をもつ
>   Cl, Br, ÖH, ÖR, SH, SR, NH₂, NHR, NR₂, 芳香族置換基，アルケン
> 芳香族置換基（アリール基）およびアルケンは，+M基，−M基いずれにもなる

電気的に中性の化合物では，分子内に+M基と−M基が存在するとみることができる．すなわち，一つの置換基が電子を供与し（+M），別の置換基が電子を求引する（−M）ことを表す共鳴構造を書くことができる．

$$R\ddot{O}-CH=\!\!CHR \quad \longleftrightarrow \quad R\overset{\oplus}{O}=\!\!CH-\overset{\ominus}{C}HR$$

+M基 −M基

すべての共鳴構造が，同じエネルギーをもっているとは限らない．一般に，共有結合の数，あるいは外殻が電子でみたされた原子の数が最も多い構造，またはベンゼン環をもつ構造が最も安定な共鳴構造となる．たとえば，フェノール（PhOH）では，ベンゼン環が維持されている共鳴構造が最も安定であり，これがこの分子の支配的な構造であると予想される（§7・1参照）．

芳香環が維持されている

おおざっぱな指針として，アニオン，カチオン，あるいは中性のπ電子系がより多くの共鳴構造をもてば，その系はより安定となる．

c. 誘起効果と共鳴効果　一般に，共鳴効果は誘起効果よりも強い．+M基は，+I基よりも効果的にカチオンを安定化する．

二つの二重結合が単結合をはさんで存在し，互いに相互作用し合う状態を**共役** (conjugation) といい，このような単結合と二重結合が交互に存在する系を**共役系** (conjugated system) という．共役系では，共鳴効果は誘起効果に比べて非常に長い距離にわたって効果を及ぼすことができる．誘起効果の強さは距離によって決まるが，共鳴効果の強さは分子内における+Mおよび-M基の相対的な位置によって決定される（§1・7参照）．

1・7　酸性と塩基性

1・7・1　酸

ブレンステッド-ローリー (Brønsted-Lowry) の定義によると，**酸** (acid) とはプロトン (H^+) を供与する物質である．酸性の化合物は，脱プロトン化によって生成するアニオンが比較的安定であるので，小さいpK_aをもち，良好なプロトン供与体となる．酸からプロトンが解離して生成するアニオンを，その酸の**共役塩基** (conjugate base) という．

水中において　　　　　　　酸性度定数

$$HA + H_2\ddot{O} \xrightleftharpoons{K_a} H_3O^{\oplus} + A^{\ominus}$$

酸　　　塩基　　　　共役酸　　共役塩基

共役塩基が安定なほど，強い酸となる

酸性度定数 $K_a \approx \dfrac{[H_3O^{\oplus}][A^{\ominus}]}{[HA]}$	H_2Oは過剰にあるので，$[H_2O]$は一定とみなせる
$pK_a = -\log_{10} K_a$	K_aの値が大きいほど，pK_aは小さくなりHAは強い酸となる

酸のpK_aは，その酸の解離型A^-と未解離型HAの濃度が同じときのpHに等しい．pK_aより大きいpH領域では，酸は水中でおもに共役塩基A^-として存在している．pK_aより小さいpH領域では，酸はおもにHAの形で存在している．

pH	0	7	14
	強い酸性	中性	強い塩基性

pK_aは，溶媒によって影響を受ける．極性溶媒中では，カチオンとアニオンは**溶媒**

和 (solvation) により安定化を受ける．これは，溶媒和によってイオンの電荷が溶媒分子上に非局在化するからである．たとえば，水中ではアニオンは水素結合によって溶媒和される．

$$HO-H\cdots\overset{\delta+}{}\overset{\ominus}{A}\cdots\overset{\delta+}{}H-OH \qquad H_2O\cdots\overset{\delta-}{}\overset{H}{\underset{H}{\overset{|}{\overset{\oplus}{O}}}}\cdots\overset{\delta-}{}OH_2$$

共役塩基は負に荷電している．したがって，負電荷をもつ原子が電気陰性になるほど，共役塩基は安定となる．このため，F^- は，H_3C^- より安定である．

pK_a		3		16		33		48
最も酸性が強い	HF	>	H_2O	>	NH_3	>	CH_4	最も酸性が弱い

→ F から C へと電気陰性度が減少

また，共役塩基は，負電荷を非局在化させる $-I$ および $-M$ 基によって安定化を受ける．負電荷が非局在化によって分散するほど，共役塩基は安定となる．

> $-I$ 基および $-M$ 基は pK_a を減少させ，$+I$ 基および $+M$ 基は pK_a を増大させる

a. 誘起効果とカルボン酸 カルボン酸 (RCO_2H) を脱プロトン化すると，カルボキシラートイオン (RCO_2^-) が生成する．カルボキシラートイオンの負電荷は2個の酸素原子上に分散しており，共鳴によって安定化している．置換基 R が $-I$ 効果をもっていれば，R によってさらに安定化を受ける．

$$R-C\overset{O}{\underset{OH}{}} \xrightarrow[(-BH)]{B^\ominus} R-C\overset{O}{\underset{O^\ominus}{}} \longleftrightarrow R-C\overset{O^\ominus}{\underset{O}{}}$$

カルボン酸　(B = 塩基)　　カルボキシラートイオン

置換基 R の $-I$ 効果が大きくなるほどカルボキシラートイオンは安定となり，カルボン酸の酸性は強くなる．たとえば，$FCH_2CO_2^-$ は $BrCH_2CO_2^-$ よりも安定であり，FCH_2CO_2H は $BrCH_2CO_2H$ よりも酸性が強い．

	$F-CH_2-CO_2H$	$Br-CH_2-CO_2H$	H_3C-CO_2H
pK_a	2.7	2.9	4.8
	F は Br より電気陰性であり，強い $-I$ 効果をもつので，最も酸性が強い		CH_3 基は $+I$ 基なので，最も酸性が弱い

b. 誘起効果，共鳴効果とフェノール　共鳴効果もまた，正電荷および負電荷を安定化する．

> 負電荷は，隣接する炭素上に −M 基があると安定化される
> 正電荷は，隣接する炭素上に ＋M 基があると安定化される

フェノール（PhOH）を脱プロトン化すると，フェノキシドイオン（PhO⁻）が生成する．フェノキシドイオンは，負電荷がベンゼン環の2位，4位，6位に非局在化することによって安定化している．

- −M 基が2位，4位あるいは6位に導入されると，アニオンはさらに安定化を受ける．これは，負電荷がπ電子系を通じて −M 基上に分散し，非局在化できるからである．巻矢印を用いて，このような電荷が分散する過程を表すことができる．
- −M 基が3位あるいは5位に導入されても，負電荷は −M 基上に分散することができないので，非局在化によるアニオンの安定化はない．巻矢印を用いて，−M 基上への電荷の非局在化を表すことはできない．

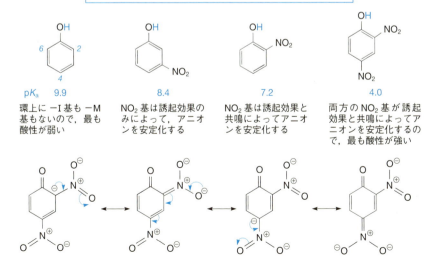

ニトロ基 NO₂ は強い電子求引性（−I および −M）置換基である

pK_a　9.9	8.4	7.2	4.0
環上に −I 基も −M 基もないので，最も酸性が弱い	NO₂ 基は誘起効果のみによって，アニオンを安定化する	NO₂ 基は誘起効果と共鳴によってアニオンを安定化する	両方の NO₂ 基が誘起効果と共鳴によってアニオンを安定化するので，最も酸性が強い

- −I 基がベンゼン環に導入されると，その置換基の効果は負電荷からの距離に依存する．−I 基が負電荷に近いほど，安定化効果は大きい．このため，−I 基によるアニオンの安定化の大きさは，2 位＞3 位＞4 位の順となる．
- −M 効果は，−I 効果に比べて著しく強い（§1・6・3 参照）．

1・7・2 塩　基

ブレンステッド–ローリーの定義によると，**塩基**（base）とは，プロトン（H$^+$）を受容する物質である．塩基性の化合物は，プロトン化を受けて生成するカチオンが比較的安定であるので，良好なプロトン受容体となる．塩基がプロトンを受容して生成するカチオンを，その塩基の**共役酸**（conjugate acid）という．強い塩基（B: あるいは B$^-$）から生成する共役酸（BH$^+$ あるいは BH）の pK_a は大きい．

水中において

$$\ddot{\text{B}} + \text{H}_2\text{O} \underset{}{\overset{K_b}{\rightleftarrows}} \overset{\oplus}{\text{BH}} + \text{HO}^{\ominus}$$

塩基　　酸　　　　　　　共役酸　　共役塩基

（K_b: 塩基性度定数）

塩基 B の強さは，ふつう，共役酸 BH$^+$ の K_a および pK_a で表される．

$$\overset{\oplus}{\text{BH}} + \text{H}_2\text{O} \overset{K_a}{\rightleftarrows} \ddot{\text{B}} + \text{H}_3\overset{\oplus}{\text{O}}$$

$$K_a \approx \frac{[\text{B}][\text{H}_3\overset{\oplus}{\text{O}}]}{[\overset{\oplus}{\text{BH}}]} \quad \text{H}_2\text{O は過剰にあるので，[H}_2\text{O] は一定とみなせる}$$

- B が強い塩基のとき，BH$^+$ は比較的安定であり，容易に脱プロトン化しない．したがって，強い塩基の共役酸は，大きい pK_a をもつ．
- B が弱い塩基のとき，BH$^+$ は比較的不安定であり，容易に脱プロトン化する．したがって，弱い塩基の共役酸は，小さい pK_a をもつ．

カチオンは，正電荷を非局在化させる +I および +M 基によって安定化を受ける．正電荷が非局在化によって分散するほど，カチオンは安定となる．

a. 誘起効果とアルキルアミン（脂肪族アミン）　　脂肪族アミンは 1 個，あるいは複数のアルキル基が結合した窒素原子をもっている．アミン（たとえば RNH$_2$）をプロトン化すると，アンモニウム塩が生成する．

$$\text{R}-\ddot{\text{N}}\text{H}_2 + \text{H}^{\oplus} \rightleftarrows \text{R}-\overset{\oplus}{\text{N}}\text{H}_3$$

第一級アミン　　　　　　　　　アンモニウムイオン

1・7 酸性と塩基性

置換基 R の +I 効果が大きくなるほど，アミンの塩基性は強くなる．これは，R の +I 効果が大きくなると，窒素原子上の電子密度がより高くなり，またアンモニウムイオンがより安定化を受けるからである．

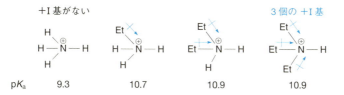

窒素原子上にアルキル基（+I 基）が導入されるにつれて，pK_a はしだいに増大するはずである．しかし，Et_2NH と Et_3N の共役酸の pK_a はほとんど変わらない．これは，pK_a を測定した水中では，正電荷をもつ窒素原子が多くの水素原子をもつほど，カチオンと溶媒との間に多くの水素結合を形成することができるためである．この溶媒和の効果は，アルキル基の導入による正電荷の安定化の効果とは逆に，N−H 結合をもつカチオンの安定化をひき起こす．

カチオンを溶媒和できない有機溶媒中では，pK_a の順序は次のようになることが期待される．

第三級アミン　第二級アミン　第一級アミン　アンモニア
$R_3\ddot{N}$ > $R_2\ddot{N}H$ > $R\ddot{N}H_2$ > $\ddot{N}H_3$　　(R = +I アルキル基)
最も塩基性が強い　　　　　　　最も塩基性が弱い

窒素原子上に −I あるいは −M 基が存在すると，アミンの塩基性は減少する．このため，たとえば，第一級アミド（$RCONH_2$）は弱い塩基となる．

エタンアミド　　C=O 基は，窒素原子上の非共有電子対を共鳴によって安定化する．これによって，窒素原子上の電子密度は減少する
−M, −I

エタンアミドの窒素がプロトン化されても，正電荷は非局在化によって安定化を受

共鳴によって安定化されない　　エタンアミドの共役酸の pK_a は小さい（約 −0.5）
共鳴によって安定化される

けない．一方，酸素がプロトン化されると正電荷は窒素原子上に非局在化できるので，プロトン化はむしろ酸素原子に起こる．第二級アミド（RCONHR）や第三級アミド（RCONR$_2$）も，窒素の非共有電子対が共鳴によって安定化しているため，非常に弱い塩基である．

b. 共鳴効果とアリールアミン（芳香族アミン）　芳香族アミンは１個，あるいは複数のアリール基が結合した窒素原子をもっている．最も代表的な芳香族アミンはアニリン（アミノベンゼン，PhNH$_2$）である．アニリンの窒素原子上の非共有電子対は，ベンゼン環の２位，４位，６位に非局在化することによって安定化している．このため，芳香族アミンは，脂肪族アミンと比べて塩基性が弱い．

- −M 基が２位，４位あるいは６位に導入されると，負電荷が −M 基上に分散することによって非局在化できるので，アニオンはさらに安定化を受ける．このため，アミンの塩基性は減少する．−M 基を３位あるいは５位に導入しても，このような効果はない．
- −I 基がベンゼン環に導入されると，アニオンは安定化され，アミンの塩基性は減少する．−I 基によるアニオンの安定化効果の順序は２位＞３位＞４位である．

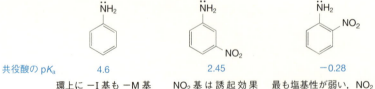

共役酸の pK_a　　4.6　　　　　　　　2.45　　　　　　　　−0.28

環上に −I 基も −M 基もないので，最も塩基性が強い　　　NO$_2$ 基は誘起効果によって，非共有電子対を安定化する　　　最も塩基性が弱い，NO$_2$ 基は誘起効果と共鳴によって非共有電子対を安定化する

- OMe 基のような +M 基がアニリン（PhNH$_2$）の２位，４位あるいは６位に導入されると，塩基性は増大する．これは，+M 基が，アミノ基が結合した炭素原子に対して電子を供与するからである．酸素原子ではなく，窒素原子がプロトン化されることに注意しよう．これは，酸素よりも窒素の方が電気陰性度が小さいので，電子供与性が大きいからである．

1・7 酸性と塩基性

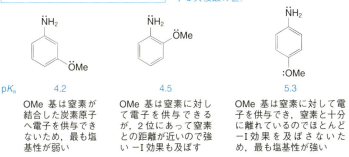

OMe 基は −I 効果と +M 効果をもつ

(pK_a は NH$_2$ 基のプロトン化によって生成する共役酸の値)

| pKa | 4.2 | 4.5 | 5.3 |

OMe 基は窒素が結合した炭素原子へ電子を供与できないため，最も塩基性が弱い

OMe 基は窒素に対して電子を供与できるが，2 位にあって窒素との距離が近いので強い −I 効果も及ぼす

OMe 基は窒素に対して電子を供与でき，窒素と十分に離れているのでほとんど −I 効果を及ぼさないため，最も塩基性が強い

巻矢印を用いて，アミノ基が結合した炭素原子上への電子の非局在化を表すことができる．

窒素原子に隣接する負電荷は塩基性を増大させる

1・7・3 ルイス酸とルイス塩基

- 電子対を受容して配位結合（§1・1 参照）を形成する物質を**ルイス酸**（Lewis acid）という．例として，H$^+$, BF$_3$, AlCl$_3$, TiCl$_4$, ZnCl$_2$, SnCl$_4$ などがある．これらの物質は，みたされていない原子価殻をもつので，電子対を受容することができる．
- 電子対を供与して配位結合を形成する物質を**ルイス塩基**（Lewis base）という．例として，H$_2$O, ROH, RCHO, R$_2$C=O, R$_3$N, R$_2$S などがある．これらの物質はすべて O, N, あるいは S などのヘテロ原子上に非共有電子対をもっている．ヘテロ原子とは炭素と水素以外のすべての原子をいう．

ケトン　　　塩化アルミニウム　　　　　　　　　　配位結合

ルイス塩基　　ルイス酸　　　　　　　配位錯体

1・7・4 塩基性と混成

軌道の s 性が増大するほど，その軌道の電子のエネルギーは低下し，電子は原子核の近くに束縛される．これによって，sp 軌道の電子は sp^2 あるいは sp^3 軌道の電子よ

りプロトン化されにくくなるため, sp混成の原子がプロトンを受容する化合物の塩基性は弱くなる.

	第三級アミン		イミン		ニトリル	
最も塩基性が強い	$R_3\ddot{N}$	>	$R_2C=\ddot{N}H$	>	$RC\equiv \ddot{N}$	最も塩基性が弱い

	アルキルアニオン		アルケニルアニオン		アルキニルアニオン	
最も塩基性が強い	$R_3C^{\ominus}$	>	$R_2C=\overset{\ominus}{C}H$	>	$RC\equiv C^{\ominus}$	最も塩基性が弱い
	sp^3		sp^2		sp	
	(25% s)		(33% s)		(50% s)	

1・7・5 酸性と芳香族性

$4n+2$ 個の電子をもつ平面の環状 π 共役系化合物を, **芳香族化合物**(aromatic compound)という. 芳香族化合物は, ヒュッケル則(Hückel rule, §7・1参照)によって特別な安定性をもつことが示される. 芳香族化合物が共通してもつ著しい安定性などの特有の性質を, **芳香族性**(aromaticity)とよぶ. 脱プロトン化によって生成するアニオンが芳香族 π 電子系を形成する場合には, 負電荷は安定化を受ける. このように, 芳香族性によって化合物の酸性が増大することがある.

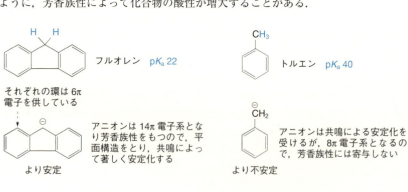

また, ヘテロ原子上の非共有電子対が芳香族 π 電子系の一部となっている場合には,

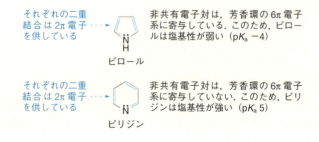

この電子対は安定化を受けているため,プロトン化されにくい.このように,芳香族性によって化合物の塩基性が減少することがある.

1・7・6 酸塩基反応

pK_a を用いることによって,酸塩基反応が起こるかどうかを予想することができる.酸は,より大きい pK_a をもつ酸の共役塩基に対してプロトンを供与することができる.このことは,生成した酸塩基が,反応させた酸塩基に比べてより安定であることを意味している.さまざまな酸の pK_a 値は付録3を参照せよ.

```
    エチン
 (アセチレン)      アミドイオン        エチニルアニオン   アンモニア
  HC≡C—H    +    ⊖NH₂    ⇌    HC≡C⊖    +    NH₃
   pKa 25                                          pKa 38
```
アンモニアの pK_a はアセチレンの pK_a より大きいので,平衡は右へ偏る

```
   アセトン        水酸化物イオン      エノラートイオン       水
  CH₃COCH₃    +    ⊖OH    ⇌    CH₃COCH₂⊖    +    H₂O
   pKa 20                                              pKa 15.7
```
水の pK_a はアセトンの pK_a より小さいので,平衡は左へ偏る

例 題 (a) 次のカルボアニオン **1~4** を,安定性が低いものから高いものへと順に並べよ.また,その理由を説明せよ.[ヒント:カルボアニオン **1~4** において,負電荷をもつ炭素原子に結合した置換基が,I 効果あるいは M 効果によって非共有電子対を安定化できるかどうかを調べよ.]

(b) 化合物 **5** において,最も酸性が強い水素原子はどれか.また,その理由を説明せよ.[ヒント:電気陰性な原子に結合して $\delta+$ に分極した水素原子のうち,脱プロトン化によって最も安定な共役塩基を与える水素原子を考えよ.]

(c) 化合物 6 において，塩基性を示す官能基を指摘せよ．また，そのうち最も塩基性が強いものはどれか．その理由も説明せよ．[ヒント：化合物 6 におけるすべての非共有電子対を示し，それらの相対的な供与性を考えよ．また，プロトン化によって生成する共役酸の安定性を比較せよ．]

解　答　(a) t-ブチルアニオン 3 では，負電荷をもつ炭素原子に電子供与性（+I）置換基である CH_3 が 3 個結合しているため，3 はメチルアニオン 2 よりも不安定となる．

安定性が増大 →

ベンジルアニオン 4 では，負電荷がベンゼン環の 2 位，4 位，6 位に非局在化できるため，共鳴安定化によりメチルアニオン 2 よりも安定となる．

エノラートイオン 1 も共鳴により安定化しているが，一つの共鳴構造が酸素原子上に負電荷をもつ構造となる．炭素原子上の負電荷よりも酸素原子上の負電荷の方が安定であるため，1 が最も安定なアニオンとなる．

(b) 酸素に結合した水素原子の方が，炭素原子に結合した水素原子よりも酸性が強い．なぜなら，酸素は炭素より電気陰性度が大きいので，共役塩基がより安定になるためである．また，化合物 5 に含まれるカルボキシ基（$-CO_2H$）の方が，ヒドロキシ基（$-OH$）よりも酸性が強い．これは，カルボキシ基の脱プロトン化によって生成する共役塩基が，共鳴によって安定化を受けるためである．

最も酸性が強い

カルボキシラートイオンは共鳴により安定化する

(c) 化合物 6 に含まれる官能基のうち，最も塩基性が強いのは第三級アミン部分である．6 に含まれる第三級アミド基とアニリン部分の窒素原子の非共有電子対は，いずれも非局在化により安定化しているため，プロトン化を受けにくい（第三級アミドの酸素原子は，第

三級アミンよりも塩基性が弱い．これは，酸素は窒素よりも電気陰性度が大きいので，酸素原子の非共有電子対の方が供与されにくいからである）．第三級アミンがプロトン化を受けると，その共役酸は3個のアルキル基の ＋I 効果によって安定化を受ける．

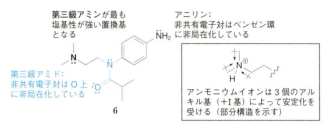

問　題

1・1 I および M の記号を用いて，次の置換基の電子的な効果を分類せよ．
(a) $-Me$ 　(b) $-Cl$ 　(c) $-NH_2$ 　(d) $-OH$
(e) $-Br$ 　(f) $-CO_2Me$ 　(g) $-NO_2$ 　(h) $-CN$

1・2 (a) 巻矢印を用いて，以下に示すカチオン **A**, **B**, **C** が共鳴によってどのように安定化されるかを示し，別の共鳴構造を示せ．

(b) **A**, **B**, **C** のうち，最も安定なものはどれか．また，その理由を簡単に説明せよ．

1・3 次の事項を説明せよ．
(a) カルボカチオン $CH_3OCH_2^+$ は，$CH_3CH_2^+$ より安定である．
(b) 4-ニトロフェノールは，フェノール C_6H_5OH より著しく強い酸である．
(c) CH_3COCH_3 の pK_a は，CH_3CH_3 の pK_a より著しく小さい．
(d) CH_3CN の C−C 単結合は，$H_2C=CH-CN$ の C−C 単結合より長い．
(e) カチオン $H_2C=CHCH_2^+$ は共鳴安定化しているが，カチオン $H_2C=CHNMe_3^+$ は共鳴安定化していない．

1・4 シクロペンタジエン（pK_a 15.5）がシクロヘプタトリエン（pK_a 約 36）より強い酸である理由を説明せよ．

シクロペンタジエン　　シクロヘプタトリエン

1・5 次の化合物のそれぞれにおいて，最も酸性が強い水素原子はどれか．
(a) 4-メチルフェノール（p-クレゾール）4-$HOC_6H_4CH_3$

(b) 4-ヒドロキシ安息香酸 4-HOC$_6$H$_4$CO$_2$H
(c) H$_2$C=CHCH$_2$CH$_2$C≡CH
(d) HOCH$_2$CH$_2$CH$_2$C≡CH

1・6 次の各組の化合物を塩基性が強い順に並べよ．また，その理由を簡単に説明せよ．
(a) 1-アミノプロパン，エタンアミド CH$_3$CONH$_2$，グアニジン HN=C(NH$_2$)$_2$，アニリン C$_6$H$_5$NH$_2$
(b) アニリン C$_6$H$_5$NH$_2$，4-ニトロアニリン，4-メトキシアニリン，4-メチルアニリン

1・7 化合物 **D**~**F** のそれぞれにおいて，最も酸性が強い水素原子はどれか．また，その理由を簡単に説明せよ．

D **E** **F**

1・8 化合物 **G**~**I** のそれぞれにおいて，最も塩基性が強い置換基はどれか．また，その理由を簡単に説明せよ．

G **H** **I**

1・9 下表に示した酸のおおよその pK_a 値を参考にして，以下の酸塩基反応(a)~(e)のそれぞれについて，平衡が反応物側，あるいは生成物側のいずれに偏るかを決定せよ．

酸	PhOH	H$_2$O	CH$_3$COCH$_3$	H$_2$	NH$_3$	H$_2$C=CH$_2$
pK_a	9.9	15.7	20	35	38	44

(a) NaH + PhOH ⇌ PhO$^⊖$Na$^⊕$ + H$_2$
(b) CH$_3$COCH$_3$ + NaOH ⇌ CH$_3$COCH$_2$$^⊖Na^⊕$ + H$_2$O
(c) H$_2$C=CH$_2$ + NaNH$_2$ ⇌ H$_2$C=CH$^⊖$Na$^⊕$ + NH$_3$
(d) CH$_3$COCH$_2$$^⊖Na^⊕$ + PhOH ⇌ CH$_3$COCH$_3$ + PhO$^⊖$Na$^⊕$
(e) H$_2$C=CH$^⊖$Na$^⊕$ + H$_2$O ⇌ H$_2$C=CH$_2$ + NaOH

2 官能基，命名法，有機化合物の表記法

―― キーポイント ――

有機化合物は，**官能基**によって分類される．官能基は有機化合物の化学的な性質を決定する．有機化合物は官能基と主炭素鎖に基づいて命名される．有機化合物の構造を表記するときには，**完全な構造式**，**縮合構造式**，あるいは**骨格構造式**が用いられる．

カルボン酸は少なくとも一つのカルボキシ基をもつ．この官能基は構造式 CO_2H（あるいは COOH）で表される

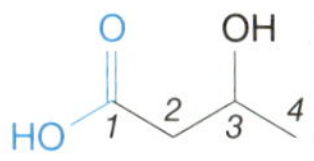

3-ヒドロキシブタン酸

官能基 OH は接頭語 "ヒドロキシ" で表される

最長の炭素鎖は 4 個の炭素原子からなる．この化合物はブタンの誘導体である

2・1 官能基

有機化合物の分子内にあって，その化合物に特徴的な性質を与える原子あるいは原子団を**官能基**（functional group）という．有機化合物の化学的な性質は，存在する官能基によって決定される．

[炭化水素（水素と炭素だけからなる化合物）]

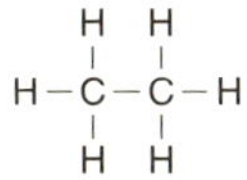

エタン［アルカン］
炭素–炭素単結合

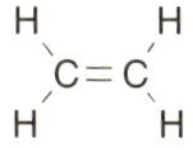

エテン［アルケン］
炭素–炭素二重結合

エチン［アルキン］
炭素–炭素三重結合
（エチンの慣用名はアセチレン）

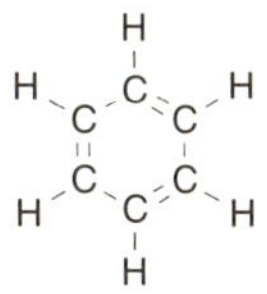

ベンゼン［アレーン］
炭素–炭素単結合
炭素–炭素二重結合

アルカンは一般式 C_nH_{2n+2} をもち，炭素原子当たり最大数の水素原子をもつので，**飽和炭化水素**（saturated hydrocarbon）とよばれる．アルケン，アルキン，アレーンは，いずれも**不飽和炭化水素**（unsaturated hydrocarbon）である．

[電気陰性な原子と結合している炭素原子をもつ化合物]
- **単結合**(R はアルキル基など炭素骨格を表す,§2・2 参照)

ハロゲン化アルキル (X = F, Cl, Br, I)		アルコール	
第一級(1°)	RCH$_2$−X	第一級アルコール	RCH$_2$−OH
第二級(2°)	R$_2$CH−X	第二級アルコール	R$_2$CH−OH
第三級(3°)	R$_3$C−X	第三級アルコール	R$_3$C−OH
アミン		その他	
第一級アミン	R−NH$_2$	エーテル	R−O−R
第二級アミン	R−NHR	ニトロ化合物†	R−NO$_2$
第三級アミン	R−NR$_2$	チオール	R−SH
第四級アンモニウム塩	R−N$^+$R$_3$	スルフィド(チオエーテル)	R−S−R

† ニトロ化合物に含まれるニトロ基 NO$_2$ の完全な構造式は,以下のように書く.

$$R-\overset{\oplus}{N}\begin{smallmatrix}O\\O^{\ominus}\end{smallmatrix}$$

- **酸素原子との二重結合**(この結合をもつ化合物を**カルボニル化合物**という)

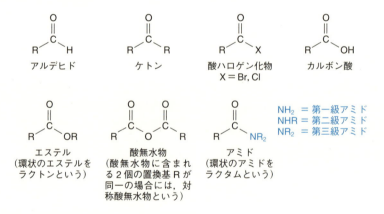

- **窒素原子との三重結合**　　　R−C≡N
　　　　　　　　　　　　　　　　ニトリル

2・2　アルキル基とアリール基

アルカンから水素原子を 1 個取除いてできる置換基を,**アルキル基**という.メチル基,エチル基,プロピル基など,一般的なアルキル基を表すために,記号 R が用いられる.

名称(記号)	構造	名称(記号)	構造
メチル(Me)	$-CH_3$	イソプロピル(iPr)[†1]	$-CH(CH_3)_2$
エチル(Et)	$-CH_2CH_3$	イソブチル(iBu)	$-CH_2CH(CH_3)_2$
プロピル(Pr)	$-CH_2CH_2CH_3$	s-ブチル(s-Bu)[†2]	$-CH(CH_3)CH_2CH_3$
ブチル(Bu)	$-CH_2CH_2CH_2CH_3$	t-ブチル(t-Bu)[†1,†2]	$-C(CH_3)_3$

[†1] イソプロピル基, t-ブチル基の IUPAC 命名法による名称はそれぞれ, 1-メチルエチル基, 1,1-ジメチルエチル基である.

[†2] s-ブチル (sec-ブチルとも書く) はセカンダリーブチルと読む. t-ブチル ($tert$-ブチルとも書く) はターシャリーブチルと読む.

ベンゼン環から水素原子を1個取除いてできる置換基を, **フェニル基** (Ph) という. 関連する置換基として, **ベンジル基** ($PhCH_2$) がある.

波線はそれぞれの置換基が構造式の残りの部分と結合している位置を示す

フェニル C_6H_5, Ph

アリール, Ar
X = さまざまな官能基

ベンジル $PhCH_2$, Bn

ビニル

アリル

2・3 アルキル基の置換

第一級(1°)炭素
ただ1個の炭素と
結合している

第二級(2°)炭素
ほかの2個の炭素
と結合している

第三級(3°)炭素
ほかの3個の炭素
と結合している

第四級(4°)炭素
ほかの4個の炭素
と結合している

2・4 有機化合物の命名法

IUPAC〔国際純正・応用化学連合(International Union of Pure and Applied Chemistry)の略称〕による命名法では, 有機化合物の名称は三つの部分から構成されている.

接頭語 — 母体名 — 接尾語

主炭素鎖に結合している置換基(付属置換基)の種類と位置を表す

主炭素鎖の長さを表す

主官能基の種類を表す

有機化合物を命名する際には, 四つの重要な段階がある.
1) 最長の炭素鎖(主炭素鎖)を見つけ, これをアルカンとして命名する. これが母体

名となる．

炭素数	アルカンの名称	炭素数	アルカンの名称
1	メタン (methane)	6	ヘキサン (hexane)
2	エタン (ethane)	7	ヘプタン (heptane)
3	プロパン (propane)	8	オクタン (octane)
4	ブタン (butane)	9	ノナン (nonane)
5	ペンタン (pentane)	10	デカン (decane)

2) 主官能基を決める．アルカンの名称でアン（-ane）となっている語尾を，その官能基を表す接尾語に置き換える．

官能基の優先順位

カルボン酸（RCO_2H）＞エステル（RCO_2R）＞酸塩化物（RCOCl）＞アミド（$RCONH_2$）＞ニトリル（RCN）＞アルデヒド（RCHO）＞ケトン（RCOR）＞アルコール（ROH）＞アミン（RNH_2）＞アルケン（RCH=CHR）＞アルカン（RH）＞エーテル（ROR）＞ハロゲン化アルキル（RX）

主官能基	接尾語	主官能基	接尾語
アルケン	-ene (エン)	エステル	-oate (オアート)
アルキン	-yne (イン)	ケトン	-one (オン)
アルコール	-ol (オール)	カルボン酸	-oic acid (酸)
アミン	-amine (アミン)	酸塩化物	-oyl chloride
ニトリル	-nitrile (ニトリル)		(オイルクロリド)
アルデヒド	-al (アール)		

3) 主炭素鎖の原子に番号をつける．主官能基により近い末端から始め，主官能基に最も小さい番号がつくようにする．アルカンに対しては，最初の分枝点（3個，あるいは4個の炭素原子と結合している炭素原子の位置）により近い末端から始める．

4) 主炭素鎖上の主官能基以外の置換基は付属官能基とし，それらの位置番号を決める．同じ炭素上の2個の置換基には，同じ番号をつける．置換基名とその位置を接

付属官能基	接頭語	付属官能基	接頭語
塩素原子	chloro- (クロロ)	アルデヒド	formyl- (ホルミル)
臭素原子	bromo- (ブロモ)	ケトン	oxo- (オキソ)
ヨウ素原子	iodo- (ヨード)	アルカン	alkyl- (アルキル)
アルコール	hydroxy- (ヒドロキシ)	アルケン	alkenyl- (アルケニル)
エーテル	alkoxy- (アルコキシ)	ニトロ	nitro- (ニトロ)
アミン	amino- (アミノ)	ニトリル	cyano- (シアノ)

頭語として表す. 2個あるいはそれ以上の異なる置換基の名称は，接頭語でアルファベットの順に並べる. たとえば，ヒドロキシ (hydroxy) はメチル (methyl) の前におく.

2個あるいは3個の同一の付属置換基や主官能基がある場合には，接頭語や接尾語において，それぞれジ (di-) あるいはトリ (tri-) を用いて表す.

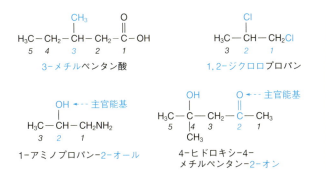

アルコールでは，たとえば2-プロパノールのように，OH基の位置を示す番号を母体となるアルカンの名称の前につけることもある*
ケトンでは，たとえば2-ペンタノンのように，C=O結合の位置を示す番号を母体となるアルカンの名称の前につけることもある*

2・4・1 特別な場合

a. アルケンとアルキン　アルケンの二重結合，あるいはアルキンの三重結合の位置は，最も小さい炭素原子の番号によって表す.

アルケンでは，たとえば2-ペンテンのように，C=C結合の位置を示す番号を名称の前につけることもある*

b. 芳香族化合物　一置換ベンゼン誘導体は，ふつう，ベンゼン C_6H_6 を母体化合物として命名する. しかし，非体系的な慣用名も依然として用いられている. 慣用

＊ 訳注: 1993年に定められたIUPAC命名法では，"位置番号は相当する接尾語の直前に記す"とされている.

名はかっこ内に付記した.

X	名称	X	名称
H	ベンゼン	CH₃	メチルベンゼン(トルエン)
Br	ブロモベンゼン	CH=CH₂	エテニルベンゼン(スチレン)
Cl	クロロベンゼン	OH	ヒドロキシベンゼン(フェノール)
NO₂	ニトロベンゼン	NH₂	アミノベンゼン(アニリン)
		CN	シアノベンゼン(ベンゾニトリル)

Xが優先順位の高い置換基のときはベンゼンが先頭にくる.

X	名称
CHO	ベンゼンカルボアルデヒド(ベンズアルデヒド)
CO₂H	ベンゼンカルボン酸(安息香酸)

　二置換誘導体は，2位および6位を表す接頭語 o-〔オルト(ortho)〕，3位および5位を表す m-〔メタ(meta)〕，4位を表す p-〔パラ(para)〕を用いて命名することが多い.

　三置換誘導体は，置換基をアルファベット順に並べた接頭語で表し，その位置は可能な限り最も小さい番号を用いて表す.

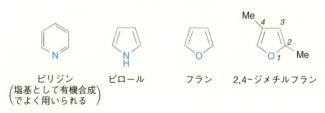

p-ブロモフェノール　　3-クロロ-4-ヒドロキシ安息香酸　　2,4-ジニトロトルエン

　環を構成する原子として1個以上のヘテロ原子（たとえば，O, N, S）を含む環を**複素環**（heterocycle）あるいは**ヘテロ環**という．複素環をもつ芳香族化合物を，**芳香族複素環式化合物**（aromatic heterocyclic compound）という．

ピリジン　　ピロール　　フラン　　2,4-ジメチルフラン
(塩基として有機合成でよく用いられる)

c. エステル　エステル $R^2CO_2R^1$ は,日本語の命名法では,カルボン酸 R^2CO_2H の名称に,アルコール部分の置換基 R^1 の名称を接尾語としてつける.IUPAC 命名法では,二つの部分に分けて命名される.第一の部分は,酸素に結合した置換基 R^1 を表す.第二の部分は,R^2CO_2 部位を表し,alkanoate(アルカノアート)と命名される(接尾語 -oate を用いる).二つの部分の名称の間は,1字空ける.本文の例については日本語名を示し,IUPAC 命名法による名称はかっこ内に記載した.

[構造式: プロパン酸メチル (methyl propanoate), 安息香酸エチル (ethyl benzoate)]

d. アミド　R^1 基は接頭語で表されるが,その前に $N-$ をつけて窒素原子上の置換基であることを示す.

[構造式: -amide (アミド), N-メチルプロパンアミド (第二級アミド)]

e. 脂環式化合物　芳香族化合物ではない環式化合物を,**脂環式化合物**(alicyclic compound)と総称する.〔これに対して,炭素鎖が環状構造をもたず,鎖状構造のみからなる有機化合物を,**脂肪族化合物**(aliphatic compound)という.〕

炭素原子から構成される環をもつ脂環式化合物は,接頭語シクロ(cyclo-)を用いて命名する.たとえば,4個の炭素原子からなる環状アルカンは,シクロブタンと命名される.環を構成する原子の番号は,優先順位が最も高い置換基の位置を1位とし,他の置換基の位置が最も小さい番号になるようにつける.

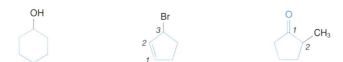

シクロヘキサノール　　3-ブロモシクロペンタ-1-エン　　2-メチルシクロペンタノン

少なくとも1個のヘテロ原子(たとえば,O, N, S)を含む環式化合物は,複素環式

化合物（ヘテロ環式化合物）の例である．

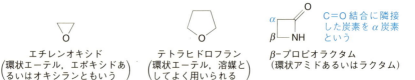

エチレンオキシド
（環状エーテル，エポキシドあるいはオキシランともいう）

テトラヒドロフラン
（環状エーテル，溶媒としてよく用いられる）

β-プロピオラクタム
（環状アミドあるいはラクタム）

C=O 結合に隣接した炭素を α 炭素という

2・5 有機化合物の表記法

- すべての炭素原子と C–H 結合を示した構造式を，**完全な構造式**（full structure formulae）という．
- C–H 結合と C–C 単結合の表記が省略された構造式を，**縮合構造式**（condensed structure）という．
- 炭素原子および水素原子が表記されず，水素原子との結合も省略された構造式を，**骨格構造式**（skeletal structure）という．ただし，アルコール，アミン，アルデヒド，カルボン酸のような官能基に含まれる水素原子は省略しない．ほかのすべての原子は表記する．骨格構造式は，混乱がなく手早く書くことができる一方で，分子の重要な部分をすべて示している．このため，最も有用な構造式であり，この構造式を用いることを推奨する．分子の形状は原子の混成によって決定されるが（§1・5参照），そのおおよその形を表すためには，ふつう，骨格構造式が用いられる．

ベンゼンは，電子の非局在化を表すために，その環内に円を書いた構造式で表記されることがある（§7・1参照）．しかし，この構造式には6個のπ電子が示されてい

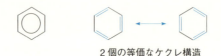

2個の等価なケクレ構造

ないため,ベンゼンの反応の機構を書き表すことができない.このため,ベンゼンの構造式としては,3個のC=C結合が表記された共鳴構造の一つを用いることが多い.

例題 次の化学反応式はアスピリンの合成法を示したものである.この反応に関する以下の問(a)~(e)に答えよ.

$$\text{フェノール} \xrightarrow[\text{つづいて H}^{\oplus}]{CO_2} \underset{1}{\text{(OH, CO}_2\text{H)}} \xrightarrow{CH_3CO_2COCH_3 \atop 2} \text{アスピリン}$$

(a) フェノールの骨格構造式を書け.
(b) 化合物1をIUPAC命名法に従って命名せよ.[ヒント:化合物1は安息香酸の誘導体である.]
(c) 化合物2の骨格構造式を書け.[ヒント:化合物2は酸無水物である.]
(d) アスピリンをIUPAC命名法に従って命名すると,2-エタノイルオキシ安息香酸(2-ethanoyloxybenzoic acid)となる.アスピリンの骨格構造式を書け.
(e) p-エタノイルオキシ安息香酸の骨格構造式を書け.

解答 (a) [フェノールの構造式]

(b) 2-ヒドロキシ安息香酸(2-hydroxybenzoic acid,カルボキシ基 CO_2H はヒドロキシ基 OHより優先順位が高いので,CO_2H が結合している炭素原子が1位となる.)

(c) [無水酢酸の構造式] (d) [アスピリンの構造式 2-エタノイルオキシ安息香酸] (e) [p-エタノイルオキシ安息香酸の構造式 (パラ位)]

問題

2・1 次の化合物の構造式を書け.
(a) 1-ブロモ-4-クロロ-2-ニトロベンゼン
(b) 3-ブロモブタン酸メチル (methyl 3-bromobutanoate)
(c) N-メチルフェニルエタンアミド
(d) 2-(3-オキソブチル)シクロヘキサノン
(e) ヘキサ-4-エン-2-オン
(f) 2-ブテン-1-オール
(g) 6-クロロ-2,3-ジメチルヘキサ-2-エン

(h) 1,2,3-トリメトキシプロパン
(i) 2,3-ジヒドロキシブタン二酸（酒石酸）
(j) 5-メチルヘキサ-4-エナール

2・2 次の化合物を命名せよ．

(a) [構造式：OH と CHO をもつ 2-メチル-3-ヒドロキシペンタナール相当]
(b) [構造式：H₂N-C₆H₄-CO₂Et]
(c) [構造式：1-エチニル-1-ヒドロキシシクロヘキサン]
(d) [構造式：HO₂C-(CH₂)₃-CN]
(e) [構造式：3-ブロモ-1-メチルシクロペンテン]
(f) [構造式：2-イソプロピル-5-メチルフェノール]
(g) [構造式：N-tert-ブチルプロパンアミド]
(h) [構造式：6-メチル-4-クロロヘプタン-3-オン相当]
(i) [構造式：N-ベンジル-N-メチルシクロヘキシルアミン]
(j) [構造式：2-メチル-2-ヘプテン-4-オン相当]

2・3 次に示す反応経路は，医薬品として用いられるイブプロフェンの合成経路である．この反応に関する以下の問(a)～(d)に答えよ．

イソブチルベンゼン
→ CH₃COCl / AlCl₃ →
1-(4-イソブチルフェニル)エタノン **A**
→ 1. NaBH₄ つづいて H⁺ 2. HCl →
1-(1-クロロエチル)-4-イソブチルベンゼン **B**
→ NaCN →
2-(4-イソブチルフェニル)プロパンニトリル **C**
→ H⁺, H₂O →
イブプロフェン

(a) イソブチル基に含まれるそれぞれの炭素原子について，第一級，第二級，第三級，第四級炭素原子のいずれであるかを表記せよ．
(b) CH₃COCl を IUPAC 命名法に従って命名せよ．
(c) 化合物 **A**, **B**, **C** の骨格構造式を書け．
(d) イブプロフェンを IUPAC 命名法に従って命名せよ．

2・4 クロルフェナミン **G** は抗ヒスタミン薬としてアレルギー症状の緩和に用いられる．

この化合物は，次に示すように3段階の反応を経て合成される．以下の問(a)〜(d)に答えよ．

2-(4-クロロフェニル)エタンニトリル **D** → (NaNH$_2$ つづいて **E** 2-クロロピリジン) → 中間体(CN基をもつジアリール体) → (NaNH$_2$ つづいて ClCH$_2$CH$_2$NMe$_2$ (**F**)) → 中間体 → (H$_2$SO$_4$) → クロルフェナミン **G**

(a) 化合物 **D** の骨格構造式を書け．
(b) 化合物 **E** を IUPAC 命名法に従って命名せよ．
(c) 化合物 **F** の骨格構造式を書け．**F** は第一級，第二級，第三級アミンのどれか．
(d) クロルフェナミン **G** を IUPAC 命名法に従って命名すると，N,N-ジメチル-3-(4-クロロフェニル)-3-(ピリジン-2-イル)プロパン-1-アミンとなる．**G** の骨格構造式を書け．

3 立体化学

―― キーポイント ――

原子の空間的な配列によって，有機化合物の**立体化学**，すなわち有機分子の立体的な形状が決定される．同じ分子の異なった形が結合の回転によって相互変換できるとき，それらは**配座異性体**である．これに対して，結合を切断しなければ相互変換できないとき，それらは**立体配置異性体**である．立体配置異性体には，アルケンのシス-トランス異性体や，平面偏光を回転させる性質をもつエナンチオマー（光学異性体）が含まれる．

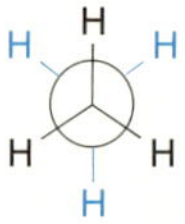

エタンのねじれ形配座のニューマン投影式

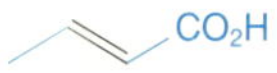

ブタ-2-エン酸のE異性体

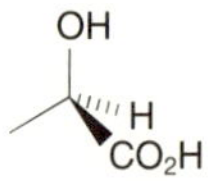

2-ヒドロキシプロパン酸のR異性体（D-(−)-乳酸）

3・1 異 性

　原子の種類とその数は同一であるが，原子の並び方が異なる化合物を，**異性体**（isomer）という．また，異性体が存在する現象を，**異性**（isomerism）という．

- 同一の分子式をもつが，原子の結合の仕方が異なる化合物を，**構造異性体**（structural isomer）という．構造異性体は，炭素骨格が異なる場合，官能基が異なる場合，あるいは同じ官能基が異なる位置に結合している場合に生じる．構造異性体は異なる物理的および化学的性質をもっている．

2-メチルプロパン（分枝構造）　と　ブタン（直鎖構造）

ともに C_4H_{10} の分子式をもつが，炭素骨格が異なる（**骨格異性体**）

3・2 配座異性体

H₃C−C(OH)(H)−CH₃ プロパン-2-オール (第二級アルコール)	と	H₃C−CH₂−CH₂−OH プロパン-1-オール (第一級アルコール)

ともに C_3H_8O の分子式をもつが、官能基の位置が異なる(**位置異性体**)

H₃C−C(OH)(CH₃)−CH₃ 2-メチルプロパン-2-オール (第三級アルコール)	と	H₃C−CH₂−O−CH₂−CH₃ ジエチルエーテル (エーテル)

ともに $C_4H_{10}O$ の分子式をもつが、官能基の種類が異なる(**官能基異性体**)

- C−C 結合のような単結合の回転によって生じる異なった形状をもつ化合物を，**配座異性体** (conformational isomer) という．一般に，それらは異なった化合物ではなく，容易に相互変換することができる (§3・2参照)．鎖状化合物の配座異性体は回転異性体 (rotational isomer あるいは rotamer) とよばれることもある．
- 同一の分子式をもち，原子の結合の仕方も同一であるが，原子の空間的な配列が異なる化合物を**立体配置異性体** (configurational isomer) という．それらは容易に相互変換することはできない (§3・3参照)．

3・2 配座異性体

単結合の回転によって生じる原子の異なった配列を，**立体配座** (conformation, コンホメーションともいう) という．配座異性体は**コンホマー** (conformer) ともよばれ，ある特有の立体配座をもつ化合物である．配座異性体を表示する際には，**木びき台形表示** (sawhorse representation)，あるいは**ニューマン投影式** (Newman projection) が用いられる．

3・2・1 エタンの立体配座

エタン CH₃CH₃ では，C−C 結合の回転によって二つの特有な立体配座が生じる．
- それぞれの炭素原子の C−H 結合が，互いに最も接近した構造を，**重なり形配座**

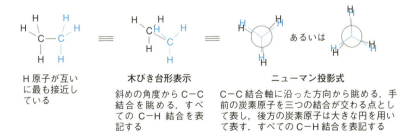

H 原子が互いに最も接近している

木びき台形表示
斜めの角度から C−C 結合を眺める．すべての C−H 結合を表記する

ニューマン投影式
C−C 結合軸に沿った方向から眺める．手前の炭素原子を三つの結合が交わる点として表し，後方の炭素原子は大きな円を用いて表す．すべての C−H 結合を表記する

(eclipsed conformation) という.
- それぞれの炭素原子の C−H 結合が互いに最も離れた構造を, **ねじれ形配座** (staggered conformation) という.

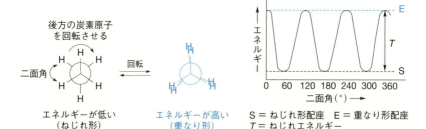

結合を形成する電子対は互いに反発するが, ねじれ形配座では重なり形配座よりも C−H 結合が互いに離れているため, ねじれ形配座の方が安定となる. ねじれ形配座と重なり形配座のエネルギー差を, **ねじれひずみ** (torsional strain), あるいはねじれエネルギー (torsional energy) という. このエネルギー差は C−C 結合の回転に対する**エネルギー障壁** (energy barrier) となるが, その値は比較的小さい (約 12 kJ mol^{-1}). このため室温では C−C 単結合は, そのまわりに**自由回転** (free rotation) していると考えてよい.

前方と後方の炭素上の C−H 結合が形成する角度を, **二面角** (dihedral angle) あるいはねじれ角 (torsional angle) という.

3・2・2 ブタンの立体配座

ブタン CH$_3$CH$_2$CH$_2$CH$_3$ では, すべてのねじれ形配座が同一のエネルギーをもっているわけではない.
- 2個のメチル基が最も離れた構造 (二面角 180°) を**アンチペリプラナー配座** (anti-periplanar conformation) あるいは**アンチ形配座** (anti conformation) という. この構造はブタンの立体配座のうちで最も安定な構造であり, ほとんどのブタン分子はほとんどの時間, この構造で存在している.
- 2個のメチル基が互いに接近した構造 (二面角 60°) を, **シンクリナル配座** (synclinal

conformation）あるいは**ゴーシュ形配座**（gauche conformation）という．メチル基の接近によって**立体ひずみ**（steric strain）が生じるため，アンチペリプラナー配座よりエネルギーが高い（4 kJ mol^{-1}）．立体ひずみは，2 個の置換基がそれらの原子半径が許容するよりも互いに接近したときに生じる反発的な相互作用である．

- **アンチクリナル配座**（anticlinal conformation）では，水素原子とメチル基が互いにきわめて接近するので（二面角 0°），さらにエネルギーが高い（16 kJ mol^{-1}）．
- **シンペリプラナー配座**（syn-periplanar conformation）では，2 個のメチル基が互いにきわめて接近するので（二面角 0°），さらにエネルギーが高く（19 kJ mol^{-1}），最も不安定な構造となる．

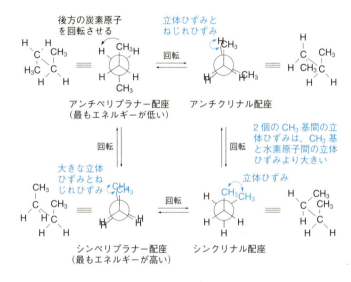

直鎖状アルカンの最も安定な立体配座は，すべての C-C 結合についてアルキル基が最も離れた構造であるジグザグ形となる．このため，一般に，アルキル鎖はジグザグ構造で書く．

ブタンのジグザグ構造　　ヘキサンのジグザグ構造

3・2・3　シクロアルカンの立体配座

シクロアルカンの形は，ねじれひずみ，立体ひずみ，角ひずみによって決定される．
- sp^3 混成炭素では，理想的な結合角は正四面体角 109.5°である．理想的な大きさからずれた結合角，すなわち 109.5°よりも大きい，あるいは小さい結合角によって化

合物がもつ余分のエネルギーを，**角ひずみ**（angle strain）という．

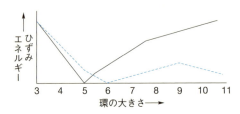

──── = 角ひずみ
　　　角ひずみは3員環が最も大きく，平面の5員環が最も小さい．
　　　5員環以降は環の員数が大きくなるにつれて，角ひずみは増大
　　　する

------ = 全ひずみ（角ひずみ＋立体ひずみ＋ねじれひずみ）
　　　全ひずみは3員環が最も大きく，6員環が最も小さい．全ひず
　　　みは6員環から9員環にかけて増大し，それ以降は減少する

　5員環のシクロペンタン環，および6員環のシクロヘキサン環は，角ひずみが比較的小さいため安定であり，その結果，これらの環は容易に形成される．
　シクロアルカンは，環の員数によってさまざまな立体配座，すなわち立体的な形状をとる．たとえば，シクロプロパンは平面形であり，シクロブタンは蝶々形をとり，シクロペンタンは封筒形をとる．

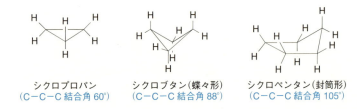

シクロプロパン　　　シクロブタン(蝶々形)　　シクロペンタン(封筒形)
(C–C–C 結合角 60°)　(C–C–C 結合角 88°)　　(C–C–C 結合角 105°)

　シクロプロパンは必然的に平面形である．したがって，60°と非常にひずみのかかった結合角をもち，またC–H結合が重なり形となるので大きなねじれひずみをもっている．一方，シクロブタンやシクロペンタンは，ひだになった非平面構造をとることができ，C–H結合をねじれ形にすることによってねじれひずみを減少させる．しかし，非平面構造をとることは，角ひずみの増加をひき起こす．これら二つの相反する効果の兼ね合いの結果として，シクロブタンは蝶々形，また，シクロペンタンは封筒形をとっている．

3・2・4　シクロヘキサン

　シクロヘキサンは，角ひずみのない構造として，**いす形配座**（chair conformation）

と**舟形配座**（boat conformation）をとることができる．しかし，舟形配座は，旗ざお水素とよばれる C1 水素と C4 水素の間の立体ひずみのため，安定性が低い．二つのいす形配座は，舟形配座を経由して相互に変換している．この過程を**環反転**（ring-flipping）という．

いす形配座は，6 個の**アキシアル水素**（axial hydrogen）と 6 個の**エクアトリアル水素**（equatorial hydrogen）をもっている．環反転により，アキシアル水素はエクアトリアル水素に，エクアトリアル水素はアキシアル水素になる．

H^a = アキシアル水素（上下方向を向く）
H^e = エクアトリアル水素（横方向を向く）

置換基 X が存在すると，X がエクアトリアル位に存在する立体配座が有利となる．これは，立体ひずみにより X がアキシアル位にある配座異性体（アキシアル異性体）のエネルギーが高くなるため，X がエクアトリアル位にある配座異性体（エクアトリアル異性体）のエネルギーが相対的に低くなるからである．アキシアル異性体におけ

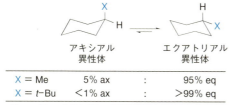

	アキシアル異性体	:	エクアトリアル異性体
X = Me	5% ax	:	95% eq
X = t-Bu	<1% ax	:	>99% eq

% ax, % eq はそれぞれ，平衡状態におけるアキシアル異性体，エクアトリアル異性体の存在比(%)を表す．

1,3-ジアキシアル相互作用
（不安定化の要因）

る立体ひずみを，**1,3-ジアキシアル相互作用**（1,3-diaxial interaction）という．X の大きさが増大するほど，平衡状態におけるエクアトリアル異性体の比率が増大する．

二置換シクロヘキサンでは，両方の置換基がエクアトリアル位に存在する配座異性体が最も安定である．両方の置換基がエクアトリアル位を占めることができないときは，より大きい置換基がエクアトリアル位に存在する配座異性体が有利となる．たとえば，メチル基 Me と t-ブチル基 t-Bu が存在する場合には，t-ブチル基がエクアトリアル位にある配座異性体の方が安定となる．

ジアキシアル
異性体
（エネルギーが高い）

ジエクアトリアル
異性体
（エネルギーが低い）

よりかさ高い t-Bu 基
がエクアトリアル位を
占める

環上の2個の置換基が，両方とも上方に（あるいは両方とも下方に）位置するとき，これらの環状化合物を**シス異性体**（cis isomer）という．これに対して，一方の置換基が上方に位置し，他方が下方に位置するとき，これらの環状化合物を**トランス異性体**（trans isomer）という（§3・3参照）．

cis-1-ブロモ-2-メチル
シクロヘキサン

trans-1-ブロモ-2-メチル
シクロヘキサン

3・3 立体配置異性体

分子内における原子あるいは置換基の空間的な配列を**立体配置**（configuration）という．立体配置異性体は，同じ分子式と同じ結合をもつが，異なる立体配置をもつ化合物である．立体配置異性体の間の相互変換には，結合を開裂させる必要がある．

3・3・1 アルケン

アルケンの C＝C 結合の回転は阻害されているため，それぞれの炭素原子が異なる2個の置換基（A, B, D, E）をもつ場合には，2個の立体配置異性体が存在する．

これらは立体配置異性体をもつ

a. シス-トランス異性　二重結合炭素に2個の置換基をもつ二置換アルケンは，シス-トランス表示法を用いて命名される．

- 二重結合の同じ側に置換基をもつ異性体を，**シス異性体**という．
- 二重結合の反対側に置換基をもつ異性体を，**トランス異性体**という．

シスおよびトランス異性体は，異なった幾何学的形状をもつので，幾何異性体（geometric isomer）ともよばれる．

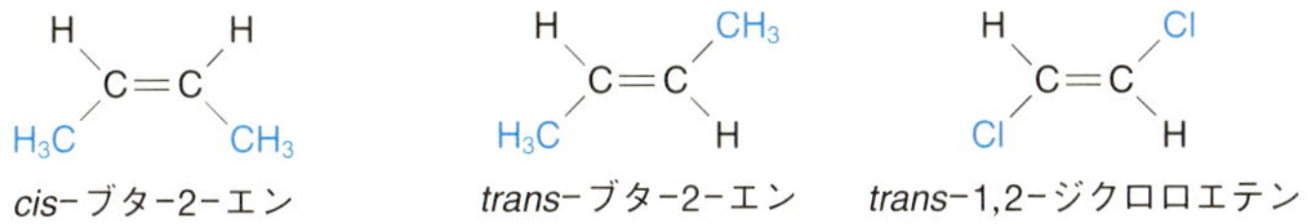

H
H
C=C
H3C
CH3
cis-ブタ-2-エン
H
CH3
C=C
H3C
H
trans-ブタ-2-エン
H
Cl
C=C
Cl
H
trans-1,2-ジクロロエテン

さまざまな置換基をもつアルケンについて，どちらがシス異性体で，どちらがトランス異性体であるかを決定する厳密な規則はない．このため，一般的には，より体系的な命名法である *E*/*Z* 表示法が用いられる（§3・3・1b 参照）．

b. *E*/*Z* 表示法　二，三，および四置換アルケン，すなわち二重結合炭素に2個，3個，4個の置換基をもつアルケンは，*E*/*Z* 表示法を用いて命名される．まず，**順位則**（sequence rule）によって，それぞれの二重結合炭素に結合した置換基の優先順位を決定する．

- それぞれの炭素原子について優先する置換基が，二重結合の反対側に位置する異性体を（***E***）**-アルケン**という．（*E*）-アルケンはトランス異性体に対応する．
- それぞれの炭素原子について優先する置換基が，二重結合の同じ側に位置する異性体を（***Z***）**-アルケン**という．（*Z*）-アルケンはシス異性体に対応する．

［順位則］

1）二重結合炭素に直接結合している原子を，原子番号が減少する順序に並べる．原子番号がより大きな原子を優先する．たとえば，Br は Cl よりも優先順位が高い．

原　子	Br ＞ Cl ＞ O ＞ N ＞ C ＞ H
原子番号	35 ＞ 17 ＞ 8 ＞ 7 ＞ 6 ＞ 1

2）二重結合に直接結合している第一の原子が同一であれば，その原子に結合している第二の原子，さらに第三，第四の原子と，つぎつぎと二重結合から遠ざかる位置の原子を比較する．差が見いだされたら原子番号がより大きな原子を優先する．

—CH2—CH3
>
—CH3
エチル基
メチル基
—O—CH3
>
—OH
メトキシ基
ヒドロキシ基

3) 多重結合, すなわち二重結合や三重結合は, 同じ数の単結合で結合した原子をもつものとみなす.

アルデヒド： C=O ≡ C(–O)(–O)（炭素原子は2個の酸素原子と結合しているとみなす／酸素原子は2個の炭素原子と結合しているとみなす）

ニトリル： –C≡N ≡ –C(–N)(–N)(–N)（炭素原子は3個の窒素原子と結合しているとみなす／窒素原子は3個の炭素原子と結合しているとみなす）

例（それぞれの炭素上の置換基に付記した数字は優先順位を表している）

(Z)-2-クロロ-3-メチルペンタ-2-エン

(E)-2-ブロモ-3-ヒドロキシメチルペンタ-2-エンニトリル

(E)-3-メチル-4-フェニルペンタ-3-エン-2-オン

(Z)-3-ヒドロキシメチル-4-オキソ-2-フェニルブタ-2-エン酸

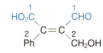

> 化合物の名称にE, Zを明示するときは, ( ) に入れて名称の先頭におく

3・3・2 キラル中心をもつ異性体

- 同一の化学的および物理的性質をもつが, 平面偏光を時計回り, または反時計回りに回転させる性質をもつ立体配置異性体を, **光学異性体**（optical isomer）という.
- 鏡像がそれ自身と一致しない非対称な分子を, **キラル**（chiral）な分子といい, 平面偏光を回転させる性質をもつ. 分子が対称面をもてばキラルではない. キラルではない分子を, **アキラル**（achiral）な分子という.
- 4個の異なる置換基と結合している正四面体炭素原子を**不斉炭素原子**（asymmetric carbon atom）という. 不斉炭素原子をもつ分子は, キラルである. 分子の三次元的な構造, すなわち正四面体炭素原子に結合した置換基の空間的な配置は, 実線のくさびと太破線を用いたくさび形表示によって表現する.

キラル中心 C(R¹)(R²)(R³)(R⁴)
R¹ ≠ R² ≠ R³ ≠ R⁴

— 実線くさび形は紙面から突き出ている結合を表す
┈┈ 太破線は紙面の背後に出ている結合を表す
— 単一の線は紙面上にある結合を表す

a. エナンチオマー　不斉炭素原子のように，4個の異なる置換基と結合した正四面体構造の原子を，**キラル中心**（chiral center）または**不斉中心**（asymmetric center）という．キラル中心をもつ分子は，その鏡像と重なり合わず，したがってこれらは立体配置異性体となる．互いに鏡像関係にある分子を，**エナンチオマー**（enantiomer）あるいは**鏡像異性体**という．

$R^1 \neq R^2 \neq R^3 \neq R^4$ のとき，これら鏡像関係にある2個の分子は重なり合わない．これらはエナンチオマーである

物質が平面偏光を回転させる性質をもつとき，その物質は"光学活性である"という．2個のエナンチオマーは，それぞれ平面偏光を反対の方向に回転させる性質をもつ．したがって，エナンチオマーと光学異性体は同じ意味となる．平面偏光を右に回転させるものを $(+)$-エナンチオマー，または右旋性エナンチオマーといい，左に回転させるものを $(-)$-エナンチオマー，または左旋性エナンチオマーという．回転の度数は**比旋光度**（specific rotation）$[\alpha]_D$ とよばれ，偏光計を用いて測定される．慣習上，比旋光度の単位は示されないことが多い．

$$[\alpha]_D^T = \frac{観測された回転角(°) \times 100}{試料管の長さ(dm) \times 濃度(g/100\,cm^3)} = \frac{\alpha \times 100}{l \times c}$$
$(10^{-1}\,°\,cm^2\,g^{-1})$

D = ナトリウム D 線，すなわち $\lambda = 589$ nm 光
T = 測定温度(°C)

二つのエナンチオマーの1:1混合物を，**ラセミ体**（racemate）または**ラセミ混合物**（racemic mixture）という．ラセミ体は平面偏光を回転させない（光学不活性という）．ラセミ体を二つのエナンチオマーに分離することを，**光学分割**（optical resolution）という．

2-ヒドロキシプロパン酸（乳酸）

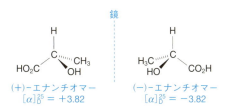

$(+)$-エナンチオマー　　　　$(-)$-エナンチオマー
$[\alpha]_D^{25} = +3.82$　　　　$[\alpha]_D^{25} = -3.82$

化合物の光学的な純度はエナンチオマーの純度を表すが，これは，**エナンチオマー**

過剰率（enantiomeric excess, ee）によって表現される．

エナンチオマー過剰率 ee
= 一方のエナンチオマーの存在比(%) − 他方のエナンチオマーの存在比(%)
$= \dfrac{観測された[\alpha]_D}{純粋なエナンチオマーの[\alpha]_D} \times 100$

たとえば，エナンチオマー過剰率 50% とは，一方のエナンチオマーを 75%，他方のエナンチオマーを 25% 含む混合物を意味する．

b. カーン–インゴールド–プレローグ表示法（*R/S* 表示法）　不斉炭素原子をもつ分子の立体配置は，以下に示すカーン–インゴールド–プレローグの順位則（Cahn-Ingold-Prelog sequence rule）を用いて，*R* または *S* と表記される．この表示法をカーン–インゴールド–プレローグ（CIP）表示法あるいは ***R/S* 表示法**という．ここで用いる順位則は，*E/Z* 表示法で用いたものと同一の規則である（§3・3・1b 参照）．

1) 不斉炭素原子に直接結合している原子を，原子番号の減少する順に並べる．最も大きな原子番号をもつ原子が，最も優先する原子となる．
2) 不斉炭素原子に直接結合している第一の原子が同一であれば，その原子に結合している第二の原子，さらに第三，第四の原子と，つぎつぎと不斉炭素原子から遠ざかる位置の原子を比較する．差が見いだされたら原子番号の大きいものを優先して順位をつける．
3) 多重結合，すなわち二重結合や三重結合は，同じ数の単結合で結合した原子をもつものとみなす．
4) 最も優先順位の低い置換基が，紙面の裏側を向くように，分子を配置させる．置換基の相対的な位置を取替えないように注意しなければならない．最も優先順位の低い置換基を無視して，最も優先順位の高い置換基から，第二，そして第三の優先順位をもつ置換基へと，曲がった矢印を書く（ある立体異性体を書く必要があるときには，いつも最も優先順位の低い置換基を紙面裏側に向けて書くとよい）．

$R^1 > R^2 > R^3 > R^4$ ならば

最も優先順位の高い置換基　　最も優先順位の低い置換基

5) 矢印が時計回りのとき，キラル中心は *R* 配置と表示する．一方，矢印が反時計回りのとき，キラル中心は *S* 配置と表示する．*R* は，車を右折（right turn）させると

きにハンドルを回転させる方向との連想から記憶するとよい．

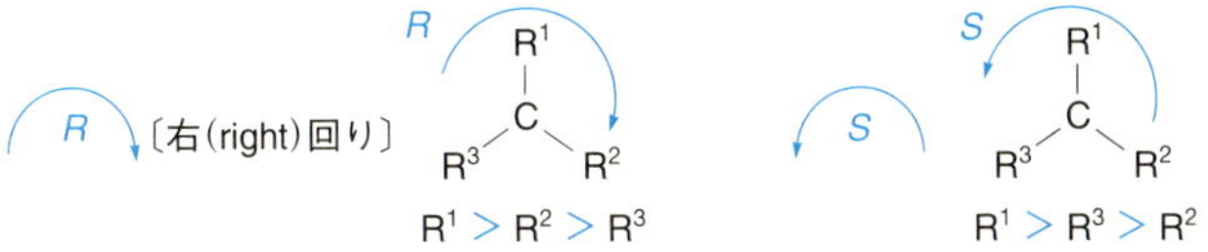

例（不斉炭素原子に結合した置換基に付記した数字は優先順位を表している）

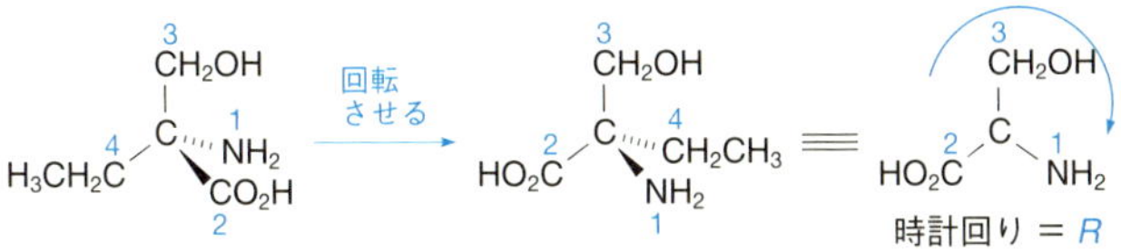

(R)-2-アミノ-2-ヒドロキシメチルブタン酸

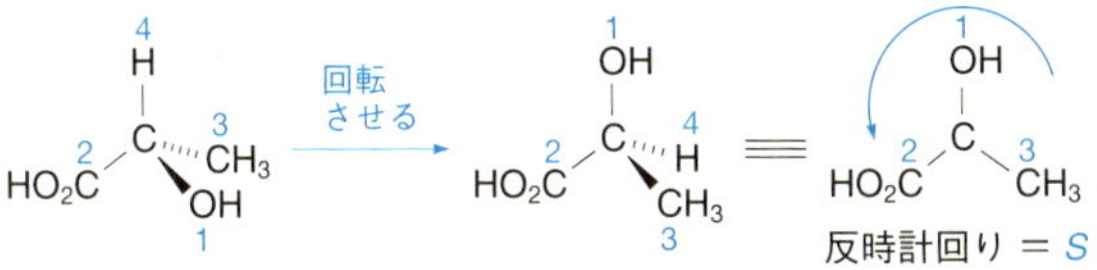

(S)-2-ヒドロキシプロパン酸〔(S)-乳酸〕

(S)-乳酸が(+)-乳酸と同一の化合物であるのは，偶然にすぎない（§3・3・2a 参照）．旋光度の + あるいは − の符号は，R/S 表示法とは無関係である．すなわち，(+)-エナンチオマーは，R 配置あるいは S 配置のいずれの可能性もある．

c. D/L 表示法 立体配置の古い表示法として，D/L 表示法がある．これは，グリセルアルデヒド（2,3-ジヒドロキシプロパナール）を基準として用いる．この化合物の(+)-エナンチオマーには右旋性（dextrorotatory）に由来する D 配置が与えられ，(−)-エナンチオマーには左旋性（laevorotatory）に由来する L 配置が与えられる．

D-(+)-グリセルアルデヒド   L-(−)-グリセルアルデヒド

そして，D-グリセルアルデヒドから合成されるあらゆる光学的に純粋な化合物は，D 配置をもつとする．また，D-グリセルアルデヒドへ変換できるあらゆる光学的に純粋な化合物も，D 配置をもつとする．

D-グリセルアルデヒドは，(R)-グリセルアルデヒドと同一である．しかし，D あるいは L 配置は，R/S 表示法とは無関係である．すなわち，D-エナンチオマーは R 配置あるいは S 配置のいずれの可能性もある．D/L 表示法は，糖類やアミノ酸などの天然

物の立体配置を表示するために，現在も使用されている（§11・1, §11・3参照）．

d. ジアステレオマー　2個のキラル中心をもつ化合物では，4種類の R と S の組合わせが可能なので，4個の立体異性体が可能である．

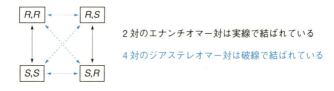

- 互いに鏡像関係にはない立体異性体を，**ジアステレオマー**（diastereomer）あるいは**ジアステレオ異性体**（diastereoisomer）という．ジアステレオマーは，2個のキラル中心のうち1個のキラル中心の R/S 配置が異なる立体異性体である．これに対してエナンチオマーは，両方のキラル中心の R/S 配置が異なる立体異性体である．

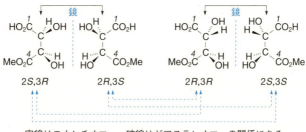

2対のエナンチオマー対は実線で結ばれている
4対のジアステレオマー対は破線で結ばれている

例（斜体字で付記した数字は炭素骨格の番号を示している）

実線はエナンチオマー，破線はジアステレオマーの関係にある

n 個のキラル中心をもつ化合物では，一般に，立体異性体の総数は 2^n 個となり，エナンチオマー対の数は 2^{n-1} 個となる．たとえば，3個のキラル中心をもつ化合物には，一般に8個の立体異性体（四つのエナンチオマー対）が存在する．

e. ジアステレオマーとエナンチオマー

- エナンチオマーは，生体に対して異なる活性を示すことがある．しかし，このような生物学的活性，すなわちほかのキラルな分子に対する相互作用と，平面偏光に対する効果を除けば，エナンチオマーは同一の化学的および物理的性質をもっている．
- ジアステレオマーの物理的性質（たとえば融点や極性）や化学的性質は異なる．
- エナンチオマーは，常にキラルである．

- ジアステレオマーは，キラルにも，アキラルにもなりうる（アキラルな分子では，鏡像はそれ自身と一致する）．ジアステレオマーが対称面をもつと，アキラルになる．このように，キラル中心をもつにもかかわらずアキラルな分子からなる化合物を，**メソ化合物**（meso compound）という．メソ化合物の分子は，対称面によって半分に分割される構造をもっており，それぞれの部分は，平面偏光の回転に対して大きさは等しいが符号が反対の寄与をする．したがって，それらの効果は互いに打消し合うため，メソ化合物は光学不活性である．

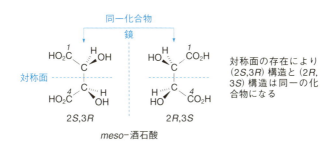

meso-酒石酸

f. フィッシャー投影式　不斉炭素原子をもつ分子は，**フィッシャー投影式**（Fischer projection）を用いて表記されることがある．フィッシャー投影式では，正四面体炭素原子の結合を2本の交差する線として表現する．垂直な線は，紙面から裏側に突き出している結合を表し，水平な線は，紙面から前方に飛び出している結合を表す．

一般に，フィッシャー投影式では，主炭素鎖を垂直な線として書き，最も優先順位の高い官能基が垂直な線の上端に位置するように書く．

この古い形式の表記法は，一般に，アミノ酸や，数個の不斉炭素原子をもつ糖類の

立体配置を表現する場合に用いられる（§11・1，§11・3参照）．

D-エリトロース〔(2R,3R)-トリヒドロキシブタナール〕

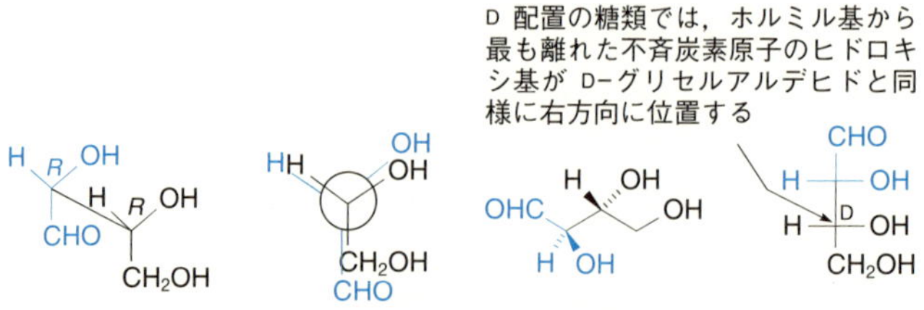

D配置の糖類では，ホルミル基から最も離れた不斉炭素原子のヒドロキシ基がD-グリセルアルデヒドと同様に右方向に位置する

木びき台形表示　　ニューマン投影式　　くさび形表示　　フィッシャー投影式

フィッシャー投影式を，垂直な線の上端に最も優先順位の低い置換基を配置させるように書くと，R/S表示法と対応させることができる．また，フィッシャー投影式は，紙面内で180°回転させても同一の立体配置を表すが，ある置換基の位置を90°回転させても同一の立体配置を表すためには二重交換，すなわち2個の置換基の位置を交換する必要がある．

例（不斉炭素原子に結合した置換基に付記した数字は優先順位を表している）

最も優先順位の低い置換基Hは垂直方向にある

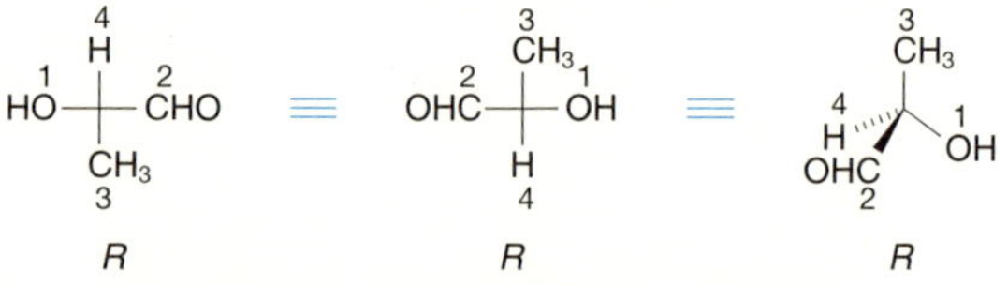

180°回転させても同一の立体異性体を表す
優先順位1→2→3の方向はどちらも時計回り

最も優先順位の低い置換基Hは垂直方向にない

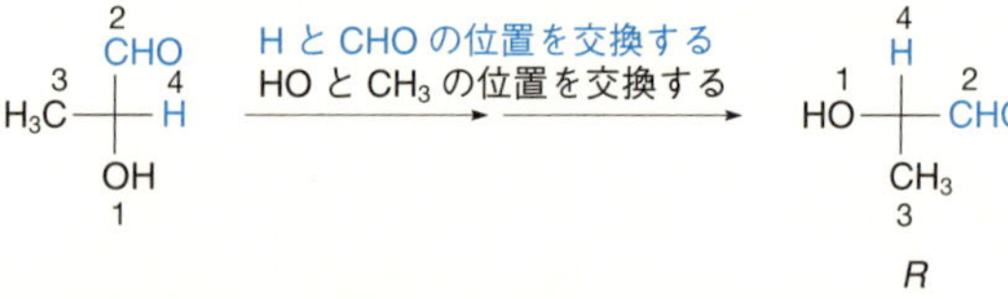

HとCHOの位置を交換する
HOとCH₃の位置を交換する

90°回転させるには置換基の二重交換をしなければならない

例題　化合物1について以下の問(a)～(d)に答えよ

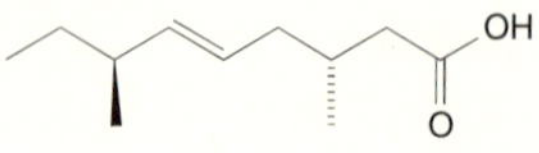

1

(a) **1** の C=C 結合は E 配置あるいは Z 配置のどちらか．理由とともに答えよ．[ヒント：C=C 結合に結合している 4 個の置換基の優先順位を決定せよ．]

(b) **1** に含まれるそれぞれのキラル中心の立体配置は R 配置あるいは S 配置のどちらか．理由とともに答えよ．[ヒント：キラル中心に結合している 4 個の置換基の優先順位を決定せよ．]

(c) **1** のエナンチオマーの構造式を書け．また，それに含まれるそれぞれのキラル中心の立体配置を R/S 表示法で示せ．[ヒント：エナンチオマーは，2 個のキラル中心の両方について立体配置が異なる．ジアステレオマーは，2 個のキラル中心のうち 1 個について立体配置が異なる．]

(d) **1** のジアステレオマーの構造式を書け．また，それに含まれるそれぞれのキラル中心の立体配置を R/S 表示法で表示せよ．

解 答 (a) それぞれの炭素原子において優先順位の高い置換基が，二重結合に対して反対側に位置している．したがって，C=C 結合は E 配置である．

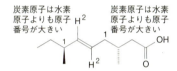

(b) **1** には 2 個のキラル中心がある．

(c)

(d)

あるいは

問題

3・1 カーン–インゴールド–プレローグの順位則を用いて，次の置換基の優先順位に関する以下の問いに答えよ．

$-CONH_2$, $-CH_3$, $-CO_2H$, $-CH_2Br$, $-I$, $-CCl_3$, $-OCH_3$

(a) 最も優先順位の高い置換基，および最も優先順位の低い置換基を示せ．
(b) 優先順位が $-CCl_3$ と $-CONH_2$ の間に位置する置換基を示せ．
(c) 化合物 **A**，**B**，**C** は Z 配置あるいは E 配置のどちらか．

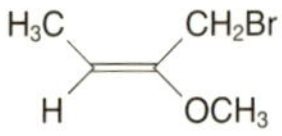

A, 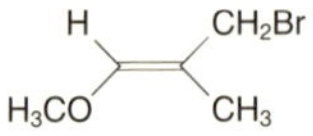 **B**, 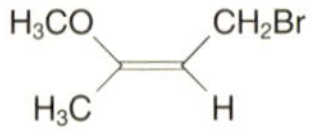 **C**

3・2 化合物 **D**〜**F** について，それぞれのキラル中心の立体配置を R/S 表示法で示せ．

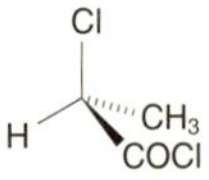

D, 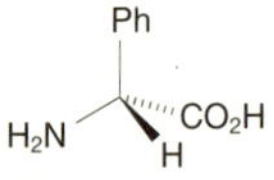 **E**, 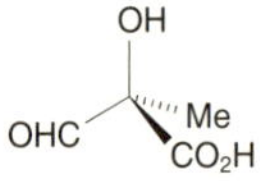 **F**

3・3 $meso$-2,3-ジヒドロキシブタン **G** のフィッシャー投影式を以下に示した．

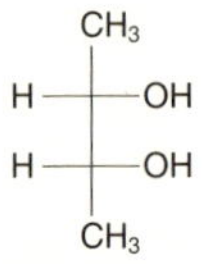

G

(a) **G** がメソ化合物といえる理由を説明せよ．
(b) **G** のアンチペリプラナー配座をニューマン投影式，および木びき台形表示で表示せよ．
(c) **G** のジアステレオマーのフィッシャー投影式を示せ．

3・4 $(1R,2S,5R)$-$(-)$-メントール **H** について，優先するいす形配座の構造式を示せ．

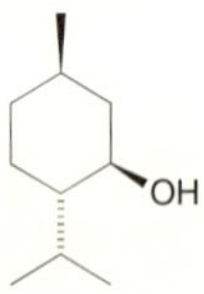

H

3・5 以下に示す分子 **I**〜**L** について，それらの立体化学的な関係，すなわち同一である

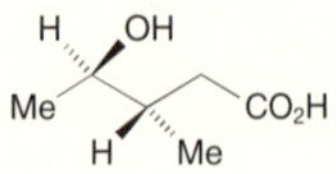

I, 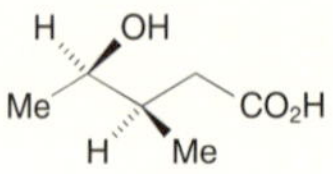 **J**, 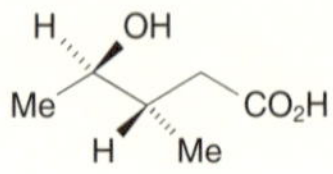 **K**, 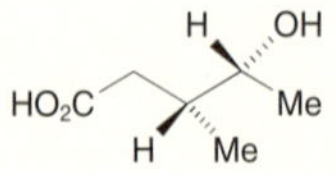 **L**

3・6 以下に示す分子 **M**～**P** について，それらの立体化学的な関係，すなわち同一であるか，エナンチオマーであるか，あるいはジアステレオマーであるかを述べよ．さらに，それぞれのキラル中心の立体配置を *R/S* 表示法で示せ．

M **N** **O** **P**

3・7 次の反応経路は，昆虫のフェロモンである化合物 **T** の合成経路を示したものである．以下の問 (a)～(g) に答えよ．

(a) 化合物 **Q** に含まれるそれぞれのキラル中心の立体配置を *R/S* 表示法で示せ．
(b) 化合物 **R** のエナンチオマーの構造式を書け．
(c) $H_{11}C_5C\equiv C-Li$ の骨格構造式を書け．
(d) 化合物 **S** に含まれるそれぞれのキラル中心の立体配置を *R/S* 表示法で示せ．
(e) 化合物 **S** のジアステレオマーの構造式を書け．
(f) 化合物 **T** の C=C 結合は *E* 配置あるいは *Z* 配置のどちらか．
(g) 化合物 **T** に含まれるそれぞれのキラル中心の立体配置を *R/S* 表示法で示せ．

4 反応性と反応機構

━━ キーポイント ━━

　有機化学反応は，**ラジカル**機構か，あるいはよりふつうには**イオン**機構によって進行する．反応がとる経路は，反応中間体となるラジカルやイオンの安定性によって影響され，**電子効果**と**立体効果**を理解することによってその経路を決定することができる．イオン反応では，**求核剤**（電子豊富な分子）が**求電子剤**（電子不足の分子）に対して結合を形成する．この過程は，巻矢印を用いて表すことができる．反応の進行に伴うエネルギーの変化は，**平衡**と**速度**によって記述される．平衡は反応がどの程度進行するかを表し，速度は反応がどのような速さで起こるかを表す．平衡の位置は**標準反応ギブズエネルギー**の大きさによって決まり，一方，反応の速度は**活性化エネルギー**によって決まる．

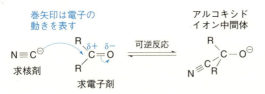

4·1　反応中間体 ── イオンとラジカル

　共有結合を開裂させるには二つの方法がある．非対称的な開裂は**不均一開裂**（heterolytic cleavage）または**ヘテロリシス**（heterolysis）とよばれ，これによってイオン，すなわち正電荷をもつカチオンと負電荷をもつアニオンが生成する．対称的な開裂は**均一開裂**（homolytic cleavage）または**ホモリシス**（homolysis）とよばれ，これによってラジカルが生成する．

　結合の開裂を表すために，巻矢印が用いられる．両羽矢印は2個の電子の動きを表し，イオン機構に用いられる．片羽矢印（または釣り針形矢印）は1個の電子の動き

を表し，ラジカル機構に用いられる．このように，巻矢印は常に電子の動きを表す．

不均一開裂（1本の両羽の巻矢印を用いる）

A—B ⟶ A⊕ + B⊖
　　　　カチオン　アニオン
　　　イオンは偶数個の電子をもつ

結合を形成していた2個の電子は，両方とも一方の原子へ移動する

均一開裂（2本の片羽の巻矢印を用いる）

A—B ⟶ A• + B•
　　　　ラジカル　ラジカル

結合を形成していた2個の電子は，1個ずつそれぞれの原子へ移動する

ラジカルは奇数個の電子をもつ．対を形成していない電子を，**不対電子**（unpaired electron）という．不対電子は，1個の点で表記される．

非対称的な結合開裂や結合形成を含む過程を，**イオン反応**（ionic reaction）あるいは**極性反応**（polar reaction）という．一方，対称的な結合開裂や結合形成を含む過程を，**ラジカル反応**（radical reaction）という．

不均一結合形成（不均一開裂の逆反応）

A⊕　B⊖ ⟶ A—B
カチオン　アニオン
矢印は生成する結合の中央，あるいはカチオンに向かう

2個の電子の動きを示す矢印は，アニオンあるいは非共有電子対から，生成する結合の中央あるいはカチオンに向かう．矢印は電子豊富な部位から出発し，電子不足な部位に到達する

均一結合形成（均一開裂の逆反応）

A•　B• ⟶ A—B
ラジカル　ラジカル
矢印は生成する結合の中央に向かう

1個の電子の動きを示す矢印が互いに向かい合い，新たな2電子結合を形成する．それぞれの矢印は不対電子を表す点から出発し，原子AとBの中央に到達する

2個の電子が結合の形成に用いられるときには，その電子の動きを示す巻矢印は，新しい結合が形成される場所をさし示さなければならない．一方，2個の電子が，ある原子の非共有電子対として収容されるときには，巻矢印はその原子をさし示す．ただし，多くの教科書では，両方の場合とも，巻矢印が直接原子をさし示す書き方が用いられており，本書もその書き方に従う．

反応の機構を表すために，2個の電子の動きを示す複数個の巻矢印が用いられる場

合には，それらの巻矢印は，いつも同じ方向を向いていなければならない．

どのような反応においても，反応物の総電荷数は生成物の総電荷数と同じでなくてはならない．

4・2 求核剤と求電子剤

- **求核剤**（nucleophile）は電子豊富な化学種であり，2個の電子を電子不足の部位へ供給することによって共有結合を形成する．求核剤は，負電荷をもつイオン，すなわちアニオンであるか，あるいは非共有電子対をもつ電気的に中性の分子である．
- **求電子剤**（electrophile）は電子不足の化学種であり，2個の電子を電子豊富な部位から受容することによって共有結合を形成する．求電子剤は，電気的に中性の分子のこともあるが，一般に，正電荷をもつイオン，すなわちカチオンである．

負電荷をもつ求核剤には負電荷に加えて，非共有電子対を示すために2個の点を書くこともある

電荷をもたない有機分子において，どの部位が求核的であるか，または求電子的であるかは，1) 非共有電子対の存在，2) 結合の様式（sp混成であるか，あるいは sp^2，sp^3 混成であるか），3) 結合の極性，によって決定できる．

1) 窒素，酸素，硫黄など非共有電子対をもつ原子は，求核性部位となる．

単結合

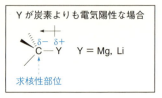

二重結合および三重結合

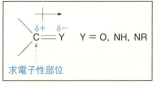

結合の上方に書かれた矢印は，電子の偏りを示している．矢印の方向は，電子不足の部分から電子豊富な部分へと向かっている

2) アルケン，アルキン，および芳香環における炭素－炭素二重結合，あるいは三重結合は，高い電子密度をもつので，求核性部位となる．アルカンの C–C 単結合は，求核性部位にはならない．
3) 極性をもつ結合では，電子はより電気陰性な原子の近くに存在する（§1・6・1 参照）．このため，より電気陰性な原子は求核性部位となり，より電気陽性な原子は求電子性部位となる．

4・2・1 相対的な強さ

a. 求核剤　　負電荷をもつ求核剤は，電荷をもたないその共役酸に比べて，常にきわめて強い求核剤である．

$$\text{求核剤としての強さ} \quad HO^{\ominus} \; > \; H_2\ddot{O}$$

アニオン，あるいは電荷をもたない分子の求核剤としての相対的な強さ，すなわち**求核性**（nucleophilicity）は，その化学種の電子対の供与しやすさに依存する．原子が電気陰性になるほど，電子はよりしっかりと原子核に束縛されるので，その原子の求核性は低下する．

周期表の同じ周期の原子を比較すると，アニオンの求核性の強さは，塩基性の強さと同じ順序になる．すなわち，負電荷をもつ原子が電気陰性になるほど，求核性は低下し，塩基性も低下する．

$$\begin{array}{ll} \text{求核性の強さ} \\ \text{(あるいは塩基性)} \end{array} \quad R_3C^{\ominus} \; > \; R_2N^{\ominus} \; > \; RO^{\ominus} \; > \; F^{\ominus}$$

$$\text{電気陰性度} \quad C \; < \; N \; < \; O \; < \; F$$

$$\begin{array}{ll} \text{求核性の強さ} \\ \text{(あるいは塩基性)} \end{array} \quad R-\ddot{N}H_2 \; > \; R-\ddot{O}H \; > \; R-\ddot{F}$$

> **塩基性** = H あるいは H⁺ に対する電子対の供与　　**求核性** = H 以外の原子に対する電子対の供与

したがって，pK_a を用いて，周期表の同じ周期にある原子の求核性を見積もることができる（pK_a の値は付録 3 参照）．しかし，求核性は立体的な要因によって著しく影響を受けるが（§4・4 参照），塩基性はそれほど影響を受けないため，その見積もりは正しくないことがある．

周期表の同じ族の原子を比較すると，アニオンや電荷をもたない分子の求核性部位の強さは，周期表を下にいくにつれて増大する．これは，原子の大きさが増大するにつれて，原子核による電子の束縛はよりゆるやかになるので，電子は結合の形成のた

めに用いられやすくなるからである．束縛のゆるい電子をもつ比較的大きな原子は，小さな原子に比べて，より大きな**分極率**（polarizability）をもつという．

$$求核性の強さ \quad H_2\ddot{S} > H_2\ddot{O}$$
$$I^{\ominus} > Br^{\ominus} > Cl^{\ominus} > F^{\ominus}$$

アニオンの求核性の強さは，溶媒に依存する．

- ジメチルスルホキシド Me_2SO^* のような，極性置換基をもつが O−H 結合や N−H 結合をもたない**非プロトン性溶媒**（aprotic solvent）中では，一般に，アニオンはプロトン性溶媒中よりも求核性が強くなる．
- メタノール MeOH のような，極性置換基と O−H 結合あるいは N−H 結合をもつ**プロトン性溶媒**（protic solvent）中では，アニオンは溶媒と水素結合を形成する．これによって，溶媒分子がアニオンを取囲み，求電子剤への攻撃を妨げるので，アニオンの求核性は低下する．また，大きなアニオンは溶媒和の程度が低いので，プロトン性溶媒中では，小さなアニオンよりも強い求核剤となる．たとえば，F^- と I^- を比較すると，小さい F^- の方がより溶媒和を受けるので，求核性が弱くなる．

b. 求 電 子 剤　正電荷をもつ求電子剤は，電荷をもたないその共役塩基に比べて，常にきわめて強い求電子剤である．

求電子剤としての強さ　プロトン化されたケトン ＞ ケトン

カチオンの求電子剤としての相対的な強さ，すなわち**求電子性**（electrophilicity）は，正電荷の安定性に依存する．誘起効果（＋I, §1・6・1参照），共鳴効果（＋M, §1・6・3参照），および立体効果（§4・4参照）は，すべてカチオンの安定化に寄与し，その反応性を低下させる．

電荷をもたない分子における求電子性部位の相対的な強さは，その部位の部分的な

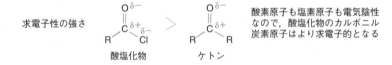

求電子性の強さ　酸塩化物 ＞ ケトン　酸素原子も塩素原子も電気陰性なので，酸塩化物のカルボニル炭素原子はより求電子的となる

---

* $Me_2S=O$ によるアニオンの溶媒和は非常に弱い．これは，$Me_2S=O$ では，部分的正電荷 δ+ をもつ硫黄原子が分子の中央にあり，アニオンが接近できないためである．**溶媒和**（solvation）とは，溶媒と溶質の相互作用によって，溶質分子やイオンが溶媒分子によって取囲まれることをいう．

正電荷（δ+）の大きさに依存する．炭素原子は，電気陰性な原子，すなわち −I 基に結合すると求電子的になる．炭素原子に結合した原子がより電気陰性であるほど，その炭素原子はより求電子的になる．

4・3　カルボカチオン，カルボアニオン，炭素ラジカル

　カルボカチオンは炭素原子上に正電荷をもつ化学種であり，カルベニウムイオン（carbenium ion）とカルボニウムイオン（carbonium ion）が含まれる．Me_3C^+ のように正電荷をもつ炭素原子に 3 個の結合をもつカチオンをカルベニウムイオンとよび，一方，H_5C^+ のように 5 個の結合をもつカチオンをカルボニウムイオンという．カルベニウムイオンは最も重要な化学種であり，一般に，カルボカチオンといえばカルベニウムイオンを意味する．

- **カルボカチオン** R_3C^+ は，一般に平面構造であり，空の p 軌道をもっている．カルボカチオンは，正電荷を非局在化させる電子供与基（R = +I, +M 基）によって安定化される（§1・6参照）．一般に，+M 基は，+I 基に比べてカルボカチオンを安定化する効果が大きい．
- **カルボアニオン** R_3C^- は，負電荷を保持している炭素原子に 3 個の結合をもっている．カルボアニオンは，sp^2 混成をもつ平面構造，sp^3 混成をもつピラミッド形構造，あるいはそれらの中間的な構造のいずれかをとる．カルボアニオンは，1) 電子求引基（R = −I, −M 基），2) 負電荷をもつ炭素原子の s 性の増大，3) 負電荷を非局在化させる芳香族化，によって安定化される（§1・7参照）．

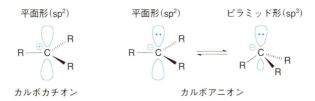

- **炭素ラジカル**（carbon radical）$R_3C^\bullet$ は，不対電子をもつ炭素原子に 3 個の結合をもっている．一般に，炭素ラジカルは sp^2 混成をもつ平面構造である．炭素ラジカ

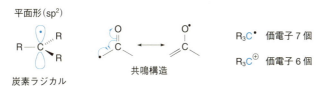

ルは，カルボカチオンのように，電子供与基（R = +I基）によって安定化される．また，不対電子を非局在化する不飽和結合をもつ置換基（たとえば，R = Ph, $COCH_3$）によっても安定化を受ける．

炭素ラジカルとカルボカチオンは，ともに電子不足の炭素原子をもっている点で互いに類似している．カルボカチオンでは，炭素原子は2個の電子が不足しており，一方，炭素ラジカルでは，炭素原子は1個の電子が不足している．

4・3・1 安定性の順序

電子供与基（+I基）であるアルキル基Rをもつカルボカチオン，カルボアニオン，ラジカルの安定性の順序は，次のようになる．

	第三級 +I基が3個	第二級 +I基が2個	第一級 +I基が1個	メチル基 +I基がない
カチオンの安定性	R₃C⁺ >	R₂CH⁺ >	RCH₂⁺ >	CH₃⁺
アニオンの安定性	R₃C⁻ <	R₂CH⁻ <	RCH₂⁻ <	CH₃⁻
ラジカルの安定性	R₃C• >	R₂CH• >	RCH₂• >	CH₃•

カルボアニオンは電子求引基（-I, -M基）によって安定化され，カルボカチオンは電子供与基（+I, +M基）によって安定化される．

アニオンの安定性	$(MeO_2C)_2CH^-$ >	$MeC^-H(CO_2Me)$ >	Me_2CH^-
	-I, -M 基が2個	-I, -M 基が1個	-I, -M 基がない

カチオンの安定性	Ph_3C^+ >	Ph_2CH^+ >	$PhCH_2^+$
	+I, +M 基が3個	+I, +M 基が2個	+I, +M 基が1個

一般に，Ph_3C^+はトリチルカチオン，$PhCH_2^+$はベンジルカチオンとよばれる（§5・3・1b 参照）．

4・4 立体効果

カルボカチオン，カルボアニオン，ラジカルの中心炭素原子に結合した置換基は，その誘起効果や共鳴効果といった**電子効果**（electronic effect）〔または**極性効果**（polar effect）〕のみならず，その立体的な大きさもまた，それら反応中間体の安定性に影響を与える．一般に，分子内のかさ高い置換基が分子の反応性や構造などに与える効果を，**立体効果**（steric effect）という．たとえば，かさ高い置換基がカチオンの中心炭素原子を取囲んでいると，この置換基は立体効果によって，求核剤の攻撃に対するカチオンの反応性を低下させる．これは，かさ高い置換基によって求核剤の接近が妨げられるからである．

置換基の大きさが，分子内のある部位における反応性を低下させる要因となるとき，**立体障害**（steric hindrance）によって反応性が低下したという．一方，置換基の大きさが，分子内のある部位における反応性を増大させる要因となるとき，**立体加速**（steric acceleration）によって反応性が増大したという．

電子効果と立体効果を考慮することにより，与えられた反応がどのような経路を通って進行するかを説明することができる．

4・5 酸化準位

- **有機酸化反応**（organic oxidation reaction）により，1) 分子の水素含有量の減少，あるいは 2) 分子の酸素，窒素，ハロゲン含有量の増加，のいずれかが起こる．酸化反応では，電子が失われる．

酸化準位	官能基[†]				
0	R_4C アルカン				
1	$RHC=CHR$ アルケン	RCH_2X モノハロゲン化物	RCH_2OR エーテル	RCH_2OH 第一級アルコール	RCH_2NH_2 第一級アミン
2	$RC\equiv CR$ アルキン	$RCHX_2$ ジハロゲン化物	$RCH(OR)_2$ アセタール	$R-\overset{O}{\underset{\|\|}{C}}-R$ ケトン	$RCH=NH$ イミン
3		RCX_3 トリハロゲン化物		$R-\overset{O}{\underset{\|\|}{C}}-OH$ カルボン酸	$RC\equiv N$ ニトリル
4		CX_4 テトラハロゲン化物			

[†] X = F, Cl, Br, I

- 有機還元反応 (organic reduction reaction) により，1) 分子の水素含有量の増加，あるいは 2) 分子の酸素，窒素，ハロゲン含有量の減少，のいずれかが起こる．還元反応では，電子が獲得される．

官能基内の炭素原子の**酸化準位** (oxidation level) によって，さまざまな官能基を分類することができる（前ページの表参照）．炭素原子の酸化準位を決めるには，次の指針を用いる．

1) 炭素原子に結合した酸素，窒素，ハロゲンなどのヘテロ原子の数が多いほど，炭素原子の酸化準位は高い．ヘテロ原子との結合は，それぞれ酸化準位を +1 だけ増加させる．
2) 多重結合の程度が高いほど，炭素原子の酸化準位は高い．

- 同じ酸化準位にある炭素原子をもつ官能基は，酸化あるいは還元することなく相互に変換させることができる．

変換には酸化も還元も必要がない

$$RC\equiv N \longrightarrow R-\underset{3}{\overset{O}{\underset{\|}{C}}}-OH \longrightarrow R-\underset{3}{\overset{O}{\underset{\|}{C}}}-OR$$

（それぞれの炭素原子に付記した数字は酸化準位を示している）

- 異なった酸化準位にある炭素原子をもつ官能基は，酸化により酸化準位を増加させることによって，あるいは還元により酸化準位を減少させることによって，相互に変換させることができる．

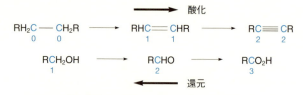

（それぞれの炭素原子に付記した数字は酸化準位を示している）

4・6 反応の一般的な様式

4・6・1 イオン性中間体を含む極性反応

a. 付加反応 二つの反応物が互いに付加して一つの生成物を与える反応を，付加反応 (addition reaction) という．

$$A + B \longrightarrow A-B$$

付加反応は，反応に関与する官能基への求電子的，あるいは求核的な攻撃によって開始される．

アルケンへの求電子付加反応(§6・2・2参照)

$$\underset{\underset{\text{求核性部位}}{\uparrow}}{\text{H}_2\text{C}=\text{CH}_2} + \underset{\underset{\text{求電子性部位}}{\uparrow}}{\overset{\delta+\ \ \delta-}{\text{H}-\text{Br}}} \longrightarrow \text{H}_3\text{C}-\text{CH}_2\text{Br}$$

アルデヒドおよびケトンへの求核付加反応(§8・3参照)

$$\underset{\underset{\text{求電子性部位}}{\uparrow}}{\overset{\text{O}^{\delta-}}{\underset{\delta+}{\text{R}_2\text{C}}}} + \underset{\underset{\text{求核性部位}}{\uparrow}}{\text{H}-\ddot{\text{O}}\text{H}} \longrightarrow \text{R}_2\text{C}(\text{OH})_2$$

b. 脱離反応　一つの反応物が二つの生成物を与える反応を，**脱離反応** (elimination reaction) という．脱離反応は，付加反応の逆反応である．

$$\text{A}-\text{B} \longrightarrow \text{A} + \text{B}$$

脱離反応は，反応物からカチオンあるいはアニオンが失われて，イオン性の反応中間体が生成する機構で進行する場合がある．

ハロゲン化アルキルの脱離反応(§5・3・2参照)

$$\text{CH}_3\text{CH}_2\text{Br} \longrightarrow \text{CH}_2=\text{CH}_2 + \text{H}-\text{Br}$$

c. 置換反応　二つの反応物が置換基を交換して，新たな二つの生成物を与える反応を，**置換反応** (substitution reaction) という．

$$\text{A}-\text{B} + \text{C}-\text{D} \longrightarrow \text{A}-\text{C} + \text{B}-\text{D}$$

置換反応は，反応に関与する官能基への求電子的，あるいは求核的な攻撃によって開始される．

ハロゲン化アルキルの求核置換反応(§5・3・1参照)

$$\underset{\underset{\text{求電子性部位}}{\uparrow}}{\overset{\delta+\ \ \delta-}{\text{H}_3\text{C}-\text{I}}} + \underset{\underset{\text{求核性部位}}{\uparrow}}{\text{H}-\ddot{\text{O}}\text{H}} \longrightarrow \text{H}_3\text{C}-\text{OH} + \text{H}-\text{I}$$

ベンゼンの求電子置換反応 (§7・2参照)

C₆H₅-H + Br-Br →(FeBr₃ 触媒) C₆H₅-Br + H-Br

求核剤　　　ルイス酸 FeBr₃ と錯体を形成
　　　　　して求電子剤としてはたらく

$$[Br-\overset{\oplus}{Br}-\overset{\ominus}{FeBr_3}]$$

d. 転位反応　一つの反応物が，異なった原子の配列，あるいは異なった結合の配列をもつ一つの生成物を与える反応を，**転位反応**（rearrangement reaction）という．転位反応の生成物は，反応物の異性体となる．

$$A \longrightarrow B$$

転位反応はカルボカチオン中間体を経由して進行することが多い．最初に生成したカチオンは，より安定なカチオンへ転位する．たとえば，最初に第一級あるいは第二級のカルボカチオンが生成すると，第三級カルボカチオンへと転位が起こる．

第二級カルボカチオン　　　　　　　　　t-ブチルカチオン
（2個の +I 基）　　　　　　　　　第三級カルボカチオン
　　　　　　　　　　　　　　　　　（3個の +I 基）

これらの置換基が位置を交換する

4・6・2　ラジカル反応

ラジカルも，イオンのように，付加，脱離，置換，および転位反応をする．ラジカル反応には，多くの段階が含まれる．

1) **開始反応**（initiation）：結合の均一開裂によって，ラジカルが生じる．この過程は，一般に，熱あるいは光を必要とする．

開始反応

Cl–Cl ⟶ Cl• + •Cl

2) **成長反応**（propagation）：ラジカルの反応によって，新たなラジカルが生じる．こ

の過程には，付加，脱離，置換，転位反応が含まれる．

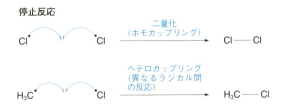

ラジカル反応では，より弱い結合が開裂し，より強い結合が形成される

3) **停止反応**（termination）：2個のラジカルの反応をカップリングという．カップリングによって，ラジカルではない生成物のみが生じる．

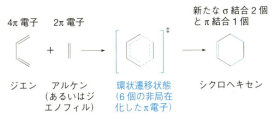

メタンCH_4のようなアルカンの塩素化では，ラジカル連鎖反応によって，塩素原子による水素原子の置換反応が進行する（§5・2・1参照）．

4・6・3 ペリ環状反応

ペリ環状反応（pericyclic reaction）は，イオン性あるいはラジカル性の中間体を経由せずに単一の段階で進行する．この反応では，環状の遷移状態を経由して結合性電子が再分配される．

ディールス–アルダー付加環化反応*（§6・2・2k参照）

4π電子　2π電子　　　　　新たなσ結合2個とπ結合1個

ジエン　アルケン　環状遷移状態　　シクロヘキセン
　　　　（あるいはジ　（6個の非局在
　　　　エノフィル）　化したπ電子）

---
* ディールス–アルダー反応は，[4+2]付加環化反応の例である．この反応では，4π電子をもつ反応物が，2π電子をもつもう一つの反応物と反応する．

4・7 イオンとラジカル

- 結合の不均一開裂は，極性溶媒中において室温で起こる．生成するイオンは，溶媒分子がそれらを取囲むこと（溶媒和）によって，極性溶媒中で安定化を受ける．
- 結合の均一開裂は，極性溶媒がない高温で起こる．化合物を非極性溶媒中で加熱すると，ラジカルが生成する．ラジカルは電荷をもたないため，ほとんど溶媒と相互作用しない．結合を均一開裂させてラジカルを得るために必要なエネルギーを，**結合解離エンタルピー**（bond dissociation enthalpy）あるいは**結合強度**（bond strength）という．結合解離エンタルピーが小さいほど，ラジカルはより容易に生成し，より安定となる．
- イオン反応は，正電荷あるいは部分的な正電荷（δ+）が，負電荷あるいは部分的な負電荷（δ−）と引き合う静電的な引力が駆動力となって進行する．電子豊富な部位が，電子不足の部位と反応する．
- ラジカル反応は，外殻に奇数個の電子をもつラジカルが，電子対を形成することによって"みたされた殻"を形成することが駆動力となって進行する．

4・8 反応選択性

- ある官能基が，ほかの官能基よりも優先して反応する選択性を，**官能基選択性**あるいは化学選択性（chemoselectivity）という．

ケトエステルの還元反応（§8・3・3a，§9・7参照）

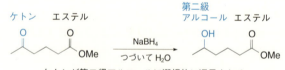

ケトンが第二級アルコールに選択的に還元される

- 一つの分子内において，ある位置が，ほかの位置に対して優先して反応する選択性を，**位置選択性**（regioselectivity）という．これにより，一つの構造異性体（位置異性体）が選択的に生成する．

非対称アルケンへの HCl の付加反応（§6・2・2a参照）

水素原子は二重結合の末端炭素原子に，また塩素原子はよりアルキル置換基の多い炭素原子に位置選択的に付加する

- 一つのエナンチオマー,ジアステレオマー,あるいはシス-トランス異性体が,ほかの立体異性体に対して優先して生成する選択性を,**立体選択性**(stereoselectivity)という.

アルキンの触媒的水素化反応(§6・3・2d 参照)

$$Et-C\equiv C-Et \xrightarrow[\text{(Pd/CaCO}_3\text{/PbO)}]{\text{H}_2 \atop \text{リンドラー触媒}} \begin{array}{c} Et \\ \diagdown \\ H \end{array} C=C \begin{array}{c} Et \\ \diagup \\ H \end{array}$$

シス形あるいは
(*Z*)-アルケン

(*E*)-アルケンより(*Z*)-アルケンが優先して生成する

異なる立体異性体が異なる反応をするとき,その反応を**立体特異的反応**(stereospecific reaction)という.

4・9 反応の熱力学と速度論

反応の**熱力学**(thermodynamics)によって,反応はどちらの方向に進むか,また反応によってどれくらいのエネルギーが吸収あるいは放出されるかについて知ることができる.一方,反応の**速度論**(kinetics)によって,反応は速いか,あるいは遅いかについて知ることができる.

4・9・1 熱力学

a. 平衡 すべての化学反応は,平衡過程(equilibrium process)として表すことができる.平衡過程では,正反応と逆反応が同時に進行し,ある平衡位置を与える*.正方向と逆方向の矢印を書いた化学反応式によって,その反応が平衡であることを表現し,平衡の位置は**平衡定数**(equilibrium constant)K によって表す.平衡定数は,厳密には反応物と生成物の活量(activity)で定義されるが,希薄溶液では活量は近似的に濃度に等しいので,一般には,下式のように濃度を用いて定義される.

$$A \rightleftharpoons B \qquad K = \frac{\text{平衡における生成物の濃度}}{\text{平衡における反応物の濃度}} = \frac{[B]_{eq}}{[A]_{eq}}$$

K が1より大きいときには,平衡において,B の濃度は A の濃度より大きい.

K の大きさは,反応物 A と生成物 B それぞれがもつギブズエネルギー(またはギブズ自由エネルギー,kJ mol^{-1} 単位で表される)の差と関係がある.A から B への変換

---

* 多くの有機反応は可逆的である.例として,アセタールの生成(§8・3・5b 参照)やエステルの生成(§9・4・2 参照)がある.これらの反応では反応条件を変えることによって,平衡を反応物へ,あるいは生成物へと移動させることができる.

が効率よく進むためには，大きな K の値が必要である．このことは，生成物のギブズエネルギーが，反応物のギブズエネルギーよりも低くなければならないことを意味する．標準状態，すなわち 1 bar (10^5 Pa) における反応に伴う全ギブズエネルギー変化を**標準反応ギブズエネルギー**（standard reaction Gibbs energy）といい，$\Delta_r G^\ominus$ (kJ mol^{-1} 単位）で表す[*1]．

$$\Delta_r G^\ominus = (\text{生成物の標準ギブズエネルギー}) - (\text{反応物の標準ギブズエネルギー})$$

$$\Delta_r G^\ominus = -RT \ln K \quad \begin{array}{l} R = \text{気体定数}\ (8.314\ \text{J K}^{-1}\text{mol}^{-1}) \\ T = \text{温度}\ (\text{K 単位}) \end{array}$$

ある反応の標準反応ギブズエネルギーは，その反応が平衡に到達したときに，反応がどの程度進行するかを示す確かな指標となる．

- $\Delta_r G^\ominus$ が負のときには，平衡において生成物が有利となる（$K > 1$）．
- $\Delta_r G^\ominus$ が正のときには，平衡において反応物が有利となる（$K < 1$）．
- $\Delta_r G^\ominus$ がゼロのときには，$K = 1$ であり，反応物と生成物は同じ濃度で存在する．

ある特定の温度では，K は一定の値となる．

K や $\Delta_r G^\ominus$ からは，反応の速度については何もわからないことに注意しなければならない．$\Delta_r G^\ominus$ の符号と大きさは，平衡がどちらの方向にどれだけ偏っているかを決めるだけである．

b. エンタルピーとエントロピー　ある反応の標準反応ギブズエネルギー $\Delta_r G^\ominus$ は，標準状態における反応に伴うエンタルピーの変化（**標準反応エンタルピー**，standard reaction enthalpy）$\Delta_r H^\ominus$，およびエントロピーの変化（**標準反応エントロピー**，standard reaction entropy）$\Delta_r S^\ominus$ と関係づけられる[*2]．ある温度における標準反応ギブズエネルギーは，標準反応エンタルピーと標準反応エントロピーの両方の寄与を含む．

$$\Delta_r G^\ominus = \Delta_r H^\ominus - T\Delta_r S^\ominus \quad T = \text{温度}\ (\text{K 単位})$$

エンタルピー

標準反応エンタルピー $\Delta_r H^\ominus$ は，一定の圧力 1 bar で起こる化学反応において，外界と交換される熱量である．これは反応物と生成物の安定性，すなわち結合強度の差を

[*1]　$\Delta_r G^\ominus$ はしばしば，化学反応の "駆動力（driving force）" とよばれる．
[*2]　$\Delta_r H^\ominus$ と $\Delta_r S^\ominus$ は互いに独立であることに注意．これらが同符号の場合には，$\Delta_r G^\ominus$ に対して，相反した効果を及ぼす．

表す.
- $\Delta_r H^\ominus$ が負のときは，生成物全体の結合は，反応物全体の結合より強い．その差は熱として放出される．このような反応を**発熱反応**（exothermic reaction）という．
- $\Delta_r H^\ominus$ が正のときは，生成物全体の結合は，反応物全体の結合より弱い．その差は熱として吸収される．このような反応を**吸熱反応**（endothermic reaction）という．

エントロピー

標準反応エントロピー $\Delta_r S^\ominus$ は，反応によってひき起こされる分子の乱雑さ，または無秩序さの変化の指標となる．
- $\Delta_r S^\ominus$ が負のときは，反応に伴って系の乱雑さが減少する．このような変化は，二つの反応物が，一つの生成物に変化するときに起こる．
- $\Delta_r S^\ominus$ が正のときは，反応に伴って系の乱雑さが増大する．このような変化は，一つの反応物が，二つの生成物に変化するときに起こる．

ギブズエネルギー

反応が，小さい正の，あるいは大きな負の $\Delta_r H^\ominus$ と，大きな正の $T\Delta_r S^\ominus$ の値をもつ場合には，$\Delta_r G^\ominus$ は負となる．この場合には，平衡において，生成物が反応物よりも有利となる．
- 発熱反応では，$\Delta_r H^\ominus$ は負なので，$\Delta_r S^\ominus$ が大きな負の値にならなければ，$\Delta_r G^\ominus$ は負となる．
- 吸熱反応では，$\Delta_r H^\ominus$ は正なので，$\Delta_r G^\ominus$ が負となるためには，$T\Delta_r S^\ominus$ は $\Delta_r H^\ominus$ の値より大きくなければならない．このためには，標準反応エントロピー $\Delta_r S^\ominus$ が大きな正の値をとるか，あるいは反応温度 T が高いことが要求される．

4・9・2 速 度 論

a. 反応速度 反応が起こるためには $\Delta_r G^\ominus$ が負の値をとることが必要であるが，反応が起こる速度は，遷移状態理論によると，**活性化ギブズエネルギー**（Gibbs energy of activation）$\Delta^\ddagger G$ によって決定される．活性化ギブズエネルギーは，反応物と**遷移状態**（transition state）とのギブズエネルギーの差である．遷移状態は，反応物が生成物に変化する過程において最大のエネルギーをもつ構造であり，それを単離することはできない．遷移状態は，上付きのダブルダガー（‡）をつけた角かっこの中に書かれることが多い．遷移状態は，**反応中間体**（reactive intermediate）とは異なる．反応中間体は，反応の過程における局所的なエネルギー極小に位置する構造であり，

検出することができ,また単離されることもある.
反応に伴うエネルギーの変化を示すために,ギブズエネルギー図が用いられる.

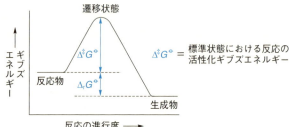

活性化ギブズエネルギーが大きくなるほど,反応は遅くなる.一般に,20 kJ mol^{-1} 以上の活性化ギブズエネルギーをもつ反応では,反応物を生成物に変換するために,加熱を必要とする.反応の温度を高くすると,反応は速くなる.ほとんどの有機反応の活性化エネルギーは,40～150 kJ mol^{-1} の間にある.

活性化エネルギー E_a(kJ mol^{-1} 単位)は,反応の**速度定数**(rate constant)をさまざまな温度で測定し,**アレニウス式**(Arrhenius equation)を適用することによって,実験的に決定することができる.

$$k = Ae^{-E_a/RT}$$
$k =$ 速度定数　　$R =$ 気体定数(8.314 J K^{-1} mol^{-1})
A および E_a は定数　$T =$ 温度(K 単位)

- 反応の速度定数 k は,一定の温度で,反応物の消失速度,あるいは生成物の生成速度を,反応物のさまざまな濃度において調べることによって決定することができる.

二次反応では,反応速度 = $k[A][B]$
反応速度は両方の反応物の濃度に依存する
一次反応では,反応速度 = $k[A]$ あるいは $k[B]$
反応速度は一方のみの反応物の濃度に依存する

一般に,有機反応は,いくつかの連続的な段階からなっている.最も遅い段階,すなわち遷移状態が最も高いエネルギーをもつ段階を,**律速段階**(rate-determining step)という.実験的に決定される反応速度は,律速段階の反応速度である.

多くの段階からなる有機反応には,反応中間体が介在する.これらは,反応のエネルギー図において,局所的なエネルギー極小として表される.反応中間体が,安定な生成物や第二の反応中間体に変化するためには,エネルギー障壁を乗り越えねばなら

ない.

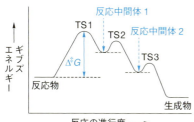

TS = 遷移状態
$\Delta^{\ddagger}G$ = 活性化ギブズエネルギー

反応物が反応中間体 1 へ
変化する過程が律速段階

このエネルギー図は反応物より生成物のエネルギーが低い場合を示していること, また TS1 (最もエネルギーの高い遷移状態) だけが反応速度の決定にかかわることに注意

反応中間体の構造から, 遷移状態の構造を推定することができる. 一般に, "遷移状態の構造は, 最もエネルギーの近い安定な化学種の構造に類似している" と考えられている. これを**ハモンドの仮説** (Hammond postulate) という.
- 発熱反応では, 遷移状態の構造は, 反応物の構造に類似している. これは, 遷移状態のエネルギー準位が, 生成物よりも反応物に近いからである.
- 吸熱反応では, 遷移状態の構造は, 生成物の構造に類似している. これは, 遷移状態のエネルギー準位が, 反応物よりも生成物に近いからである.

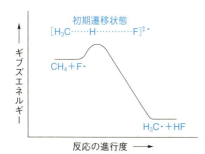

発熱反応
遷移状態において, H は F よりも C に接近している. すなわち, 遷移状態は, 反応物類似 (reactant-like) である

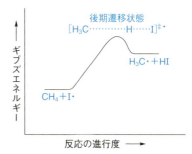

吸熱反応
遷移状態において, H は C よりも I に接近している. すなわち, 遷移状態は, 生成物類似 (product-like) である

反応系に添加することによって反応速度を増大させる物質を, **触媒** (catalyst) という. 触媒は, 反応をより低いエネルギーの遷移状態を経る経路で進行させることによって, 反応速度を増大させる. 触媒は, 平衡に到達するまでの速度に影響を与えるが, 平衡の位置は変化させない. 触媒を添加することにより, 多くの反応をより速やかに,

またより低温で起こすことができる.触媒は,反応の間に化学的に変化しない.

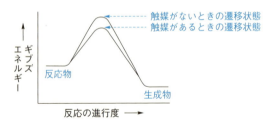

反応物と同じ相に存在して反応を触媒する物質を,均一触媒(homogeneous catalyst)という.

反応物と異なった相に存在して反応を触媒する物質を,不均一触媒(heterogeneous catalyst)という.

4・9・3 速度支配と熱力学支配

複数の生成物を与える反応では,それぞれの生成量は反応の温度に依存する.すべての反応が可逆的であるにもかかわらず,反応が遅く平衡に到達できない場合があるため,非平衡状態における生成物の比が得られることが多い.

- 低温では,反応は**不可逆的**(irreversible)である可能性が高く,平衡に到達しない場合が多い.この条件では,最も速く生成する生成物が優先して得られる.このような場合,反応は**速度支配**(kinetic control)であるといい,得られる生成物を**速度支配生成物**(kinetic product)という.速度支配生成物は,その生成過程が最も低い活性化エネルギー障壁をもつので,最も速く生成する*.
- 高温では,反応は**可逆的**(reversible)となる可能性が高く,平衡に到達する場合が多い.この条件では,エネルギー的に最も安定な生成物が優先して得られる.このような場合,反応は**熱力学支配**(thermodynamic control)であるといい,得られる

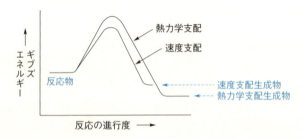

---

* 速度支配の条件下で起こる反応の結果は,さまざまな生成物に至る遷移状態の相対的なエネルギーによって決まる.

生成物を**熱力学支配生成物**(thermodynamic product) という．熱力学支配生成物は，最も低いエネルギーをもち，最も安定な生成物である[*1]．

4・10 軌道の重なり合いとエネルギー

2個の原子軌道が重なり合うことにより，2個の分子軌道が形成される．一つは結合性分子軌道であり，原子軌道より低いエネルギーをもつ．もう一つは反結合性分子軌道であり，原子軌道よりエネルギーが高い(§1・4参照)．原子軌道が同位相で重なり合うと結合性軌道が形成される．原子軌道が同じ大きさをもっている場合，最もよい軌道の重なり合いが起こる．

軌道は，末端どうし，あるいは側面どうしで重なり合うことができ，それぞれσ結合，π結合が形成される[*2]．電子を受容する求電子剤の空軌道，および電子を供与する求核剤の占有軌道は，それぞれ方向性のある空間的広がりをもっている．2個の化学種が反応するためには，これらの軌道が適切に配列する必要がある．求核剤の占有軌道は，求電子剤の空軌道と直線的に配列することによって，二つの軌道の末端どうしが重なり合う．

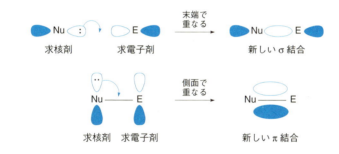

例: 塩基とHClとの反応

軌道が重なり合うためには，二つの軌道は互いに近いエネルギーをもっていなければならない．それらの軌道が同じエネルギーをもつときには，最大の相互作用が得ら

[*1] 熱力学支配の条件下で起こる反応の結果は，さまざまな生成物それ自身の相対的なエネルギーによって決まる．
[*2] 反応では，求核剤の占有軌道が求電子剤の空軌道と重なり合うように，分子どうしが接近しなければならない．

れる．求核剤の最もエネルギーの高い占有軌道〔**最高被占軌道**（highest-energy occupied molecular orbital）といい，HOMO と略記する〕だけが，求電子剤の最もエネルギーの低い空軌道〔**最低空軌道**（lowest-energy unoccupied molecular orbital）といい，LUMO と略記する〕に近いエネルギーをもっている．

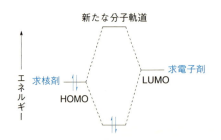

2個の電子は，エネルギーの低い方の分子軌道に入る．これにより，エネルギーの安定化が起こり，新たな結合が形成される．HOMO と LUMO のエネルギー差が広がるほど，エネルギーの安定化は小さくなる

- 一般に，求核剤の HOMO は，非結合性の非共有電子対，あるいは結合性の π 軌道である．これらの軌道は，σ 軌道よりエネルギーが高い．強い求核剤はエネルギーの高い HOMO をもつ．
- 一般に，求電子剤の LUMO は，反結合性の π* 軌道である．この軌道は，σ* 軌道よりエネルギーが低い．強い求電子剤はエネルギーの低い LUMO をもつ．

ケトンへの水の付加

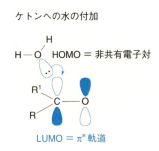

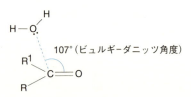

107°（ビュルギ-ダニッツ角度）

最大の軌道の重なりを得るためには，90°の角度からの攻撃が必要となる．しかし，カルボニル酸素上の大きな電子密度と H_2O の非共有電子対との反発のため，実際は，約107°の角度（ビュルギ-ダニッツ角度，§8・2参照）から攻撃が起こる

4・11 反応機構を書くための指針

1) 反応物の構造を書き，すべてのヘテロ原子上に非共有電子対をつける．分極のある結合には，δ+ および δ− を付記する．
2) どちらの反応物が求核剤となり，どちらの反応物が求電子剤となるかを判定する．さらに，求核剤となる分子の求核性原子，および求電子剤となる分子の求電子性原子を見分ける．

3) 求核性原子から求電子性原子へ両羽の巻矢印をひき,新しい結合が形成されることを表記する.矢印は,負電荷,非共有電子対,あるいは多重結合が出発点となる.新しい結合が,求電子剤の電荷をもたない H, C, N, あるいは O 原子との間で形成される場合には,求電子剤の結合の一つが開裂し,第二の巻矢印が書かれることになる.第二の矢印は,第一の矢印と同じ方向を向く.
4) 反応物の総電荷数は,生成物の総電荷数と同じでなくてはならない.矢印は,最終的には,電気陰性な原子上の負電荷となって終わるように書くとよい.

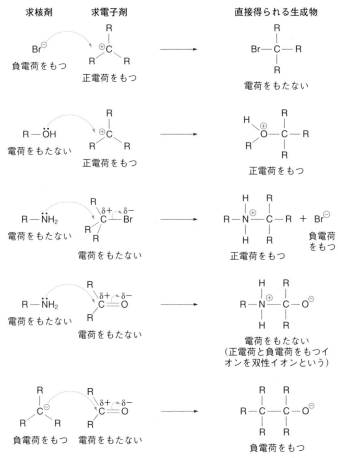

構造式を記した色と異なる色を用いて巻矢印を書くと,わかりやすい場合が多い
イオン反応では,両羽の巻矢印を用いることに注意.片羽の巻矢印は,ラジカル反応に対して用いられる(§4・1参照)

- 求核剤の求核性原子が電荷をもたないときには，反応後には，その原子は正電荷をもつことになる．一方，求核性原子が負電荷をもっているときには，その原子は電気的に中性になる．
- 求電子剤の求電子性原子が電荷をもたないときには，求電子剤の結合の一つが開裂し，反応後には，最も電気陰性な原子が負電荷をもつことになる．一方，求電子性原子が正電荷をもっているときには，その原子は電気的に中性になる．

例　題　次に示す反応経路について，以下の問(a)〜(d)に答えよ．

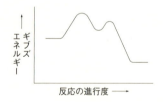

(a) 酸化準位を用いて，1から3への変換に酸化還元反応が含まれるかどうかを判定せよ．[ヒント：カルボニル炭素原子について考えよ．]
(b) 1から3への変換は求核置換反応の例である．そう判定される理由を説明せよ．[ヒント：化合物1と化合物3の構造を比較せよ．]
(c) 巻矢印を用いて，1が2に変換される反応機構，および2が3に変換される反応機構を示せ．[ヒント：両羽の巻矢印を用いること．]
(d) 次に示す図はこの反応のギブズエネルギー図である．以下の問(i)〜(iii)に答えよ．

(i) ギブズエネルギー図を描き，反応物，化合物2，生成物，段階1の遷移状態，段階2の遷移状態について，それぞれに対応する位置を図中に記せ．[ヒント：図の中央にあるエネルギー極小は，反応中間体に対応している．]
(ii) 段階1と段階2のどちらが律速段階か．また，その理由を説明せよ．[ヒント：それぞれの段階に対する活性化ギブズエネルギーの大きさを考えよ．]
(iii) 実験の結果，この反応の反応速度式は次式によって与えられた．

$$反応速度 = k[\text{RO}^-][1]$$

この反応の全体の反応次数を求めよ．[ヒント：反応は二分子反応である．]

問 題   75

解 答 (a) 1と3に含まれるカルボニル炭素原子の酸化準位は，いずれも3である．したがって，1から3への変換には，酸化反応も還元反応も含まれない．
(b) アルコキシドイオン RO⁻ が求核剤として化合物1と反応し，1の塩素原子が3ではRO基によって置換されている．
(c)

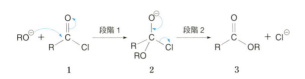

(d) (i)

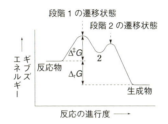

(ii) 段階1の方が活性化ギブズエネルギー $\Delta^{\ddagger}G$ が大きいので，反応が遅い．したがって，段階1が律速段階となる．
(iii) 反応の全体の反応次数は2次となる．

問 題

4・1 酸化準位を用いて，次の反応が酸化反応，あるいは還元反応を含むかどうかを判定せよ．含むものについては，反応物の酸化反応，あるいは還元反応のどちらであるかを述べよ．

4・2 次の反応について，2種類の反応物のうち，どちらが求核剤としてはたらき，どちら

(a) H,Br-C-Me,Me → H,OH-C-Me,Me (b) MeO,OMe-C-Me,Me → O=C(Me)(Me)

(c) NH=C(Me)(Me) → H₂N,H-C-Me,Me (d) O=C(Me)(OMe) → O=C(Me)(Et)

(e) H,OH-C-Me,H → O=C(Me)(NHMe)

が求電子剤としてはたらくかを述べよ．それぞれの反応によって生成すると考えられる化合物の構造式を書き，さらに巻矢印を用いてその生成機構を示せ．

(a) Me–O$^{\ominus}$ + CH$_3$Br ⟶

(b) CH$_3$I + PhCH$_2$NMe$_2$ ⟶

(c) MeC(=O)Et + $^{\ominus}$CN ⟶

(d) PhCHO + BF$_3$ ⟶

4・3 次の反応を，付加反応，脱離反応，置換反応，転位反応に分類せよ．

(a) Br$_2$ + シクロヘキセン $\xrightarrow{h\nu\ (光)\ あるいは熱}$ 3-ブロモシクロヘキセン + HBr

(b) Br$_2$ + シクロヘキセン $\xrightarrow{暗所\ 室温}$ trans-1,2-ジブロモシクロヘキサン

(c) trans-1,2-ジブロモシクロヘキサン + 2 Me$_3$CO$^{\ominus}$ ⟶ ベンゼン + 2 Me$_3$COH + 2 Br$^{\ominus}$

(d) シクロヘキサノンオキシム $\xrightarrow{^{\oplus}H}$ ε-カプロラクタム

4・4 次の反応を，官能基選択的反応，位置選択的反応，立体選択的反応のいずれかに分類せよ．

(a) PhCH(OH)CH$_2$CH$_3$ $\xrightarrow{H^{\oplus}\ 熱}$ PhCH=CHCH$_3$

(b) 2-ブロモブタン $\xrightarrow{Me_3CO^{\ominus}}$ 1-ブテン

(c) (化合物)-CO$_2$H $\xrightarrow{BH_3}$ (化合物)-CH$_2$OH

(d) 4-イソプロピルシクロヘキサノン $\xrightarrow{LiAlH_4\ つづいて\ H^{\oplus}}$ trans-4-イソプロピルシクロヘキサノール

4・5 次に示す反応経路について，以下の問(a)〜(d)に答えよ．

A (CH$_3$)$_3$CBr $\xrightarrow{-Br^{\ominus}}$ **B** (CH$_3$)$_3$C$^{\oplus}$ $\xrightarrow{HO^{\ominus}}$ **C** (CH$_3$)$_3$COH

(a) 巻矢印を用いて，**A**が**B**に変換される反応機構，および**B**が**C**に変換される反応機構を示せ．
(b) カルボカチオン**B**は，エチルカチオン$CH_3CH_2^+$と比べてより安定，より不安定のどちらと考えられるか．また，その理由を説明せよ．
(c) カルボカチオン**B**と水酸化物イオンHO^-との反応における，軌道の重なりを表す図を書け．
(d) 右図はこの反応のギブズエネルギー図である．以下の問(i)〜(iii)に答えよ．]

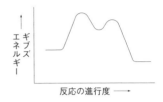

(i) ギブズエネルギー図を書き，反応物，カルボカチオン**B**，生成物について，それぞれに対応する位置を図中に記せ．
(ii) この反応は発熱反応か，それとも吸熱反応か．また，その理由を説明せよ．
(iii) この反応の律速段階は，**A**が**B**に変換される過程か，それとも**B**が**C**に変換される過程か．また，その理由を説明せよ．

4・6 次に示す反応経路について，以下の問(a)〜(d)に答えよ．

(a) 巻矢印を用いて，**D**が**G**に変換される反応機構を示せ．
(b) アルケン**D**とHClとの反応にかかわる軌道を表す図を書け．
(c) カルボカチオン**E**は転位反応を起こし，カルボカチオン**F**が生成する．この反応が起こる理由を説明せよ．
(d) カルボカチオン**E**からカルボカチオン**F**が生成する反応にかかわる軌道を表す図を書け．

5 ハロゲン化アルキル

━━ キーポイント ━━

アルキル基 R にハロゲン原子 (X = F, Cl, Br, I) が結合した化合物を，ハロゲン化アルキルあるいはハロアルカン RX という．ハロゲン原子は炭素原子よりも電気陰性なので，C−X 結合は極性をもち，求核剤はわずかに正に分極している炭素原子を攻撃する．これにより，求核剤によってハロゲン原子が置換される反応が進行する．このような反応を**求核置換反応**という．この反応の機構には，2 段階で進行する S_N1 **機構**と，協奏的に（あるいは 1 段階で）進行する S_N2 **機構**がある．ハロゲン化アルキルから HX が消失しアルケンが生成する反応を**脱離反応**という．脱離反応は置換反応と競争的に進行し，その機構には，2 段階で進行する **E1 機構**と，協奏的に進行する **E2 機構**がある．置換反応あるいは脱離反応の機構は，ハロゲン化アルキルの構造，求核剤/塩基，反応に用いる溶媒の性質に依存する．

S_N2 反応

E2 反応 S_N1 反応   E1 反応

5・1 構 造

ハロゲン化アルキル (alkyl halide)〔**ハロアルカン** (haloalkane)〕R−X は，単結合によってアルキル基 R とハロゲン原子 X が結合した化合物である．ハロゲン原子の大きさが大きくなるほど (X = I > Br > Cl > F)，C−X 結合は弱くなる（付録 1 参照）．C−I 結合を除いて，C−X 結合は極性をもっている．炭素原子はわずかに正の電荷をもち，電気陰性なハロゲン原子はわずかに負の電荷をもつ．

ハロゲン化アルキルは sp³ 炭素原子をもち，正四面体構造をとっている．

$$\overset{\delta+}{R_3C}—\overset{\delta-}{X} \quad R = \text{アルキル基または H} \quad X = F, Cl, Br$$

C–I 結合は極性ではないが，求核剤が接近すると分極を起こす

sp³ 混成（正四面体構造） $X = F, Cl, Br, I$

- 1-ブロモヘキサン $CH_3(CH_2)_5Br$ のように，鎖状構造の炭素骨格をもち，環構造をもたないハロゲン化アルキルを，**脂肪族ハロゲン化アルキル**（aliphatic alkyl halide）という．
- ブロモシクロヘキサン $C_6H_{11}Br$ のように，環構造の炭素骨格をもつが，その環が芳香環ではないハロゲン化アルキルを，**脂環式ハロゲン化アルキル**（alicyclic alkyl halide）という．
- 臭化ベンジル $C_6H_5CH_2Br$ のように，環構造の炭素骨格をもち，その環が芳香環であるハロゲン化アルキルを，**芳香族ハロゲン化アルキル**（aromatic alkyl halide）という．

5・2 合 成

5・2・1 アルカンのハロゲン化

クロロアルカン RCl あるいはブロモアルカン RBr は，それぞれ紫外光の照射下でアルカン RH と塩素あるいは臭素を反応させることによって得られる．この反応はラジカル連鎖機構によって進行する（§4・6・2 参照）．

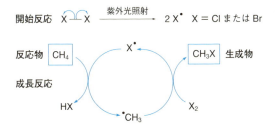

この反応は，炭素に結合した水素原子が，塩素あるいは臭素原子と置き換わるので，置換反応である．さらに置換反応が進行すれば，一般に，さまざまにハロゲン化された生成物の混合物が得られる．

$$CH_4 \xrightarrow[HX]{X_2} CH_3X \xrightarrow[HX]{X_2} CH_2X_2 \xrightarrow[HX]{X_2} CHX_3 \xrightarrow[HX]{X_2} CX_4$$

ハロゲン化のされやすさは，水素原子が，第一級，第二級，第三級のいずれの炭素

原子に結合しているかに依存する．第三級水素原子が最も反応性が高い．これは，第三級水素原子がハロゲン原子 X･ と反応すると，反応中間体として第三級ラジカルが生成するが，それは第二級，あるいは第一級ラジカルと比べて安定であるため，より容易に生成するからである（§4・3 参照）．

$X^{\bullet}$ に対する反応性の順序　　$R_3C\text{—}H$　>　$R_2CH\text{—}H$　>　$RCH_2\text{—}H$

ラジカルの安定性の順序　　　　　$R_3\overset{\bullet}{C}$　　>　　$R_2\overset{\bullet}{CH}$　　>　　$R\overset{\bullet}{CH_2}$
　　　　　　　　　　　　　　　　第三級　　　　　第二級　　　　　第一級

5・2・2 アルコールのハロゲン化

アルコール ROH はさまざまな方法によって，ハロゲン化アルキルに変換される．いずれの方法も，OH 基をより良好な脱離基にする過程を含む．この過程を OH 基の活性化（activation）という（§5・3・1d 参照）．

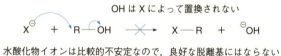

OH は X によって置換されない

水酸化物イオンは比較的不安定なので，良好な脱離基にはならない

この反応の機構は，用いるアルコールが，第一級 RCH_2OH，第二級 R_2CHOH，第三級 R_3COH のいずれであるかに依存する（反応機構は §5・3・1 参照）．

1) HX との反応（X = Cl, Br）

OH 基は，プロトン化することによって，より良好な脱離基である水に変換される．水は電荷をもたない中性分子なので，水酸化物イオン ^-OH より安定であり，したがってより良好な脱離基となる．

- 第一級アルコールの場合は，S_N2 機構（§5・3・1a 参照）によって進行する．アルキルオキソニウムイオンに対するハロゲン化物イオンの求核攻撃が起こる．

　　　　　プロトン化　　　　協奏的置換反応
　　$RCH_2\overset{..}{O}H + H\text{—}X \longrightarrow X^- \ RCH_2\text{—}\overset{+}{O}H_2 \longrightarrow X\text{—}CH_2R + H_2O$
　　第一級アルコール　　　　　アルキルオキソ
　　　　　　　　　　　　　　ニウムイオン

- 第三級アルコールの場合は，S_N1 機構（§5・3・1b 参照）によって進行する．求核剤の攻撃が起こる前に，アルキルオキソニウムイオンから水が脱離して比較的安定

な第三級カルボカチオンが生じる．第三級カルボカチオンは，3個の電子供与性(+I) アルキル基によって安定化されている (§4・3・1参照)．

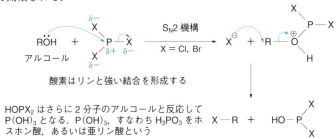

- 第二級アルコールの場合は，S_N1 機構あるいは S_N2 機構のいずれかによって進行する．

2) 三ハロゲン化リン（**PBr$_3$**, **PCl$_3$**）との反応

OH 基は，中性の $HOPX_2$ 脱離基へ変換される．この反応は，リン原子上の S_N2 反応によって開始される．

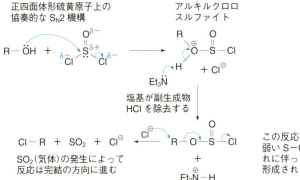

3) 塩化チオニル **SOCl$_2$** との反応

トリエチルアミンやピリジンのような窒素塩基の存在下で，アルコール ROH と塩

化チオニル $SOCl_2$ を反応させると，クロロアルカン RCl が生成する．この反応では，ROH が塩化チオニルの硫黄原子へ求核攻撃することによって，中間体としてアルキルクロロスルファイト $ROSOCl$ が生成する．OH 基は $OSOCl$ 脱離基へ変換され，さらに塩素原子によって置換される．R が第一級アルキル基のときには，この過程は S_N2 機構で進行する．

窒素塩基が存在しないときには反応機構は S_Ni に変化する（§5・3・1g 参照）．

4) 塩化 *p*-トルエンスルホニルとの反応

トリエチルアミンやピリジンのような窒素塩基の存在下で，アルコール ROH を塩化 *p*-トルエンスルホニルと反応させると，アルコールをクロロアルカン RCl，ブロモアルカン RBr，あるいはヨードアルカン RI に変換することができる．塩化 *p*-トルエンスルホニルは塩化トシルともよばれ，$TsCl$ と略記される．OH 基はトシラート（$ROTs$ と略記される）に変換され，さらに Cl^-，Br^-，I^- との反応によって置換される．安定なトシラートイオン ^-OTs は，優れた脱離基である．トシラートの置換反応は，アルキル基 R に依存して，S_N1 あるいは S_N2 機構で進行する．

[反応機構図：協奏的置換反応によるROHと塩化トシルの反応，アルキルトシラートの生成，および Cl^- によるトシラートイオン脱離を伴う $Cl-R$ 生成。ROH と塩化トシルの反応では，比較的弱い S−Cl 結合が開裂し，それに伴って強い S−O 結合が形成される．トシラートイオンは，負電荷が共鳴によって安定化されるので良好な脱離基である．電荷は3個の電気陰性な酸素原子上に分散している．]

5・2・3 アルケンのハロゲン化

アルケン*に対する HX あるいは X_2 の求電子付加反応によって，それぞれ1個あるいは2個のハロゲン原子をもつハロゲン化アルキルが生成する（機構に関する詳細な説明は §6・2・2 参照）．

＊ アルケンは電子豊富な C=C 結合をもつので，求核剤としてはたらく．

1) Br_2 の求電子付加反応

アルケンと臭素分子が接近すると，電子豊富なアルケンの二重結合と臭素分子の電子との反発によって，二重結合に近い臭素原子上に部分的な正電荷が発生する．ブロモニウムイオンが反応中間体として生成し，それが臭化物イオンと反応して二臭化物が得られる．この反応では，2個のBr基がアルケンに対して逆の面から付加した化合物が生成するので，**アンチ付加**（anti addition）という．このため，シクロアルケンの反応では，*trans*-1,2-ジブロモシクロアルカンが生成する．*trans*-1,2-ジブロモシクロアルカンでは，2個の臭素原子が環に対して反対側に位置している．

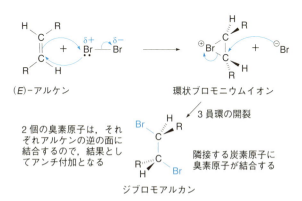

2個のBr基がアルケンに対して同一の面から付加する場合は，**シン付加**（syn addition）とよばれる．アルケンとBr_2との反応では，アンチ付加生成物がシン付加生成物より過剰に生成する．すなわち，この反応はある特異な立体異性体が過剰に生成する反応であり，立体選択的な反応といえる．

2) HX の求電子付加反応

電子豊富なアルケンの二重結合がプロトンH^+，すなわち酸HXと反応すると，最も安定なカルボカチオンが反応中間体として生成する．HXの付加は位置選択的であり，いわゆるマルコフニコフ（Markovnikov，Markownikoffとも記される）生成物が生じる．過酸化物ROORが存在すると，逆マルコフニコフ生成物が得られる．これは，

過酸化物の存在により，反応の機構がラジカル中間体を経由する機構に変化したためである（§6・2・2a参照）．

5・3 反 応

ハロゲン化アルキルは求核剤（Nu）に対して置換反応を起こし，塩基に対しては脱離反応を起こす（置換反応と脱離反応については§4・6・1参照）．

置換反応

R-C(R)(R)-X →(求核剤) R-C(R)(R)-Nu

NuがXと置換する

脱離反応

H-C(R)(X)-C(R)(R)-R →(塩基) R(R)C=C(R)(R)

HXが除去される

5・3・1 求核置換反応

ハロゲン化アルキル RX の求核置換反応の主要な機構として，S_N1 反応と S_N2 反応がある．これらは求核置換反応における二つの極端な機構を示しており，これらの間の中間的な機構で進行する場合もある．

S_N1 および S_N2 反応の両方において，反応機構には RX からハロゲン化物イオン X^- が失われる過程が含まれる．放出されるハロゲン化物イオンを，脱離基（leaving group）という*．

a. S_N2 反応（二分子求核置換反応）　この反応は協奏的（あるいは１段階）機構で進行する．すなわち，求核剤と炭素原子との間に新たな結合が生成すると同時に，ハロゲン原子 X と炭素原子の結合が開裂する．反応速度は求核剤 Nu とハロゲン化ア

$Nu^⊖ + \overset{R^1}{\underset{R^2}{C}}{-}X \longrightarrow [Nu\cdots\overset{R^1}{\underset{R^2}{C}}\cdots X]^‡ \longrightarrow Nu{-}\overset{R^1}{\underset{R^2}{C}}{-}R + X^⊖$

求核剤は開裂するC-X結合に対して180°の角度から接近する

遷移状態（Ts）
負電荷は求核剤 Nu から脱離基 X まで分散している．遷移状態では，炭素原子は Nu および X と部分的な結合を形成している

立体配置の反転

---

* 良好な脱離基は電子対を受容しやすい．目安として，置換基の塩基性が弱いほど，その置換基は良好な脱離基となる．また，HX の pK_a は，置換基 X が良好な脱離基となるかどうかを判定する指標として用いることができる．HX の pK_a の値が小さいと，置換基 X は良好な脱離基となる．

ルキル RX の両方の濃度に依存するので,反応は二次あるいは二分子的である.

$$反応速度 = k[\text{Nu}][\text{RX}]$$

キラル中心で S_N2 反応が起こると,キラル中心の立体配置は反転する.(R)-エナンチオマーは (S)-エナンチオマーへ変換されることが多い.この過程を,**ワルデン反転** (Walden inversion) という(R および S 配置については§3・3・2b 参照).

求核剤は C−X 結合に対して 180°の角度から接近する.これにより,求核剤の占有軌道と C−X 結合の空の σ* 軌道との相互作用が最大となる.

中心炭素原子上にかさ高いアルキル置換基をもつハロゲン化アルキルは,小さいアルキル置換基をもつハロゲン化アルキルと比べて S_N2 反応性が低い.これは,かさ高い置換基が,中心炭素原子に対する求核剤の接近を妨げるからである.このため,S_N2 反応は立体障害が比較的少ない部位だけで起こる.

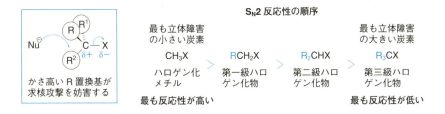

中心炭素原子上にアルキル基(+I 基)が存在すると,炭素原子の部分的な正電荷が減少するため,求核剤が炭素原子を攻撃する速度が減少する.

b. S_N1 反応(一分子求核置換反応) この反応は,段階的機構で進行する.すなわち,反応は炭素−ハロゲン結合の開裂によって始まり,カルボカチオンが反応中間体として生成する.反応速度は,求核剤の濃度に依存せず,ハロゲン化アルキルの濃度のみに依存するので,反応は一次あるいは一分子的である.

$$反応速度 = k[\text{RX}]$$

キラル中心で S_N1 反応が起こると,キラル中心のラセミ化が起こる.出発物として

(R)-エナンチオマーを用いても，生成物は(R)- および(S)-エナンチオマーの 50：50 の混合物となる．これは，カルボカチオンが平面構造であるため，求核剤はカルボカチオンのどちらの側からも等しく攻撃できるからである．

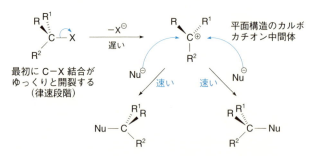

エナンチオマーの等量混合物（ラセミ体）

カルボカチオン中間体が安定なほど，C－X 結合は容易に開裂するようになり，S_N1 反応性は高くなる．第三級カルボカチオン R_3C^+ は第一級カルボカチオン RCH_2^+ より安定であるので，S_N1 機構では，第三級ハロゲン化アルキル R_3CX は第一級ハロゲン化アルキル RCH_2X より反応が速い．

S_N1 反応性の順序

最も安定なカルボカチオンを生成　　　　　　　　　　　　　　　　　最も不安定なカルボカチオンを生成

R_3CX ＞ R_2CHX ＞ RCH_2X ＞ CH_3X

第三級ハロゲン化物　　第二級ハロゲン化物　　第一級ハロゲン化物　　ハロゲン化メチル

最も反応性が高い　　　　　　　　　　　　　　　　　　　　　　　**最も反応性が低い**

ハロゲン化ベンジル，およびハロゲン化アリルは，第一級ハロゲン化アルキルであるが，S_N1 反応を起こす．これは，これらのハロゲン化アルキルから生成するカルボカチオンが，共鳴によって安定化を受けるためである．これらのカルボカチオンは，第二級アルキルカルボカチオンと同程度の安定性をもつ．

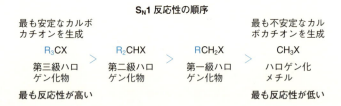

c. S_N2 反応と S_N1 反応

求核置換反応の機構は,ハロゲン化アルキル,求核剤,溶媒の性質によって影響される.

ハロゲン化アルキル
- 第一級ハロゲン化アルキルは,一般に,S_N2 機構によって反応する.
- 第二級ハロゲン化アルキルは,S_N1 機構あるいは S_N2 機構のどちらかによって,あるいは S_N1 と S_N2 の中間的な機構で反応する.
- 第三級ハロゲン化アルキルは,一般に,S_N1 機構によって反応する.

求核剤
- 求核剤の求核性が増大すると,S_N2 反応の速度が増大する[*1].
- 求核剤の求核性が増大しても,S_N1 反応の速度の増大には寄与しない.したがって,より求核性が強い求核剤を用いると,S_N1 機構よりも S_N2 機構が有利になる.

溶 媒
- 溶媒の極性,すなわち比誘電率 ε_r[*2] が増大すると,S_N2 反応の速度はわずかに減少する.これは,S_N2 反応の遷移状態では,反応物に比べて電荷が分散するためである.
- 溶媒の極性が増大すると,S_N1 反応の速度は著しく増大する.これは,水やメタノール[*3]のような高い比誘電率をもつ極性溶媒は,S_N1 反応において生成するカルボカチオン中間体を溶媒和によって安定化できるからである.S_N2 反応では,分散された電荷をもつ遷移状態よりも,集中した負電荷をもつ求核剤の方が,溶媒和による安定化が大きい.したがって,より極性が高い溶媒を用いると,S_N2 機構よりも S_N1 機構が有利になる.
- さらに,求核剤の求核性は,反応に用いる極性溶媒がプロトン性であるか,あるいは非プロトン性であるかにも依存する[*4].メタノールのようなプロトン性極性溶媒は,水素結合によって求核剤を安定化するため,その反応性を低下させる.一方,ジメチルスルホキシド Me_2SO のような非プロトン性極性溶媒中では,求核剤の求核性は増加する.これは,非プロトン性極性溶媒は,負電荷をもつ求核剤に対して水素結合できないため,求核剤を溶媒和する効果が低いからである.したがって,プロトン性極性溶媒から非プロトン性極性溶媒へと溶媒を変化させると,S_N1 機構

[*1] S_N2 反応では,求核剤が律速段階に関与する.
[*2] 比誘電率 (relative permittivity) は溶媒の誘電率と真空の誘電率の比を表す無次元の量であり,古い英語名は dielectric constant である.
[*3] 水,メタノール,ヘキサンの比誘電率 ε_r の値は,それぞれ 79, 33, 2 である.
[*4] プロトン性極性溶媒は O-H 結合あるいは N-H 結合をもち,アニオンと水素結合を形成することができる.

よりも S_N2 機構が有利になる．

d. 脱 離 基　より良好な脱離基を用いると，S_N1 および S_N2 反応の両方において反応が加速する．これは，C−X 結合開裂の過程が，両方の機構の律速段階に含まれるからである．良好な脱離基とは，脱離によって弱い塩基である安定な電荷をもたない分子，または安定なアニオンを与えるものである．アニオンの塩基性が弱いほど，アニオンは安定となる．

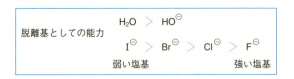

ハロゲン原子のなかでは，ヨウ化物イオン I^- が最もよい脱離基である．ヨウ素と炭素の結合は弱いため（付録1参照），C−I 結合は比較的容易に開裂して I^- が生成する．I^- は弱い塩基であり，最も安定に負電荷を収容することができる．すなわち，弱い塩基は，最も良好な脱離基となる．

e. 求核性触媒　ヨウ化物イオン I^- は，良好な求核剤であり，また良好な脱離基でもある．このため，I^- は，遅い S_N2 反応の速度を増大させるための触媒として用いられることがある．

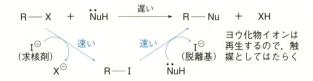

f. 緊密イオン対　実際には，S_N1 反応が完全なラセミ化をひき起こすことはほとんどない．これは，**緊密イオン対**（tight ion pair あるいは intimate ion pair）が形成されているためである．カルボカチオンは負電荷をもつ脱離基と相互作用しているため，負電荷をもつ求核剤の攻撃は，離れていく脱離基の反対側から優先的に起こる．これによって立体配置が反転する比率が高くなる．

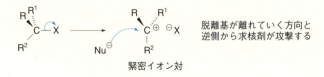

g. S_Ni 反応（分子内求核置換反応）　緊密イオン対の形成によって，立体配置が保持されることがある．この過程は，窒素塩基が存在しないときに，キラル中心をもつアルコール ROH と塩化チオニル $SOCl_2$ との反応でみられる．中間体として生成するアルキルクロロスルファイト ROSOCl は，分解して緊密イオン対 $R^{+\,-}OSOCl$ を形成する．緊密イオン対は溶媒分子に取囲まれている*．ついで，^-OSOCl は SO_2 と Cl^- に分解するが，Cl^- は ^-OSOCl が離れたのと同じ側からカルボカチオンを攻撃する．

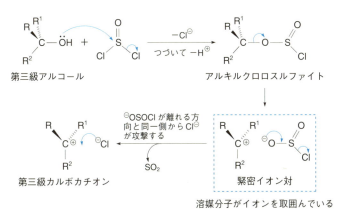

- トリエチルアミンのような窒素塩基が存在しないときには HCl が生成するが，HCl は求核剤として作用せず，S_N2 機構によってアルキルクロロスルファイトを攻撃することはない．このため S_Ni 反応が進行する．
- 窒素塩基 B が存在すると，HCl は $BH^+\,Cl^-$ へ変換されるので，S_N2 反応が進行する．発生する Cl^- が求核剤として作用し，S_N2 機構によってアルキルクロロスルファイトを攻撃する（§5・2・2参照）．

h. 隣接基関与　2回の S_N2 反応が連続して起こると，立体配置は保持される．すなわち，立体配置の2回の反転は保持と同じことになる．この過程は，隣接する置換基が求核剤として作用する場合に起こり，**隣接基関与**（neighboring group participation あるいは anchimeric assistance）とよばれている．この反応では隣接する置換基による反応が，連続した2回の S_N2 反応の最初の S_N2 反応となっている．

- 最初の S_N2 反応は，**分子内反応**（intramolecular reaction），すなわち同一分子内の反応である．
- 第二の S_N2 反応は，**分子間反応**（intermolecular reaction），すなわち二つの異なっ

---

*　イオンあるいは分子が，非共有結合性の相互作用によって溶媒分子に取囲まれたとき，その溶媒がつくる構造を，**溶媒殻**（solvent shell）という．

た分子の間の反応である．

[反応機構図: HOから始まりエポキシド形成を経てNu置換に至る分子内SN2反応]

X は脱離基となる
B = 塩基
最初の S$_N$2（分子内反応）
エポキシド
第二の S$_N$2（分子間反応）
つづいて H$^\oplus$
O に隣接した炭素原子は求電子性をもつ

R$_2$N や RS も隣接基として作用する．隣接基関与によって，置換反応の速度も増大する．

[反応機構図: RSによる隣接基関与のSN2反応]

最初の S$_N$2
第二の S$_N$2
S に隣接した炭素原子は求電子性をもつ
（正電荷を帯びた硫黄原子は $-I$ 効果をもつ）

i. S$_N$2′ 反応と S$_N$1′ 反応　ハロゲン化アリルの置換反応では，C=C 結合の位置が変化した生成物の生成が伴う．この反応を**アリル転位**（allylic rearrangement）という．アリル転位は次の二つの機構のいずれかによって進行する．

S$_N$2′ 機構：二重結合に対する求核剤の攻撃によって転位が起こる

[反応式: ハロゲン化アリル + Nu$^\ominus$ → 協奏的機構 S$_N$2′ → 転位生成物 + X$^\ominus$]

ハロゲン化アリル
（X = 脱離基となるハロゲン原子）

S$_N$1′ 機構：カルボカチオンの共鳴構造に対する求核剤の攻撃によって転位が起こる

[反応式: 段階的機構、第一級カルボカチオン ↔ 第二級カルボカチオン（共鳴によって安定化されたカルボカチオン）、Nu$^\ominus$攻撃で生成物]

段階的機構
共鳴によって安定化されたカルボカチオン
第一級カルボカチオン
第二級カルボカチオン

5・3・2 脱離反応

ハロゲン化アルキルの脱離反応の主要な機構として，E1 反応と E2 反応がある．両方とも反応機構には，RX から HX が失われてアルケンが生成する過程が含まれる．たとえば，ハロゲン化アルキル $R_2CH-CXR_2$ から，アルケン $R_2C=CR_2$ が生成する．

a. E2 反応（二分子脱離反応） この反応は，協奏的（あるいは 1 段階）機構で進行する．C-H および C-X 結合の開裂が始まると同時に C=C 結合の生成が始まる．反応速度は塩基とハロゲン化アルキル RX の濃度に依存するので，反応は二次あるいは二分子的である．

$$反応速度 = k[塩基][RX]$$

脱離反応の遷移状態では，ハロゲン化アルキルは，脱離する H と X 基が分子の逆側に位置する立体配座，すなわちアンチペリプラナー配座をとる．（H と X 基が分子の同じ側に位置する立体配座を，シンペリプラナー配座という．）アンチペリプラナー配座はねじれ形なので，重なり形であるシンペリプラナー配座よりもエネルギーが低い（ねじれ形配座と重なり形配座については §3・2・1 参照）．

脱離反応では，ハロゲン化アルキルの異なる立体異性体から，それぞれ異なったア

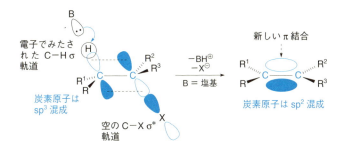

ルケンの立体異性体が生成する．すなわち，脱離反応は立体特異的である．これは，C–Hσ軌道とC–Xσ*軌道の重なりによって，新しいπ結合が形成されることに起因している．脱離反応の遷移状態において，C–Hσ軌道とC–Xσ*軌道は同一平面内にあって最大の重なりを実現し，それらはp軌道となってアルケンのπ結合を形成する．

以下の事実は，脱離反応の遷移状態がアンチペリプラナー配座をとることにその原因がある．

ⅰ) E あるいは Z の配置をもつ置換アルケンが，立体特異的に生成する（アルケンのE および Z 配置については§3・3・1b参照）．

ⅱ) ハロゲン化シクロヘキシルのHX脱離速度が，配座異性体によって異なる．

1) ハロゲン化アルキルのジアステレオマーの脱離反応

ハロゲン化アルキルのジアステレオマーからは，立体配置の異なったアルケンが生成する．

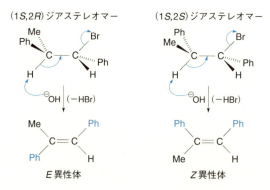

2) ハロゲン化シクロヘキシルの配座異性体の脱離反応

ハロゲン化シクロヘキシルの脱離反応が起こるためには，C–H結合，およびC–X結合はいずれもアキシアルでなければならない（シクロヘキサンのいす形配座，およ

びアキシアル，エクアトリアル結合については§3・2・4参照）．

3) 位置選択性

E2反応の位置選択性，すなわち生成するアルケンのC=C結合の位置は，脱離基Xの性質に依存する．

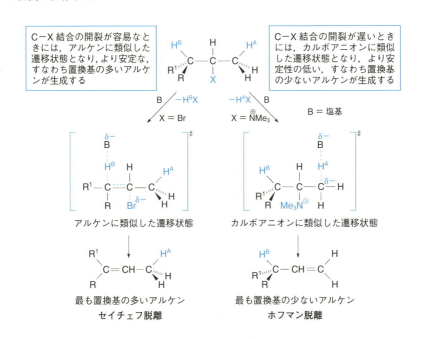

- X = Brのときは，最も置換基の多いアルケンが優先的に生成する．この反応を，**セイチェフ脱離**〔Saytzev（あるいはZaitsev）elimination〕という．H−C結合の開裂はC−Br結合の開裂と同時に進行するので，遷移状態の構造は生成物であるアルケンの構造に類似している．置換基の多いアルケンほどより安定であるため，そのアルケンを与える遷移状態が安定になる．その結果として，置換基の多いアルケンが速やかに生成する（§6・1参照）．

- X = $^+$NMe$_3$のときは，最も置換基の少ないアルケンが優先的に生成する．この反応を，**ホフマン脱離**（Hofmann elimination）という．C−$^+$NMe$_3$結合が開裂する前にH−C結合の開裂が起こるので，遷移状態の構造はカルボアニオンの構造に類似している．前ページの図に示すように，δ−は電子供与性をもつアルキル基が最も少ない炭素上に位置するので，その結果として，塩基によってH^{A}が引抜かれることにより安定なカルボアニオンが生成する．また，ホフマン脱離は，一般に，

t-BuO$^-$ のようなかさ高い塩基を用いたときに起こりやすい．これは，H^B と比較して，H^A がより接近しやすい位置にある，すなわち塩基が接近する際の立体障害が少なく容易に攻撃されやすいからである．

b. E1 反応（一分子脱離反応） この反応は，段階的機構で進行する．すなわち，反応は炭素-ハロゲン結合 R−X の開裂によって始まり，カルボカチオン R$^+$ が反応中間体として生成する．反応速度は塩基の濃度に依存せず，ハロゲン化アルキルの濃度のみに依存するので，反応は一次あるいは一分子的である．

$$反応速度 = k[RX]$$

E1 反応は，脱離の過程において，E2 反応にみられたような特殊な立体構造をとることはない．カルボカチオン中間体は，隣接する炭素上のいずれかのプロトンを失って，アルケンを与える．

しばしば塩基が記されずに H$^+$ の除去が示されることがあるが，H$^+$ を除去するためには必ず塩基が必要である

第三級ハロゲン化アルキル R$_3$CX は，第一級ハロゲン化アルキル RCH$_2$X と比較して，E1 反応が速い．これは，第三級ハロゲン化アルキルから生成する第三級カルボカチオン中間体 R$_3$C$^+$ が，第一級カルボカチオン RCH$_2^+$ より安定であるので，容易に生成するためである．

E1 反応性の順序　　第三級 R$_3$CX ＞ 第二級 R$_2$CHX ＞ 第一級 RCH$_2$X

E1 反応は，位置選択的であり，また立体選択的である．

1）位置選択性
E1 脱離反応では，主として，より安定な，すなわちより置換基の多いアルケンが得られる．これは，カルボカチオン中間体がプロトンを失ってアルケンが生成する過程において，より置換基の多い安定なアルケンを与える遷移状態の方が，よりエネルギーが低いためである．

2）立体選択性
E1 脱離反応では，主として，(Z)-アルケンよりも (E)-アルケンが得られる．(E)-アルケンは立体的な理由によって，すなわちかさ高い置換基がより離れた位置にある

ために (Z)-アルケンより安定である．したがって，(E)-アルケンを与える遷移状態の方がよりエネルギーが低い．

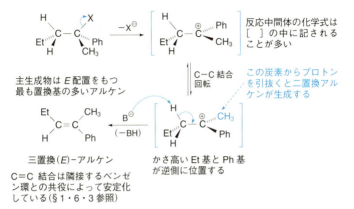

c. E2 反応と E1 反応　脱離反応の機構は，ハロゲン化アルキル，塩基，溶媒の性質によって影響を受ける．

ハロゲン化アルキル
- 第一級，第二級，第三級ハロゲン化アルキル RCH_2X，R_2CHX，R_3CX は，いずれも E2 機構で反応する．したがって，E2 反応は E1 反応に比べて，より一般的であるといえる．
- 第三級ハロゲン化アルキル R_3CX は，E1 機構によっても反応する．
- より良好な脱離基 X を用いると，E1 および E2 反応の両方において反応が加速する．これは，C−X 結合開裂の過程が，両方の機構の律速段階に含まれるからである．

塩　基
- 塩基の強さを増大させると，E2 反応の速度が増大する．t-BuO^- や iPr_2N^{-*} のような強い塩基を用いると，E2 反応が有利になる．
- 塩基の強さを増大させても，E1 反応の速度は増大しない．
- より強い塩基を用いると，E1 機構よりも E2 機構が有利になる．

溶　媒
- 溶媒の極性，すなわち比誘電率 ε_r を増大させると，E2 反応の速度はわずかに減少する．

---

* iPr_2NLi，すなわち $(Me_2CH)_2NLi$ はリチウムジイソプロピルアミドとよばれ，強い塩基として有機合成でよく用いられる．

- 溶媒の極性を増大させると，E1 反応の速度は著しく増大する．これは，水やメタノールなどの高い比誘電率をもつ極性溶媒中では，E1 反応において生成するカルボカチオン中間体が，溶媒和によって安定化を受けるためである．E2 反応では，電荷が分散した遷移状態よりも集中した電荷をもつ塩基の方が，溶媒和による安定化が大きい．したがって，極性の高い溶媒を用いると，E2 機構よりも E1 機構が有利になる（溶媒和については§4・2・1参照）．
- 塩基の強さは，反応に用いる極性溶媒がプロトン性であるか，あるいは非プロトン性であるかにも依存する．メタノールのようなプロトン性極性溶媒は，水素結合によって塩基を安定化するため，その反応性を低下させる．一方，ジメチルスルホキシド Me_2SO のような非プロトン性極性溶媒中では，塩基の強さは増大する．これは，非プロトン性極性溶媒は，負電荷をもつ塩基に対して水素結合できないため，塩基を溶媒和する効果が低いからである．したがって，プロトン性極性溶媒から非プロトン性極性溶媒へと溶媒を変化させると，E1 機構よりも E2 機構が有利になる．

d. E1cB 反応（共役塩基一分子脱離反応） ハロゲン化アルキルの脱プロトン化によって生成するカルボアニオン（反応物の共役塩基）が反応中間体として関与する脱離反応を，**E1cB 反応**という．この反応は段階的機構で進行し，カルボアニオンが脱離基 X^- を失ってアルケンを生成する第2段階が律速段階となる．

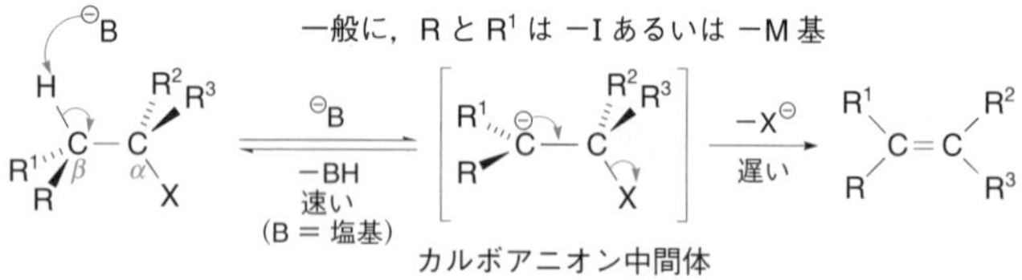

この反応は，ハロゲン化アルキルが，β炭素上に電子求引性（-I，-M）の置換基（すなわち上図において R, R^1 ＝ 電子求引基）をもつ場合に有利となる．該当する置換基として，たとえば RC=O や RSO_2 がある．これらの置換基によって中間体カルボアニオンが安定化を受けるので，ハロゲン化アルキルのβ水素原子の酸性度が増加し，脱プロトン化が進行する．

5・3・3 置換反応と脱離反応

ハロゲン化アルキルでは，置換反応と脱離反応が競争して起こる．それぞれの反応に由来する生成物の比率は，ハロゲン化アルキルの構造，塩基あるいは求核剤の選択，反応に用いる溶媒，反応温度に依存する．一般に，S_N2 反応は E2 反応と競争し，S_N1

反応は E1 反応と競争する．

1) **S_N2 反応と E2 反応**

第一級と第二級のハロゲン化アルキル RCH_2X, R_2CHX は S_N2 機構で反応する．一方，E2 反応は第一級，第二級，第三級のハロゲン化アルキル RCH_2X, R_2CHX, R_3CX いずれでも起こる．

第一級と第二級のハロゲン化アルキルに対しては，以下のことがいえる．

- 非プロトン性の極性溶媒中で強い求核剤を用いると，E2 反応よりも S_N2 反応が有利になる．
- かさ高い塩基は求核性が低いので，かさ高く強い塩基を用いると，S_N2 反応よりも E2 反応が有利になる．

一般に，大きな求核剤は良好な塩基としてはたらき，脱離反応を促進する．これは，かさ高いアニオンが α 炭素原子を攻撃して S_N2 反応を起こすことは，立体障害のために不利となるからである．一方，β 水素原子はより接近しやすいので，アニオンがかさ高くても β 水素原子を攻撃することはきわめて容易である．

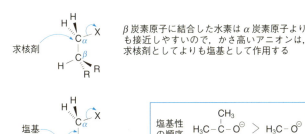

反応の温度を高くすると，S_N2 反応よりも E2 反応が有利になる．一般に，反応の温度を高くすると，脱離反応生成物の比率が高くなる．これは，アルケンが生成するためには多くの結合を開裂させねばならないため，脱離反応は，置換反応より大きな活性化エネルギーを必要とするからである．

また，脱離反応では，2 個の分子が反応して新たに 3 個の分子が生成することにも注意しなければならない．一方，置換反応では，2 個の分子が反応して 2 個の新しい分子が生成するだけである．したがって，標準反応エントロピー $\Delta_r S^\ominus$ は，脱離反応の方が大きい．標準反応ギブズエネルギー $\Delta_r G^\ominus$（§4・9・1 参照）に対して $\Delta_r S^\ominus$ は温度 T との積 $-T\Delta_r S^\ominus$ で寄与するので，T が大きくなるほど $\Delta_r S^\ominus$ の大きな脱離反応の $\Delta_r G^\ominus$ がより負となり，反応に有利となる．

2) S_N1 反応と E1 反応

第二級と第三級のハロゲン化アルキル R_2CHX, R_3CX は, S_N1 あるいは E1 機構で反応する. ハロゲン化アリル $H_2C=CHCH_2X$ やハロゲン化ベンジル $PhCH_2X$ も, S_N1 あるいは E1 機構で反応する. (強い塩基の存在下では, 一般に, 第三級ハロゲン化アルキル R_3CX は E2 反応を起こす.) プロトン性溶媒中で, 弱い塩基あるいは塩基性の低い求核剤を反応させると, S_N1 と E1 反応の両方が起こる.

反応の温度を高くすると, S_N1 反応よりも E1 反応が有利になる. また, α炭素原子に置換しているアルキル基が大きくなると, E1 反応が有利になる. これは, 置換基が大きくなるほど, 求核剤がα炭素原子を攻撃して S_N1 反応を起こすことがより困難になるからである.

アルキル基が大きくなるほど, アニオンは, α炭素原子よりもβ炭素原子に結合した水素を攻撃するようになる

3) S_N2/E2 反応と S_N1/E1 反応

- カルボカチオン中間体を溶媒和できるプロトン性極性溶媒を用いると, S_N2/E2 反応よりも S_N1/E1 反応が有利になる.
- 強い求核剤あるいは塩基を用いると, S_N1/E1 反応よりも S_N2/E2 反応が有利になる.
- 二分子反応の速度は, 求核剤/塩基の濃度に依存するので, 高い濃度の求核剤/塩基を用いると, S_N1/E1 反応よりも S_N2/E2 反応が有利になる.

ハロゲン化アルキル	反応機構
第一級: RCH_2X	S_N2, *E2*
第二級: R_2CHX	S_N1, S_N2, E1, *E2*
第三級: R_3CX	S_N1, E1, *E2*

斜体 = 強い塩基を用いたとき有利
青字 = 強い求核剤を用いたとき有利

例 題　(a) 次に示す反応(i)および(ii)について, それぞれの反応は S_N1, S_N2, E1, E2 のうちどの反応機構に従って進行するか. 理由とともに説明せよ. また, おもに得られる

生成物の構造式を書け．[ヒント：脱離基と，塩基あるいは求核剤を決定せよ．塩基あるいは求核剤の強さと，溶媒の種類を考慮すること．]
(b) 次の反応において，生成物 1 と 2 が生成する反応機構を説明せよ．[ヒント：生成物が置換反応か，それとも脱離反応で生成するかを決定せよ．メタノールがプロトン性極性溶媒であるか，それとも非プロトン性極性溶媒であるかを考慮すること．]

解 答　(a) (i) シアン化物イオン ^-CN は強い求核剤であり，Me_2SO は非プロトン性極性溶媒である．したがって，この反応は S_N2 反応となる．

(ii) t-ブトキシドイオン Me_3CO^- は強い塩基であり，Me_2NCHO は非プロトン性極性溶媒である．したがって，この反応は E2 反応となる．かさ高い Me_3CO^- は最も立体障害の少ない β 炭素からプロトンを引抜くので，二置換アルケンが生成する．

(b) 生成物 1 および 2 はいずれも，共鳴により安定化されたベンジルカチオンを反応中間体として生成する．それらの生成機構は次の反応式によって表される．

問　題
5・1　アセトン（プロパノン）を溶媒とする化合物 A と臭化物イオンとの反応について以

下の問いに答えよ．

A: Et, H, Me, I が中心炭素 C に結合した構造（くさび形表示）

(a) S_N2 反応の生成物の構造式を書け．
(b) 反応溶媒としてアセトンの代わりにエタノールを用いたとき，(a)で解答した生成物のほかに生成する可能性のある置換反応生成物の構造を予想せよ．
(c) 化合物 **A** を臭化物イオンではなく水酸化物イオンと反応させると，ほとんど置換反応生成物が得られない．その理由を説明せよ．
(d) 化合物 **A** は (1-ヨードエチル)ベンゼン $PhCH(I)CH_3$ よりも S_N1 反応性が低い．その理由を説明せよ．

5・2 2-ブロモペンタン **B** の加水分解は，用いる溶媒と反応条件に依存して，S_N1 機構あるいは S_N2 機構のいずれかによって起こる．

$$\text{B (2-ブロモペンタン)} + H_2O \longrightarrow \text{C (2-ペンタノール)} + HBr$$

(a) 化合物 **B** の R 異性体の構造式を書け．
(b) 化合物 **B** の R 異性体を出発物として，上記の反応の S_N1 および S_N2 機構を書け．
(c) 反応が S_N2 機構によって進むことが期待される反応条件を示せ．そう考えた理由も述べよ．
(d) 触媒量のヨウ化ナトリウムを添加すると，S_N2 反応条件下では **B** から **C** の生成が加速するが，S_N1 反応条件下では加速効果がみられない．その理由を説明せよ．
(e) 化合物 **B** とナトリウム t-ブトキシド $Me_3CO^-Na^+$ との反応によって期待される生成物の構造式を書け．
(f) 化合物 **C** はエタノール中では安定であるが，少量の硫酸を添加するとゆっくりと 2-エトキシペンタンに変化する．その理由を説明せよ．

5・3 溶媒が求核剤として作用する置換反応を，加溶媒分解 (solvolysis) という．$PhCH_2Br$ の(a)メタノールおよび(b)酢酸中の加溶媒分解によって期待される生成物の構造式を書け．

5・4 (R)-ブタン-2-オールを過剰の $SOCl_2$ と反応させると，おもに (R)-2-クロロブタンが生成する．しかし，同一の反応をピリジンの存在下で行うと，おもに (S)-2-クロロブタンが生成する．二つの反応が異なった生成物を与えた理由を説明せよ．

5・5 $(1S,2S)$-1,2-ジクロロ-1,2-ジフェニルエタンの E2 脱離反応によって期待される生成物の構造式を書け．

問　題

5・6 臭化物 **D** をエタノール中で加熱すると，**E** および **F** を含む多数の生成物が得られた．化合物 **E** および **F** が生成する機構を示せ．

D: 3-ブロモ-2-メチルペンタン (CH₃CH₂CH(Br)CH(CH₃)₂ 構造)
E: 2-エトキシ-2-メチルペンタン (OEt 置換)
F: 2-メチル-1-ペンテン

5・7 (a) 次の反応において，化合物 **G** と **H** はエノラートイオンを反応中間体として生成する．これらの化合物が生成する反応機構を説明せよ．

CH₃COCH₂COOEt →（1. NaOEt, 2. EtI）→ CH₃COCH(Et)COOEt + CH₃C(OEt)=CHCOOEt
　　　　　　　　　　　　　　　　　　　　　　　G（主生成物）　　　　**H**（副生成物）

(b) 次の反応における化合物 **I** の生成には，カルボカチオンは反応中間体として含まれない．化合物 **I** が生成する反応機構を説明せよ．

EtOOC-CH₂-COOEt →（1. NaOEt, 2. ClCH₂CH=CHCH₂Cl, 3. NaOEt）→ **I**（1,1-ビス(エトキシカルボニル)-2-ビニルシクロプロパン）

(c) 次の反応で得られる生成物 **J** の構造式を書け．

EtOOC-CH₂-COOEt →（1. NaOEt, 2. BrCH₂CH₂CH₂Cl, 3. NaOEt）→ **J**

6 アルケンとアルキン

キーポイント

アルケンとアルキンは不飽和炭化水素であり，それぞれ C=C 二重結合，C≡C 三重結合をもっている．π 結合は σ 結合に比べて弱く，反応性が高い．このため，アルケンとアルキンは，アルカンに比べて反応性に富む．電子豊富な二重結合および三重結合は求核剤として作用できるので，アルケンとアルキンの主要な反応は**求電子付加反応**となる．この反応では，π 結合が求電子剤を攻撃することによってカルボカチオンが生成し，つづいて求核剤と反応する．付加反応の結果，π 結合が消失し，2 個の新たな置換基が導入される．

6・1 構造

アルケンは C=C 二重結合をもつ．二重結合の 2 個の炭素原子は sp^2 混成であり，C=C 結合は強い σ 結合一つと，比較的弱い π 結合一つから形成される．

アルキンは C≡C 三重結合をもつ．三重結合の 2 個の炭素原子は sp 混成であり，C≡C 結合は σ 結合一つと π 結合二つから形成される．

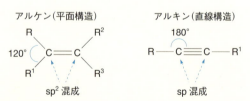

置換基 R は，たとえばメチル基 CH_3 やエチル基 CH_3CH_2 のようなアルキル基を表す

π結合の数が多くなるほど，炭素－炭素結合はより短く，より強くなる．

	HC≡CH		H$_2$C＝CH$_2$		H$_3$C－CH$_3$
C－C 結合強度(kJ mol^{-1})	837	>	636	>	368
C－C 結合距離(pm)	120	<	133	<	154

C＝C 二重結合は自由回転できないので，置換アルケンには E および Z 異性体(§3・3・1参照) が存在する．たとえば，二置換アルケンでは，Z 異性体は，分子の同じ側にある2個のかさ高い置換基間の立体的な反発相互作用のため，E 異性体に比べて安定性が低い．

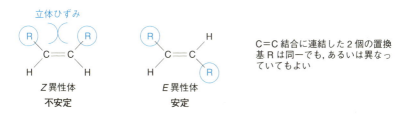

C＝C 結合に連結した2個の置換基 R は同一でも，あるいは異なっていてもよい

二重結合にアルキル基が置換すると，アルケンは安定になる．アルケン異性体の安定性を比較すると，C＝C 二重結合に置換したアルキル基の数が多いほど，アルケンはより安定になる．おおまかにいって，アルケンの安定性を支配するのは，アルケンに置換したアルキル基の数であり，それらがどのような置換基であるかではない．アルキル基によるアルケンの安定化は，超共役 (§1・6・2参照)，すなわち電子でみたされた C－H σ 軌道から空の C＝C π* 軌道への電子の供与によって説明される．

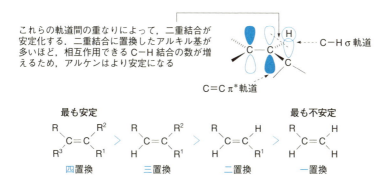

重要なことは，アルケンやアルキンは電子豊富な π 軌道をもっていることであり，このため，これらの化合物は求核剤として作用する．

6・2 アルケン

6・2・1 合　成

アルケンの重要な合成法は，ハロゲン化アルキル RX からの HX の脱離反応である（§5・3・2参照）．この反応は，E1 または E2 機構で進行する．また，アルコール ROH からの水の脱離反応によってもアルケンが得られる（水が失われる反応を脱水反応という）．この反応では，OH 基を，プロトン化あるいはトシラートへの変換によって活性化し，良好な脱離基にする必要がある（§5・2・2参照）．

また，第三級アミンオキシド $R_3N^+-O^-$ あるいはキサントゲン酸エステル $ROC(S)-SR$ を加熱すると，脱離反応が進行してアルケンが得られる．これらの反応は，それぞれ**コープ脱離**（Cope elimination）あるいは**チュガエフ脱離**（Chugaev elimination）とよばれる．いずれの反応も **Ei 反応**（**分子内脱離反応**）であり，環状の遷移状態を経由して進行する．遷移状態では，脱離する置換基はシンペリプラナー配座，すなわち同一平面内にあって分子の同一側に位置している*．これは，E2 反応では，脱離する置換基がアンチペリプラナー配座をとることと対照的である（§5・3・2a 参照）．

コープ脱離

第三級アミンオキシド　　5員環遷移状態

チュガエフ脱離

キサントゲン酸エステル　　6員環遷移状態

アルケンは，また，**ウィッティッヒ反応**（Wittig reaction）を用いて（§8・3・4c 参照），あるいはアルキンの還元によって合成される．(*Z*)-アルケンは，**リンドラー触**

---

* シンペリプラナー配座において，二つの置換基 R が同じ側に位置するときには，アルケンの *Z* 異性体が生成する．置換基 R が反対側に位置するときには，アルケンの *E* 異性体が生成する．

媒 (Lindlar catalyst) の存在下でアルキンを水素化することにより合成され，また，(E)-アルケンは，アルキンを液体アンモニア中でナトリウムと反応させることにより生成する（§6・3・2d 参照）．

6・2・2 反　応

アルケンは求核的なので，求電子剤と**求電子付加反応**（electrophilic addition reaction）を起こす．この反応により，π結合が消失し，2個の新たな置換基が導入される（この反応のいくつかは，§5・2・3で紹介した）．

二重結合炭素に異なる置換基をもつ非対称アルケンでは，求電子剤は，より置換基の多い，すなわちより安定なカルボカチオン（§4・3・1参照）を生成するように，位置選択的に付加する．

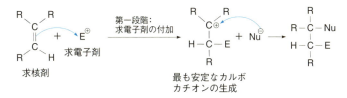

二重結合に置換したアルキル基Rの数が多いほど，求電子付加反応の速度は増大する．これは，アルキル基は電子供与性（+I）をもつので，アルキル基が置換すると二重結合はより求核的になるからである．たとえば，$Me_2C=CMe_2$ は $H_2C=CH_2$ より求電子剤に対して反応性が高い．逆に，二重結合に電子求引性（−I，−M）の置換基が導入されると，求電子付加反応の速度は減少する．たとえば，$H_2C=CH-CF_3$ は $H_2C=CH-CH_3$ より求電子剤に対して著しく反応性が低い．

a. ハロゲン化水素の付加　アルケンに HX（X = Cl, Br, I）が付加すると，ハロゲン化アルキルが生成する．この反応は2段階で進行する．第一段階は，求電子剤

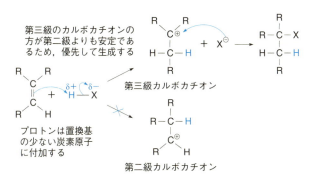

であるプロトンが二重結合に付加する過程であり，これによって最も安定なカルボカチオン中間体が生成する．第二段階は，カルボカチオンに対するハロゲン化物イオンの求核的な攻撃である．カルボカチオンは平面構造をもち，ハロゲン化物イオンの攻撃はどちらの面からも等しく起こるので，この反応ではラセミ体のハロゲン化アルキルが生成する（ラセミ体については§3・3・2a参照）．ハロゲン化水素の付加反応は，ハロゲン化アルキルの脱離反応の逆反応である．

　アルケンに対するHXの付加反応は位置選択的に進行し，より置換基の多いハロゲン化アルキルが生成する．一般に，HXがアルケンに付加するときには，Hはアルキル基が少ない方の炭素に結合し，Xは多くのアルキル基をもつ炭素に結合する．これを，**マルコフニコフ則**（Markovnikov rule）とよび，得られる生成物を**マルコフニコフ生成物**（Markovnikov product）という．この事実は，付加反応が，最も安定なカルボカチオンを反応中間体として進行することによって説明される．

　しばしば，カルボカチオン中間体は転位を起こして，より安定なカルボカチオンへと構造を変化させる．この反応では，カルボカチオン中心に隣接している炭素に結合した水素原子が電子対とともに移動する．この過程を，**ヒドリド移動**（hydride shift）という*．この反応は，生成するカルボカチオンが最初に生成したカルボカチオンより安定となる場合にのみ起こる．

位置選択的なプロトンの付加により第一級よりも第二級のカルボカチオンが優先して生成する　　　ヒドリド移動によってより安定な第三級カルボカチオンが生成する

　アルキル基が，カルボカチオン中心へ移動することにより，炭素骨格が転位する場合もある．このような転位反応を，**ワグナー–メーヤワイン転位**（Wagner-Meerwein

第二級カルボカチオン　　　第三級カルボカチオン

---

*　しばしば1,2-ヒドリド移動という語が用いられる．"1,2-" は隣接する炭素原子にH⁻（ヒドリド，水素化物イオン）が移動することを意味する．アルキル基が移動するときには，1,2-アルキル移動という．

rearrangement) という.

[過酸化物存在下における HBr のアルケンへの付加]

　HBr は, ふつう, アルケンに付加してマルコフニコフ生成物を与えるが, 過酸化物 ROOR の存在下で HBr が付加すると, 別の位置異性体が生成する. この生成物を**逆マルコフニコフ生成物** (anti-Markovnikov product) という. 反応の位置選択性が変化したのは, 過酸化物が存在しないときはイオン性（極性）であった反応機構が, 過酸化物の存在によりラジカル機構に変化したからである. 過酸化物によりラジカル開始反応が起こって臭素ラジカル（臭素原子）が生成し, さらにその臭素ラジカルはアルケンのより立体障害の少ない炭素原子へ付加する. これによって, より置換基の多いラジカルが生成し, 結果として, アルキル基の少ない方の炭素原子に Br が付加したハロゲン化アルキルが生成する.（炭素ラジカルの安定性は, カルボカチオンの安定性と同じ順序であることを思い出してほしい. §4・3 参照.）

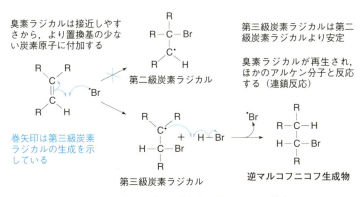

ラジカル反応には片羽の巻矢印を用いることに注意

b. 臭素の付加　アルケンに臭素が求電子付加すると, 1,2-二臭化物（隣接二臭化物）が生成する. この付加反応はブロモニウムイオン中間体を経由する立体特異的反応*であり, 2個の臭素原子がそれぞれアルケンの逆の面から付加するアンチ付加

---

　* 立体特異的反応では, アルケンの異なる立体異性体が, それぞれ異なる立体異性体の生成物を与える.

反応である（§5・2・3参照）．

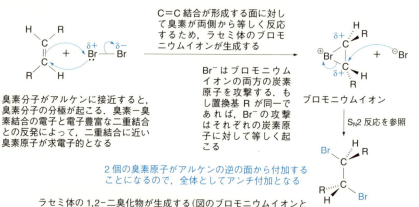

(E)- あるいは (Z)-アルケンを用いると，それぞれから異なったジアステレオマーが生成する．この事実は，反応がアンチ付加であることから説明できる*．

Br⁻によってブロモニウムイオンのどちらの炭素原子も等しく攻撃を受けるので，(Z)-ブタ-2-エンの付加反応生成物は，エナンチオマーの1：1混合物となる．（上図には，2R,3R 異性体のみを示してある．）一方，(E)-ブタ-2-エンに対しては，Br⁻がブロモニウムイオンのどちらの炭素原子を攻撃しても，同一の生成物が得られる．この化合物は分子内に対称面をもつので，アキラルなメソ化合物である．

臭素化反応では，しばしば，N-ブロモスクシンイミド（N-bromosuccinimide, NBS

---

* ジアステレオマーの相対的な立体配置は，あるジアステレオマーの，他のジアステレオマーに対する立体配置である．ジアステレオマーの絶対立体配置は，ある一つのエナンチオマーの立体配置を表す．

と略記）が用いられる*．この反応剤は安定な固体であり，有毒な液体である臭素よりも取扱いやすい．NBS の反応では，反応剤の中に痕跡量存在する HBr の作用によって制御された速度で Br_2 が生成し，アルケンと反応する．

$$\text{NBS} + \text{HBr} \longrightarrow \text{スクシンイミド} + Br_2$$

c. 水存在下における臭素の付加　水の存在下でアルケンに対して臭素を付加させると，1,2-二臭化物に加えて，1,2-ブロモアルコール（ブロモヒドリン）が生成する．これは，ブロモニウムイオンの環開裂に際して，水が求核剤として作用したものである．H_2O の求核性は Br^- より弱いにもかかわらず，過剰に存在するため，臭化物イオンと競争して水の求核攻撃が起こり，ブロモヒドリンが生成する．

一般に，ブロモニウムイオンの開裂は位置選択的である．求核剤は，環を構成する2個の炭素原子のうち，より置換基の多い方を攻撃する．これは，その炭素原子がよ

---

* スクシンイミドは環状イミドの例である．イミドは，たとえば RCONHCOR のように，窒素原子に結合した二つのアシル基をもつ化合物である．

り正に分極しているからである．反応は，いわば"ゆるい S_N2 遷移状態"を経由して進行する．

d. 水の付加（水和）：マルコフニコフ付加　アルケンに水が付加すると，アルコール ROH が生成する．アルケンに対する水の付加を，**水和**（hydration）という．この反応は，1) 強い酸，または 2) 酢酸水銀(II) のいずれかを必要とする．酢酸水銀(II) 存在下の反応を，**オキシ水銀化**（oxymercuration）という．いずれの場合も，マルコフニコフ生成物が得られる．すなわち，OH は置換基の多い炭素原子に結合する．

[酸触媒（高温を必要とする）]

[オキシ水銀化]

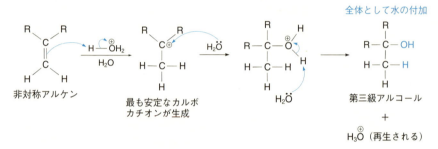

e. 水の付加（水和）：逆マルコフニコフ付加　ボラン〔B_2H_6（BH_3 として反応する）〕を用いたアルケンに対する水の付加反応を，**ヒドロホウ素化**（hydroboration）という．ヒドロホウ素化では，水の逆マルコフニコフ付加生成物が得られる．この反応

は，4員環遷移状態を経由して，ホウ素－水素結合がアルケンに対してシン付加をする．すなわち，ホウ素原子と水素原子は，ともにアルケンの同一面から付加する．ヒドロホウ素化は位置選択性の高い反応であり，反応の選択性は立体的要因によって支配される．ホウ素原子が，立体障害の少ない方のアルケン炭素に位置選択的に付加し，有機ホウ素化合物を与え，さらに酸化を受けてアルコールが生成する．特に，9-ボラビシクロ[3.3.1]ノナン（9-BBN と略記）のようなかさ高いボランは，ヒドロホウ素化の位置選択性を高める．

[ヒドロホウ素化（位置選択的かつ立体選択的）]

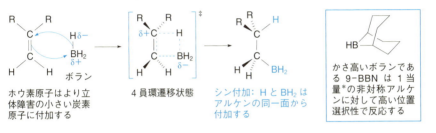

電子的要因もまた，反応の選択性に重要な役割を果たす．ホウ素は水素よりも電気陽性なので，二重結合がホウ素原子を攻撃して生成する4員環遷移状態では，アルケン炭素原子に部分的な正電荷（δ+）が生じる．部分的な正電荷は，その安定性から，より置換基の多い炭素原子上に存在する．

さらにアルケン分子が存在すると，トリアルキルボラン R_3B が生成する．上に述べた機構と同一の機構によって，ホウ素原子上の二つの水素原子は，さらに2個のアルキル基によって置換される．

ついで，トリアルキルボランを塩基性溶液中で過酸化水素 H_2O_2 を用いて酸化する

---

* "1当量"は"1化学量論的当量"を短縮して表したものである．たとえば，1 mol の 9-BBN は 1 mol のアルケンと反応する．

と，三つの C−B 結合は三つの C−OH 結合へ変換される．

ホウ素原子は空の p 軌道を
もっており，電子対を受容
することができる

トリアルキルボラート

一つのアルキル基が
ホウ素原子から酸素
原子へ移動する

弱い O−O 結合
が開裂

過酸化水素アニオンによる
求核攻撃とアルキル基の移
動が，2 回繰返される

すべての C−B 結合
が C−O−B 結合へ
変換される

残りの二つの B−OR
結合も B−OH 結合へ
変換される

全体として
水の逆マル
コフニコフ
付加

≡ 3 R₂CHCH₂OH + ホウ酸

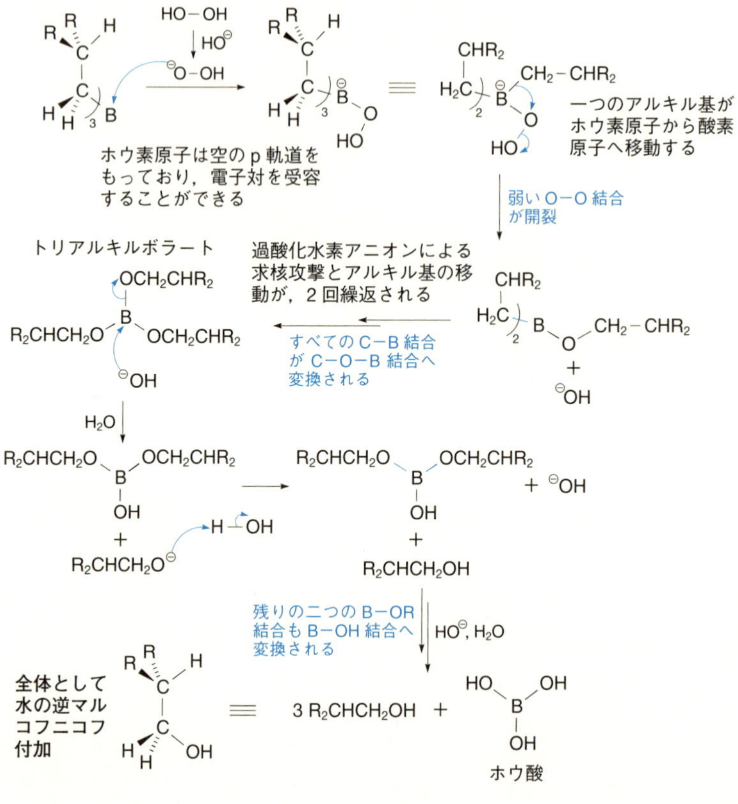

ヒドロホウ素化において，ホウ素原子から酸素原子へアルキル基が移動する際には，その立体配置は保持される．

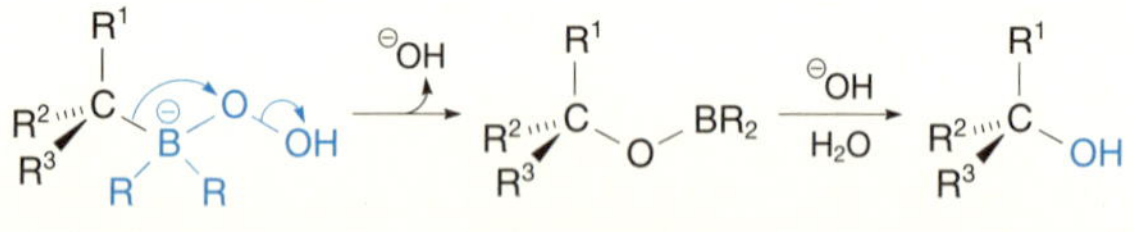

立体配置を保持したまま，ホウ素置換基がヒドロキシ基と置換する

f. 過酸による酸化とエポキシドの加水分解を経由するアンチ-ジヒドロキシル化
アルケンを過酸 RCO_3H と反応させると，協奏的な付加反応が起こりエポキシドが生成する*．この反応を**エポキシ化**（epoxidation）という．過酸は，C=C 二重結合に対

---

* エポキシドは S_N2 反応によっても生成する（§5・3・1h 参照）．

して酸素原子を供与する．

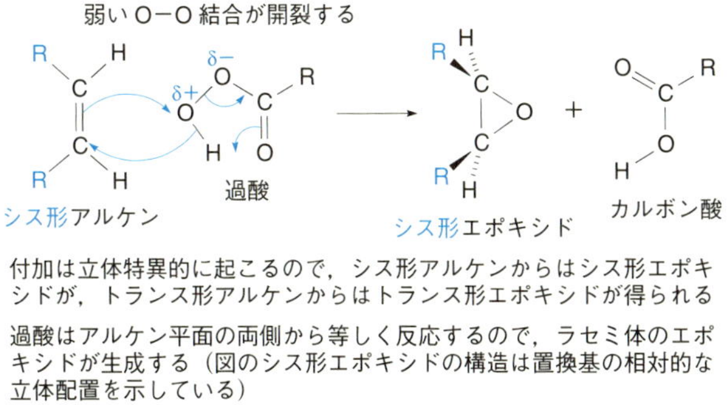
弱い O－O 結合が開裂する
δ−
δ+
過酸
シス形アルケン
シス形エポキシド
カルボン酸
付加は立体特異的に起こるので，シス形アルケンからはシス形エポキシドが，トランス形アルケンからはトランス形エポキシドが得られる
過酸はアルケン平面の両側から等しく反応するので，ラセミ体のエポキシドが生成する（図のシス形エポキシドの構造は置換基の相対的な立体配置を示している）

酸または塩基触媒条件下でエポキシドを加水分解*1すると，ひずみのかかったエポキシド3員環の開裂が起こり，1,2-ジオール（グリコール）が生成する．エポキシドの生成と加水分解によって，アルケンの C=C 結合に対して2個の OH 基がアンチ付加した構造の1,2-ジオールが立体選択的に得られる．

［塩基触媒（水酸化物水溶液中で加熱）*2］

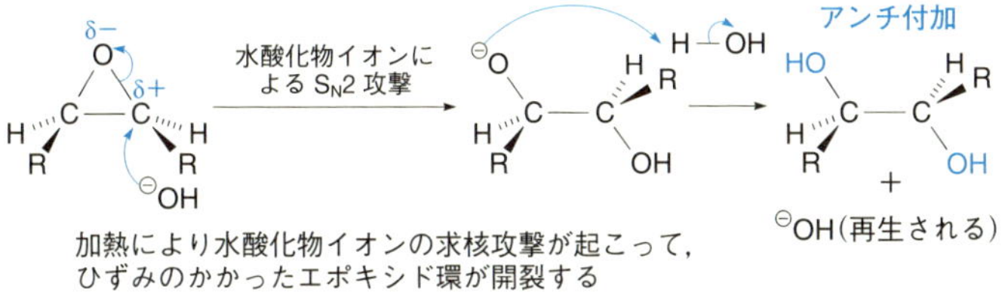
水酸化物イオンによる S_N2 攻撃
アンチ付加
OH(再生される)
加熱により水酸化物イオンの求核攻撃が起こって，ひずみのかかったエポキシド環が開裂する

［酸触媒（酸性水溶液）*2］

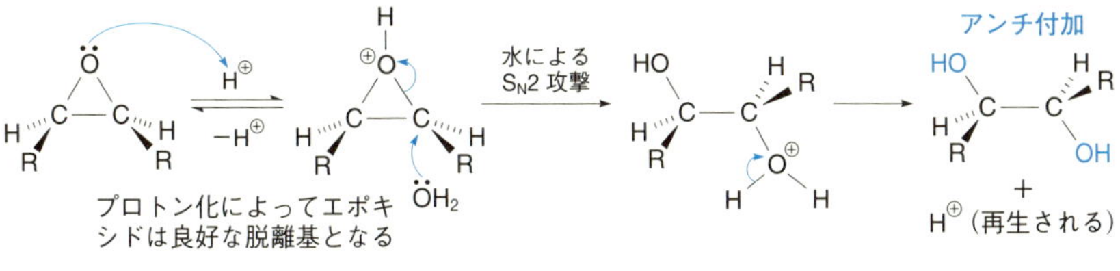
水による S_N2 攻撃
アンチ付加
H(再生される)
プロトン化によってエポキシドは良好な脱離基となる

*1　水との反応を加水分解（hydrolysis）という．

*2　OH^- あるいは H_2O は，それぞれエポキシドあるいはプロトン化されたエポキシドの両方の炭素原子を攻撃する．置換基 R が同一の場合には，両方の炭素原子を等しく攻撃する．また，アンチ付加では，2個の置換基が反応物の反対側に付加する．この反応では，単一のジアステレオマーが生成する（ジアステレオ選択的反応という）．

g. シン-ジヒドロキシル化と 1,2-ジオールの酸化的開裂によるカルボニル化合物の生成 アルケンを，低温で過マンガン酸カリウム $KMnO_4$ と反応させるか，あるいは四酸化オスミウム OsO_4 と反応させると，2 個の OH 基がシン付加する，すなわち 2 個の OH 基が C=C 結合の同一の面から付加した構造の 1,2-ジオールが生成する．このような反応をジヒドロキシル化という*．

[過マンガン酸カリウム（低温）]

2 個の C−O 結合はアルケンの同一面に生成する

環状マンガン酸エステル
環状エステルの生成を経て，マンガン原子は $KMnO_4$ の酸化数 VII から MnO_2 の酸化数 IV へ還元される

[四酸化オスミウム]

2 個の C−O 結合はアルケンの同一面に生成する

環状オスミウム酸エステル
環状エステルの生成を経て，オスミウム原子は OsO_4 の酸化数 VIII から H_2OsO_4 の酸化数 VI へ還元される

1,2-ジオール $RCH(OH)CH(OH)R$ をさらに酸化すると，C−C 結合が開裂してカルボニル化合物が生成する．たとえば，二置換アルケンと過マンガン酸カリウムを室温またはそれ以上の温度で反応させると，中間に生成する 1,2-ジオールがさらに酸化されてアルデヒド $RCHO$ となり，それはさらにカルボン酸 RCO_2H に変換される．

二置換アルケン　　　　　　　　　　2 個のカルボン酸

また，1,2-ジオール $RCH(OH)CH(OH)R$ は，過ヨウ素酸 HIO_4 との反応によって

---

* ジヒドロキシル化反応は立体特異的反応である．シス形アルケンはシス形 1,2-ジオールを与え，トランス形アルケンはトランス形 1,2-ジオールを与える．

も，アルデヒドまたはケトンに酸化される．

h. オゾンとの反応による酸化的開裂　アルケンを低温でオゾン O_3*[1] と反応させると，モルオゾニド（一次オゾニド）中間体が生成するが，それは速やかに転位して，オゾニドが得られる．この反応によって，C＝C 二重結合が開裂する．

ついで，オゾニドを還元するとアルデヒド RCHO またはケトン RCOR が生成し，一

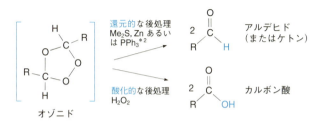

---

*1　オゾンは正・負両方の電荷をもつ．このような反応剤を双極性反応剤（dipolar reagent）という．
*2　Me_2S ＝ジメチルスルフィド（DMS と略記），PPh_3 ＝トリフェニルホスフィン．

方,オゾニドを酸化するとカルボン酸 RCO_2H が生成する.

i. カルベンとの反応 最外電子殻に6個の電子しかもたない2価の炭素原子を含む電気的に中性の化学種を,**カルベン**(carbene)という.カルベンはきわめて反応性の高い化学種であり,次の二つの生成方法が知られている.

1) トリクロロメタン(クロロホルム)$CHCl_3$ と塩基との反応.この反応では,二つの置換基,すなわち H と Cl が同一の原子から脱離する.このような反応を,**α脱離反応**(α-elimination)という*.

トリクロロメタン　　　　　　　　　　　　　ジクロロカルベン

2) ジヨードメタン CH_2I_2 と亜鉛-銅合金との反応.この反応は,**シモンズ-スミス反応**(Simmons-Smith reaction)とよばれている.図には遊離のカルベンが示されているが,実際に反応に関与する活性な反応剤は亜鉛カルベノイドであり,それがカルベン等価体として作用する.

亜鉛カルベノイド　　カルベン

カルベンは電子不足な化学種なので,強い求電子剤として作用する.同時に,カルベンは非共有電子対をもつので,求核剤としても作用しうる.

カルベンがアルケンに付加すると,シクロプロパンが生成する.この反応の機構は,カルベンの電子状態が一重項であるか,あるいは三重項であるかに依存する.2価の炭素原子がもつ2個の活性な電子は,一重項カルベンでは対をつくって同一の軌道に存在しているが,三重項カルベンでは対をつくらず異なった2個の軌道に存在している.

---

* RCH_2CH_2X から HX が失われ $RCH=CH_2$ が生成する反応を,β脱離反応という.β脱離反応では,H 原子と X 原子が隣接する炭素原子から除去される(§5・3・2参照).

[一重項カルベン（協奏的機構：立体特異的なシン付加）]

2個の電子は逆向きのスピンをもち，同一の軌道に存在する

二つのC-C結合が同時に生成するので，反応は立体特異的である．すなわち，(Z)-アルケンからはシス形シクロプロパンが生成する

カルベンはC=C結合が形成する平面の上方および下方から等しく反応するので，ラセミ体のシクロプロパンが生成する

[三重項カルベン（段階的機構：非立体特異的な付加）]

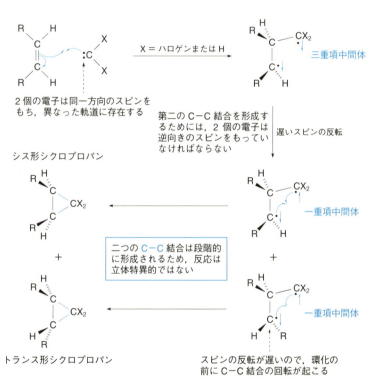

2個の電子は同一方向のスピンをもち，異なった軌道に存在する

X = ハロゲンまたはH

三重項中間体

第二のC-C結合を形成するためには，2個の電子は逆向きのスピンをもっていなければならない

遅いスピンの反転

シス形シクロプロパン

一重項中間体

二つのC-C結合は段階的に形成されるため，反応は立体特異的ではない

一重項中間体

トランス形シクロプロパン

スピンの反転が遅いので，環化の前にC-C結合の回転が起こる

j. 水素の付加（還元反応） アルケンを白金またはパラジウム触媒の存在下で水

金属触媒表面

素と反応させると，二重結合が水素化される．この反応では，触媒表面上で2個の水素原子がアルケンの同一の面から付加するため，アルケンに対して水素がシン付加した生成物が得られる．

k. ジエンとの反応　電子求引基をもつアルケンと電子豊富な共役ジエンとの付加反応を，**ディールス−アルダー付加環化反応**（Diels–Alder cycloaddition reaction）という．これは協奏的な反応であり，二つの新しいC−C結合が1段階で形成される．この反応は，シクロヘキセン骨格をもつ環状化合物を合成するための重要な方法である（§4・6・3参照）．

1,3-ジエンはC=C結合が形成する平面の上方および下方から等しく反応するので，ラセミ体の生成物が得られる

この反応はペリ環状反応に分類され，結合性電子の協奏的な再分配を含む（一般に，ペリ環状反応は電子の流れによって起こる協奏的な反応である）．電子豊富なジエンと電子不足のジエノフィルがこの反応に有利なのは，この組合わせでは，遷移状態において互いの分子軌道間に良好な重なり合いが起こるからである．

この反応の遷移状態では，ジエンは s-シス配座（シソイド配座）をとることが要求される．したがって，反応は立体特異的となり，シン付加による生成物のみが得られる．この結果，シス形のジエノフィル（アルケン）からはシス配置の置換基をもつ生成物が得られ，トランス形のジエノフィルからはトランス配置の置換基をもつ生成物が得られる．

6・3　アルキン

6・3・1　合　成

アルキンは1,2-ジブロモアルカン（隣接二臭化物）から，ナトリウムアミド $NaNH_2$

のような強い塩基を用いて2分子の HBr を脱離させることにより合成される*.

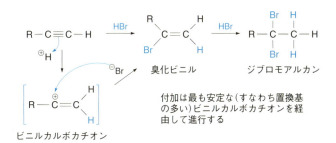

6・3・2 反　応

アルキンは，アルケンと同様，求核剤として作用し，求電子剤に対して求電子付加反応を起こす．一般に，アルキンに対する求電子剤の付加は，アルケンに対する付加と同様の機構で進行する．

a. ハロゲン化水素の付加　　ハロゲン化水素 HX の付加はマルコフニコフ則(§6・2・2a 参照) に従って進行し，最も置換基の多いハロゲン化アルキル RX が生成する．アルキンに対して HX を1当量用いるとハロゲン化ビニル（ハロゲン化アルケニル）が得られ，2当量用いるとジハロアルカンが得られる．

一般に，ビニルカルボカチオン（たとえば，RC$^+$=CH$_2$）は，正電荷を安定化するためのアルキル基（+I 基）が1個しか置換していないので，アルキルカルボカチオン（たとえば，RCH$^+$CH$_3$）に比べて不安定である．求電子剤が付加すると，アルキンはビニルカルボカチオンを与え，一方，アルケンはアルキルカルボカチオンを与えるので，一般にアルキンはアルケンよりも求電子付加反応性が低い．

b. 水の付加（水和）: マルコフニコフ付加　　アルキンは酢酸水銀(II)のような水銀(II)触媒の存在下で水と反応する．水は，マルコフニコフ則に従ってアルキンに付加し，エノールが生成する．エノールは，互変異性化によってケトンを与える

---

*　二置換アルキンをしばしば内部アルキンという．一置換アルキン RC≡CH はしばしば末端アルキンとよばれる．

(§8・4・1参照). たとえば, 末端アルキン RC≡CH に水が付加するとエノール RC(OH)=CH$_2$ が生成し, これはケトン RCOCH$_3$ に変化する.

置換基の多い方の炭素原子に求核攻撃が起こる (部分的な正電荷 δ+ の生成によって説明される)

c. 水の付加 (水和): 逆マルコフニコフ付加 ボラン BH$_3$ を用いてアルキンをヒドロホウ素化すると, ビニルボラン中間体が生成するが, それはさらに BH$_3$ と反応して, 第二のヒドロホウ素化が進行する. 2個のホウ素置換基は, 三重結合のより立体障害の少ない炭素原子へ付加する. しかし, かさ高いジアルキルボラン HBR$_2$ を用いた場合には, 反応剤の立体障害によって第二のヒドロホウ素化が妨げられ, ビニルボランが得られる. ビニルボランを酸化するとエノールが生成し, 互変異性化によって

R = かさ高い置換基

アルデヒドが得られる（関連する機構は§6・2・2e 参照）．たとえば，ビニルボラン RCH=CHBH$_2$ からエノール RCH=CHOH が得られ，これはアルデヒド RCH$_2$CHO に変化する．

この反応の結果，三重結合に対して水が逆マルコフニコフ付加した構造の生成物が得られる．

d. 水素の付加（還元反応）　　アルキンは，H$_2$/リンドラー触媒，あるいは低温で Na/NH$_3$ を用いて水素化することにより，それぞれ (Z)-，あるいは (E)-アルケンへ立体選択的に還元することができる．

[(Z)-アルケンの生成]

金属触媒を用いると，二つの水素原子がアルキンの同一側から攻撃するため，シン付加生成物が得られる．

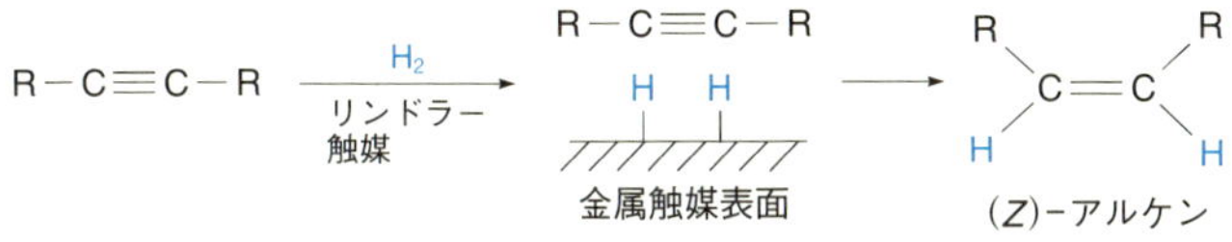

リンドラー触媒は [Pd/CaCO$_3$/PbO] の組成をもち，被毒されたパラジウム触媒である．この触媒を用いると，還元反応はアルケンの段階で停止し，さらにアルカンにまで還元されることはない．アルキンをアルカンに還元する場合には，パラジウム-炭素触媒 Pd/C を用いる（§6・2・2j 参照）．

[(E)-アルケンの生成]

アルキンを液体アンモニア中でナトリウムと反応させると，アルキンの逆の側から2個の水素原子が付加したアンチ付加生成物が得られる．この反応は，"溶解した金属による還元反応" であり，生成した溶媒和電子がアルキンへ付加して，負電荷と不対

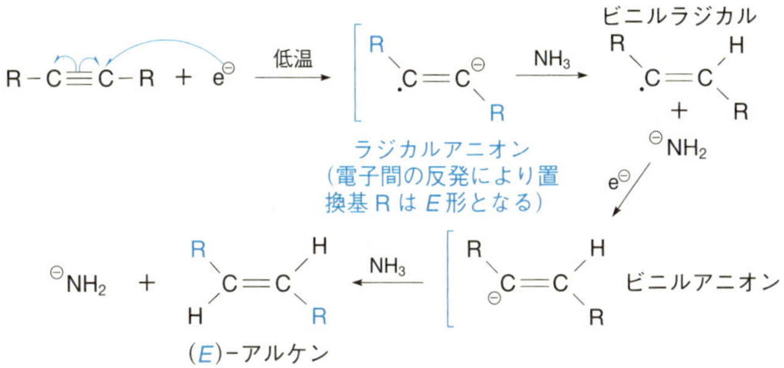

電子をもつラジカルアニオン*中間体が生成する．ラジカルアニオンはビニルラジカルとなり，さらにビニルアニオンとなるが，これらの化学種においてかさ高い置換基 R は，互いの立体的な反発を避けるためにできるだけ離れて位置する．この結果，(E)-アルケンが生成する．

e. 脱プロトン化：アルキニルアニオンの生成

末端アルキン RC≡CH の水素は酸性が強く，ナトリウムアミド $NaNH_2$ によって脱プロトン化される（§1・7・4，§1・7・6 参照）．生成するアルキニルアニオン（アセチリド）$RC≡C^-$ は，アルケンの脱プロトン化により生成するビニルアニオン $RCH=CH^-$ よりも安定である．これは，アルキニルアニオンの負電荷が sp 軌道に存在するのに対して，ビニルアニオンの負電荷は sp^2 軌道に存在するためである．軌道の s 性が大きくなるほど，電子は正電荷をもつ原子核により接近して保持されるので，アニオンは安定となる．

アルキニルアニオンは，強い求核剤として作用する．第一級ハロゲン化アルキル RCH_2X と反応させると，S_N2 機構によってアルキル化が進行する．この反応により，アルキンの末端炭素原子上に第一級アルキル基を導入することができる．

$$R-C≡C-H \xrightarrow[-NH_3]{NaNH_2} R-C≡C^- \ Na^⊕ \xrightarrow[-NH_3]{R^1-X} R-C≡C-R^1 + NaX$$

末端アルキン（三重結合が炭素鎖の末端に位置している）　　アルキニルアニオン　　X = ハロゲン，R^1 = 第一級アルキル基　　内部アルキン

例　題　次の反応式はアルキン **1** からジオール $(\pm)$-**4** を合成する反応経路を示したものである．以下の問に答えよ．なお，$(\pm)$ はラセミ化合物を表す．

$$Et-C≡C-H \xrightarrow[\text{2. MeI}]{\text{1. }NaNH_2} Et-C≡C-Me$$
$$\mathbf{1} \qquad\qquad \mathbf{2}$$

$(\pm)$-**4** ← $(\pm)$-**3**（$HO^⊖$, H_2O 加熱）

---

*　ラジカルアニオンは，電気的に中性な分子に電子を1個付け加えて生成する化学種である．

(a) アルキン 1 がアルキン 2 へ変換される反応の機構を説明せよ．[ヒント: NaNH$_2$ は強塩基である．]
(b) アルキン 2 を化合物 (±)-3 に 2 段階で変換するために必要な反応剤を示せ．[ヒント: 化合物 3 はエポキシドである．エポキシドはアルケンから合成することができる．]
(c) 化合物 (±)-3 が化合物 (±)-4 に変換される反応の機構を説明せよ．[ヒント: 協奏的な求核置換反応を考えよ．]
(d) 化合物 (±)-4 の生成は，エナンチオ選択的合成か，それともジアステレオ選択的合成か．[ヒント: 生成するのは単一のエナンチオマーか，それとも単一のジアステレオマーかを考えよ．]
(e) アルキン 2 をジオール (±)-5 に 3 段階で変換するために必要な反応剤を示せ．[ヒント: (±)-4 と (±)-5 との関係を考えよ．]

(±)-5 構造式

解答 (a) 反応機構図

Et−C≡C−H $\xrightarrow{\ominus NH_2, -NH_3}$ Et−C≡C$^{\ominus}$ $\xrightarrow{Me-I}$ Et−C≡C−Me
 1   2

(b) 1. H$_2$, リンドラー触媒． 2. RCO$_3$H
(c) 反応機構図

(±)-3 → (中間体) → (±)-4

(d) この合成によってジオール 4 のエナンチオマーの当量混合物，すなわちラセミ体が生成するので，反応はエナンチオ選択的ではない．この反応はジアステレオ選択的合成の例である．反応によって 4 の単一のジアステレオマーが生成する．すなわち，エポキシ環の開裂によって，全体として 2 個の OH 基がアンチ付加した生成物のみが得られる．
(e) 1. Na, NH$_3$． 2. RCO$_3$H． 3. HO$^-$, H$_2$O

問 題

6・1 ペンタ-1-エンと HBr との反応について，(a) 過酸化物 ROOR の存在下，および (b)

過酸化物の不在下,それぞれにおける反応の機構を説明せよ.さらに,その機構に基づいて,反応の位置選択性を説明せよ.

6・2 (Z)-ヘキサ-3-エンと Br_2 との反応について,反応の機構を説明せよ.さらに,その機構に基づいて,反応の立体特異性を説明せよ.

6・3 次の(a)〜(f)の変換を行うために用いるべき適切な反応剤を示せ.なお,生成物の立体化学については,絶対立体配置ではなく,相対的な立体配置が示されている.(すなわち,生成物としてエナンチオマーの一方が書かれていても,ラセミ体の生成物を考えればよい.)

6・4 アルキン $CH_3CH_2CH_2C\equiv CH$ (ペンタ-1-イン) を出発物として,化合物 **A**, **B**, **C** を合成する経路を示せ.

6・5 ディールス-アルダー反応によって,それぞれ化合物 **D**〜**F** を与えるジエンとジエノフィルの構造式を書け.

6・6 ブタ-1,3-ジエン $H_2C=CH-CH=CH_2$ と 1 当量の HCl を反応させると,3-クロロブタ-1-エン (約 80%) と 1-クロロブタ-2-エン (約 20%) が生成する理由を説明せよ.

6・7 次の反応式は化合物 I の合成経路を示したものである．以下の問に答えよ．

(a) 化合物 G の化合物 H への2段階の変換過程について説明せよ．また，それぞれの反応における選択性について説明せよ．

(b) 化合物 H と I_2 との反応において，化合物 I が立体選択的に生成する機構を説明せよ．なお，I_2 は C=C 結合に対して Br_2 と同様の機構で反応すると考えてよい．

7 ベンゼンとその誘導体

キーポイント

ベンゼンは，平面の6員環に非局在化した6個のπ電子をもつ芳香族化合物である．電子の非局在化によって分子の安定性が増大するので，ベンゼンは，アルケンやアルキンよりも反応性に乏しい．ベンゼンの一般的な反応は，**求電子置換反応**であり，その反応によってベンゼンの水素原子が求電子剤によって置換される．電子豊富なベンゼン環が求電子剤を攻撃してカルボカチオンが生成するが，それは速やかにプロトンを失って芳香環が再生する．ベンゼン環に置換した電子供与性（+I，+M）の置換基は，求電子置換反応に対して環を活性化し，求電子剤がオルト位あるいはパラ位に置換した生成物を与える．対照的に，ベンゼン環に置換した電子求引性（−I，−M）の置換基は，求電子置換反応に対して環を不活性化し，求電子剤がメタ位に置換した生成物を与える．

7·1 構造

- ベンゼン C_6H_6 は6個の sp^2 炭素原子から構成されており，環状共役系をもつ平面構造の分子である．対称性が高く，すべての C−C−C 結合角は 120° である．また，6個の C−C 結合の距離はすべて 139 pm であり，その値は通常の C−C 結合距離と C=C 結合距離の中間の値となっている．
- ベンゼンは6個のπ電子をもち，それらは環内に非局在化している．電子の非局在化を表すために，六角形の中央に円を書いてベンゼンを表記することがある．しかし，一般には，反応機構を記述する際の容易さから，ベンゼンは三つの C=C 結合

をもつ環として表記されることが多い.

6個のp軌道が重なり合って，6個の炭素原子から構成される環の上下に環状の電子雲が形成される

電子の非局在化を円で示した表記　　一つの共鳴構造を用いた表記

$4n+2$ 個の π 電子をもつ環状平面分子は，熱力学的に安定であるなどの共通の性質をもつ，これを**ヒュッケル則**（Hückel rule）といい，このような性質をもつ系を**芳香族**（aromatic）という．ベンゼンは6個のπ電子をもつので，ヒュッケル則によって芳香族である（ベンゼンは $n=1$ の場合に相当する）．$4n$ 個のπ電子をもつ系は，**反芳香族**（antiaromatic）であるという．

芳香族化合物は，単環状の電気的に中性な分子だけではなく，多環状であったり，電荷をもつ場合もある．また，炭素以外の原子が環の一部となる場合もある．このような環を**複素環**（heterocycle）あるいはヘテロ環という．ピリジンはその例であるが，この化合物では窒素原子上の非共有電子対は，π電子系の一部ではないことに注意しなければならない（§1・7・5参照）．

ナフタレン　　シクロペンタジエ　　シクロヘプタトリ　　ピリジン
(10π 電子)　　ニルアニオン　　　　エニルカチオン　　　(6π 電子)
　　　　　　　(6π 電子)　　　　　(6π 電子)

分子軌道理論によると，ベンゼンでは，6個のp軌道が重なり合って6個の分子軌道が形成される．エネルギーが低い3個の分子軌道が結合性分子軌道であり，これらは，スピン対を形成している6個の電子で完全にみたされている．エネルギーが高い反結合性分子軌道に電子は存在しない．このようなベンゼンの分子軌道は，ベンゼンが，非局在化したπ電子の閉殻構造をもつ安定な分子であることを示している．

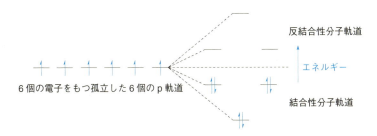

芳香族化合物における電子の非局在化は，芳香環に結合した水素が，^{1}H NMR スペクトルにおいて特徴的な化学シフト値を与える要因となっている（§10・5・1 参照）．

7・2 反 応

電子の非局在化は，ベンゼンに異常な安定性をもたらす．ベンゼンの水素化熱は約 150 kJ mol^{-1} であり，仮想的な環状トリエンに予想される値より小さい．この減少はベンゼンにおける電子の非局在化による安定化に由来するものであり，この安定化エネルギーを**共鳴エネルギー**（resonance energy）という．

ベンゼンやほかの芳香族分子は，その異常な安定性のため，アルケンやアルキンにみられた付加反応ではなく，置換反応を起こす．これは，置換反応では安定な芳香環が維持された化合物が得られるからである．

ベンゼンは 6 個の π 電子をもつので求核剤として作用し，求電子剤と反応して，**求電子置換反応**（electrophilic substitution reaction）を起こす．この反応によって，ベンゼン環の水素原子は，求電子剤によって置換される．この反応は，求電子剤がベンゼン環へ求電子攻撃することによって開始される．それによって，**ウェーランド中間体**（Wheland intermediate）とよばれる正電荷をもつ反応中間体が生成し，つづいてそれが速やかに脱プロトン化することによって生成物が得られる．

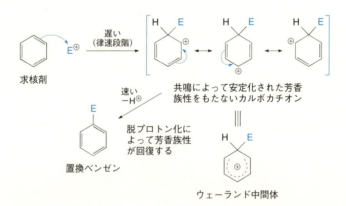

7・2・1 ハロゲン化

FeBr$_3$，FeCl$_3$，AlCl$_3$ のようなルイス酸触媒の存在下で，ベンゼン C$_6$H$_6$ を臭素または塩素と反応させると，それぞれブロモベンゼン C$_6$H$_5$Br またはクロロベンゼン C$_6$H$_5$Cl が生成する．ルイス酸は，完全にはみたされていない最外電子殻をもつ化合物であり，

臭素または塩素と錯体を形成する．これによって，ハロゲン－ハロゲン結合が分極して，ハロゲン原子がより求電子的になる．ベンゼンの求核攻撃は，錯体の末端に位置する正電荷をもったハロゲン原子に起こる．

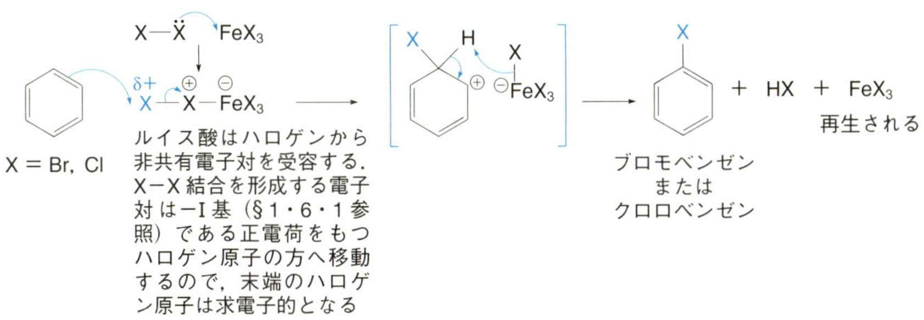
X—X FeX3
δ+ X—X—FeX3
X = Br, Cl
ルイス酸はハロゲンから非共有電子対を受容する．X−X 結合を形成する電子対は−I 基（§1・6・1 参照）である正電荷をもつハロゲン原子の方へ移動するので，末端のハロゲン原子は求電子的となる
X H X FeX3
+ HX + FeX3
再生される
ブロモベンゼン または クロロベンゼン

ルイス酸が存在しないと，反応は起こらない．この事実は，アルケンやアルキンのハロゲン化が，ルイス酸によるハロゲンの活性化を必要とせずに進行することと対照的である．これは，アルケンやアルキンの π 電子には芳香族の安定化がないので，ベンゼンよりも活性な求核剤となるからである．

7・2・2 ニ ト ロ 化

ベンゼン C_6H_6 を濃硝酸 HNO_3 と濃硫酸 H_2SO_4 の混合物と反応させると，ベンゼンのニトロ化反応が進行し，ニトロベンゼン $C_6H_5NO_2$ が生成する．この反応では，二つの酸が反応してニトロニウムイオン中間体 $^+NO_2$ が生成し，求電子剤として作用する．

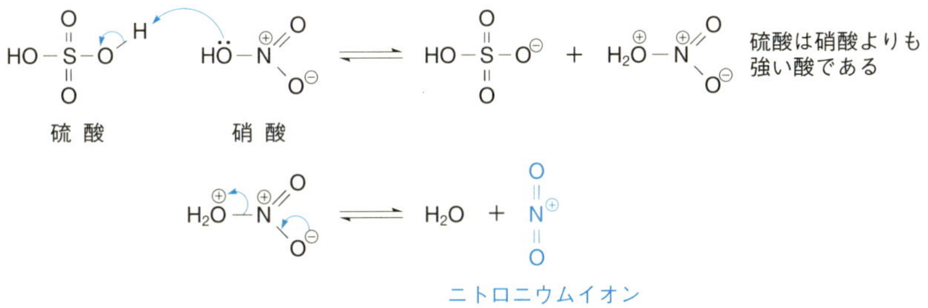
HO−S−O H
HO−N
HO−S−O
+ H2O−N
硫酸は硝酸よりも強い酸である
硫 酸
硝 酸
H2O−N
H2O + N
ニトロニウムイオン

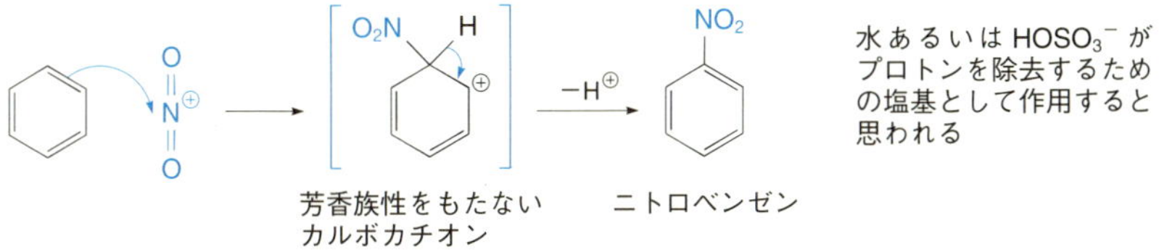
O2N H
NO2
−H+
水あるいは HOSO3− がプロトンを除去するための塩基として作用すると思われる
芳香族性をもたないカルボカチオン
ニトロベンゼン

7・2・3　スルホン化

ベンゼン C_6H_6 を発煙硫酸と反応させると，ベンゼンスルホン酸 $C_6H_5SO_3H$ が得られる．発煙硫酸はオレウム（oleum）ともよばれ，濃硫酸に三酸化硫黄 SO_3 を吸収させてつくられる．スルホン化は可逆反応である．このため，スルホン化は，ベンゼン環のある位置を保護するための有用な手段として，有機合成反応に用いられる（§7・8参照）．強い硫酸を用いるとスルホン化が進行し，一方，希薄な酸水溶液中で加熱すると脱スルホン化が優先して起こる．

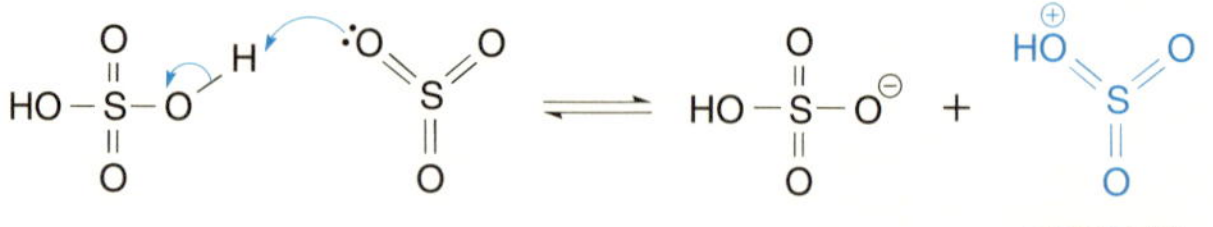

求電子剤
(SO_3 よりも強い求電子剤)

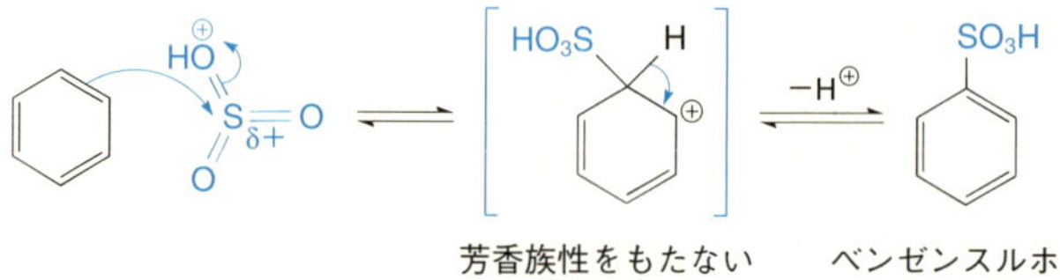

芳香族性をもたない
カルボカチオン　　　　ベンゼンスルホン酸

三酸化硫黄それ自身も，そのプロトン化体 $HOSO_2^+$ と同様に求電子剤として作用する．

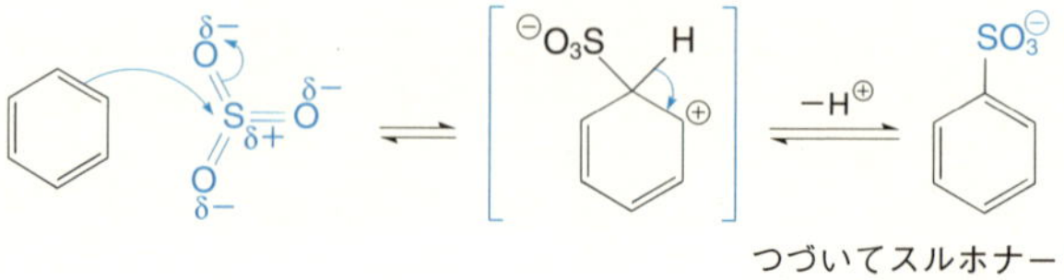

つづいてスルホナートイオンは
プロトン化を受ける

7・2・4　アルキル化 ―― フリーデル–クラフツアルキル化

$FeBr_3$, $FeCl_3$, $AlCl_3$ のようなルイス酸触媒の存在下で，ベンゼン C_6H_6 をブロモアルカン RBr またはクロロアルカン RCl と反応させると，アルキルベンゼン C_6H_5R が得られる．この反応を，**フリーデル–クラフツアルキル化**（Friedel–Crafts alkylation）という．ハロゲン化アリール ArX やハロゲン化ビニル $R_2C=CHX$ は反応しない．ハロゲン化アルキルにルイス酸が作用すると，ハロゲン原子と結合している炭素原子の求電子性が増大する．第一級ハロゲン化アルキル RCH_2X の場合には，配位錯体が生成する．

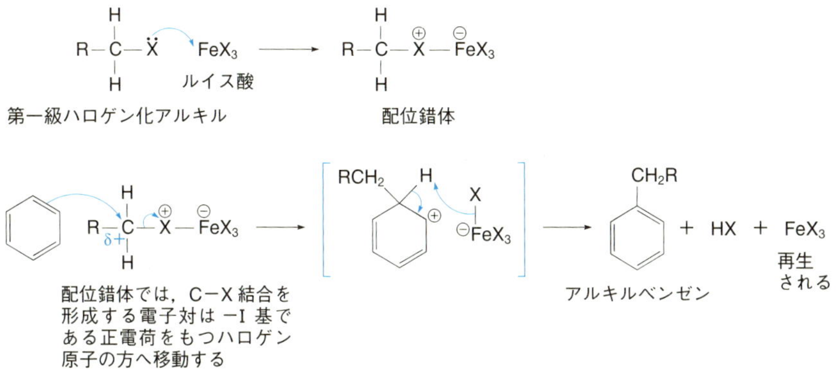

[反応機構図: 第一級ハロゲン化アルキルとルイス酸FeX₃による配位錯体形成、およびベンゼンとの反応によるアルキルベンゼン生成]

第一級ハロゲン化アルキル / ルイス酸 → 配位錯体

配位錯体では，C–X 結合を形成する電子対は –I 基である正電荷をもつハロゲン原子の方へ移動する

→ アルキルベンゼン + HX + FeX₃ (再生される)

第二級ハロゲン化アルキル R_2CHX，あるいは特に第三級ハロゲン化アルキル R_3CX の場合には，カルボカチオン R_2CH^+ あるいは R_3C^+ が生成し，求電子剤となって電子豊富なベンゼン環と反応する．

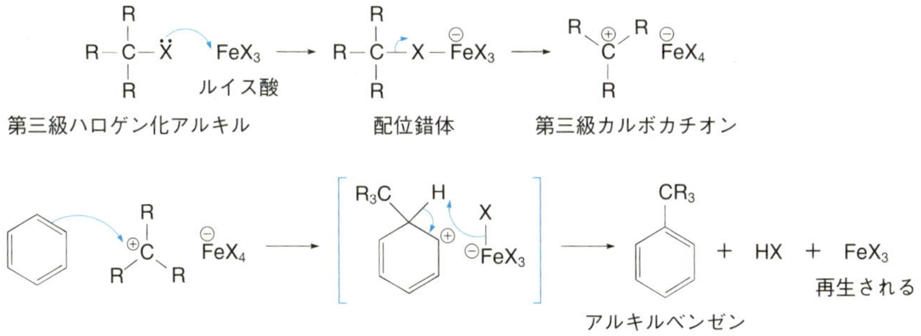

第三級ハロゲン化アルキル / ルイス酸 → 配位錯体 → 第三級カルボカチオン

→ アルキルベンゼン + HX + FeX₃ (再生される)

中間体として配位錯体 $RCH_2X^+-Fe^-X_3$，あるいは第二級カルボカチオン R_2CH^+ が

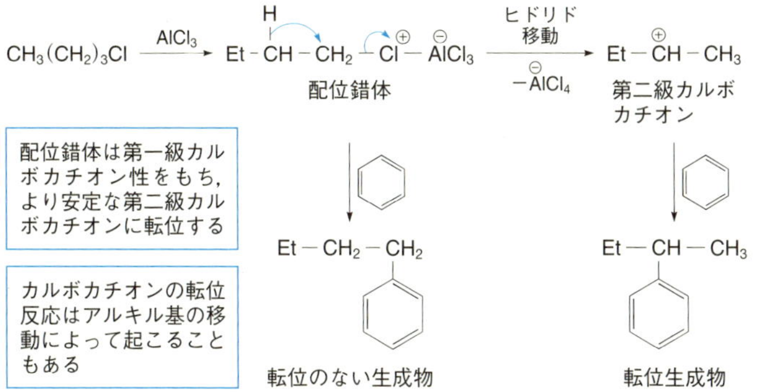

$CH_3(CH_2)_3Cl \xrightarrow{AlCl_3}$ Et–CH–CH₂–Cl–AlCl₃ (配位錯体) $\xrightarrow[-AlCl_4^-]{ヒドリド移動}$ Et–CH–CH₃ (第二級カルボカチオン)

配位錯体は第一級カルボカチオン性をもち，より安定な第二級カルボカチオンに転位する

カルボカチオンの転位反応はアルキル基の移動によって起こることもある

Et–CH₂–CH₂–C₆H₅ 転位のない生成物

Et–CH(C₆H₅)–CH₃ 転位生成物

生成する場合には，炭素-炭素結合の形成が起こる前に，より安定な第二級，あるいは第三級カルボカチオンへと転位することがある（§6・2・2a 参照）．一般に，反応温度が高くなるほど，転位生成物の量は増大する．

7・2・5 アシル化 —— フリーデル-クラフツアシル化

$FeCl_3$ または $AlCl_3$ のようなルイス酸触媒の存在下で，ベンゼン C_6H_6 を酸塩化物（塩化アシル）RCOCl と反応させると，アシルベンゼン C_6H_5COR が得られる．この反応を，**フリーデル-クラフツアシル化**（Friedel-Crafts acylation）という．酸塩化物にルイス酸が作用すると，塩素原子と結合している炭素原子の求電子性が増大する．この結果，アシリウムイオンが生成し，求電子剤となって電子豊富なベンゼン環と反応する．ベンゼン環のアシル化によって生成したアシルベンゼンは，ルイス酸と配位錯体を形成する．反応の終了後，反応混合物を水と処理すると，アシルベンゼンが遊離する*．アシル化反応では，ルイス酸が生成物と配位錯体を形成するため触媒としてはたらかない．このため，反応には 1 当量のルイス酸が必要となる．

カルボカチオンとは異なって，アシリウムイオン中間体は転位しない．アシリウムイオンはベンゼン環の攻撃を受け，転位のない生成物のみを与える．

フリーデル-クラフツアシル化は，芳香族ケトンを合成する方法として有用である．

---

* 水を加えて反応を終了させることを，しばしば "水による後処理" という．

一方，HClとAlCl$_3$の存在下で，ベンゼンとCOを反応させると，芳香族アルデヒド（たとえば，ベンズアルデヒド PhCHO）が得られる．この反応を，**ガッターマン−コッホ反応**（Gattermann-Koch reaction）という*．

7・3 置換ベンゼンの反応性

ベンゼン環が置換基をもっている場合には，その置換基は，ベンゼン環の求電子置換反応に対する反応性と配向性（反応によって新たに導入される置換基の位置選択性）の両方に影響を与える．

7・3・1 ベンゼン環の反応性 —— 活性化基と不活性化基

- 電子供与基をもつ置換ベンゼンは，ベンゼンそれ自身よりも，求電子置換反応に対する反応性が高い．反応性を増大させる置換基を，**活性化基**（activating group）という．これらは正の誘起（+I）効果（§1・6・1参照）あるいは正の共鳴（+M）効果（§1・6・3参照）をもつ置換基である．これらの置換基が求電子置換反応の活性化基となるのは，電子を供与することによってカルボカチオン中間体を安定化させるためである．

---

* しばしば反応混合物に塩化銅(I) CuCl を添加することがある．

- 電子求引基をもつ置換ベンゼンは，ベンゼンそれ自身よりも，求電子置換反応に対する反応性が低い．反応性を低下させる置換基を，**不活性化基**（deactivating group）という．これらは，負の誘起（−I）効果あるいは負の共鳴（−M）効果をもつ置換基である．これらの置換基が求電子置換反応の不活性化基となるのは，電子が求引されることによりカルボカチオン中間体が不安定化するためである．
- 置換基の +M あるいは +I 効果が強いほど，その置換基はより強い活性化基となり，求電子攻撃に対してベンゼン環をより活性化する．すでに述べたように，一般に，正の共鳴効果は正の誘起効果よりも強い（§1・6参照）．
- 置換基の −M あるいは −I 効果が強いほど，その置換基はより強い不活性化基となり，求電子的攻撃に対してベンゼン環をより不活性化する．

活性化基		不活性化基	
NHR, NH$_2$	(+M, −I)	Cl, Br, I	(+M, −I)
OR, OH	(+M, −I)	CHO, COR	(−M, −I)
NHCOR	(+M, −I)	CO$_2$H, CO$_2$R	(−M, −I)
アリール(Ar)	(+M, +I)	SO$_3$H	(−M, −I)
アルキル(R)	(+I)	NO$_2$	(−M, −I)

活性化基：反応性が高い　　不活性化基：反応性が低い

窒素原子は酸素原子ほど電気陰性ではないので，NH$_2$ 基の +M 効果は OH 基よりも強い
SO$_3$H 基と NO$_2$ 基は最も強い電子求引基である．それらは3個，あるいは4個の電気陰性な原子をもつので，強い −I 効果を示す

7・3・2 反応の配向性

置換ベンゼンに対する求電子置換反応は，置換基のオルト位（2位および6位），メタ位（3位および5位），あるいはパラ位（4位）に起こる（§2・4参照）．存在する置換基の誘起効果と共鳴効果によって，環のどの位置で反応が起こるかが決まる．求電子置換反応では，カルボカチオン中間体の生成が律速段階である．したがって，ある位置に求電子剤が攻撃して生成するカルボカチオンが，存在する置換基によって安定化を受けるときには，その反応経路の活性化エネルギーが低下するため，その位置への攻撃が有利になる．

置換基は，次の3種類に分類される．1) オルト-パラ配向活性化基，2) オルト-パ

オルト-パラ配向活性化基	オルト-パラ配向不活性化基	メタ配向不活性化基
NHR, NH$_2$ OR, OH NHCOR アリール(Ar) アルキル(R)	Cl, Br, I	CHO, COR CO$_2$H, CO$_2$R SO$_3$H NO$_2$

ラ配向不活性化基,3) メタ配向不活性化基.

　求電子剤が置換ベンゼンのある位置を攻撃する速度と,同一の反応条件においてベンゼンの一つの位置を攻撃する速度との比を,その位置の**部分速度比**（partial rate factor）という．部分速度比は,置換ベンゼンのベンゼンに対する相対速度と生成物の異性体分布から実験的に決定され,求電子剤が置換ベンゼンのある位置を攻撃するときの相対的な容易さを表す．ある位置の部分速度比が大きいほど,その位置における求電子置換反応の速度は増大する．

a. オルト-パラ配向活性化基　　電子供与基（electron-donating group, EDG と略記,+I および +M）が置換すると,環はベンゼンよりも求核的となり,求電子剤がオルトまたはパラ位を攻撃して生成するカルボカチオン中間体が置換基によって安定化を受ける．メタ位を攻撃して生成するカルボカチオン中間体では,どの共鳴構造においても正電荷は EDG に隣接して存在できないので,置換基によって安定化されない．

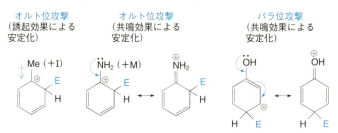

　+M 基をもつ置換ベンゼンに対して,求電子剤が2位または4位を攻撃して生成するカルボカチオン中間体では,さらに付加的な共鳴構造を書くことができる．+I 基ではできない．

NH_2 基および OH 基では,$-I$ 効果よりも $+M$ 効果の方が優勢となる

b. オルト-パラ配向不活性化基　ハロゲン原子は，オルト-パラ配向性を示すにもかかわらず，ベンゼン環を不活性化するという点で，特異な置換基である．Cl, Br, I はいずれも炭素原子より大きいので，それらの +M 効果は弱い．これは，これらの原子の非共有電子対を含む軌道（たとえば Cl では 3p 軌道）と，炭素の 2p 軌道との重なりが悪いことに起因する．（これは一般的にみられる現象であり，周期表の異なる周期に属する原子間では，共鳴効果は十分に伝達されないことが多い．）しかし，弱いながらも +M 効果によって，ハロゲン原子はオルト-パラ配向性を示す．一方，反応性という点では強い −I 効果によって支配されるため，ベンゼン環は不活性化される．

c. メタ配向不活性化基　電子求引基（electron-withdrawing group, EWG と略記，−I および−M）が置換すると，環の求核性はベンゼンよりも低下するが，オル

ト-パラ位よりもメタ位の不活性化の程度が小さい．これは，求電子剤がメタ位を攻撃して生成するカルボカチオン中間体では，どの共鳴構造においても正電荷が EWG に隣接することがないため，相対的に安定となるからである．

d. 立体効果と電子効果　活性化基が置換したベンゼンの求電子置換反応では，オルト置換体とパラ置換体の生成比は，環には 2 個のオルト位があるがパラ位は 1 個しかないので，2：1 であると予想される．しかし，一般に，オルト置換体の生成量は，この値から予想されるよりも少ない．これは，求電子剤のオルト位への攻撃が，立体障害により抑制されるからである．ベンゼン環の置換基の大きさは，隣接するオルト位における置換反応に大きく影響する．一般に，置換基が大きくなるほど，オルト置換体に対するパラ置換体の生成比が増大する．

7・4　芳香族求核置換反応

非常にまれに，芳香族化合物と求核剤が反応することがある．これは，NO_2 のような強い電子求引基（EWG）が，ハロゲン化アリール ArX のオルト位あるいはパラ位に置換しているときに起こる．この反応は，付加-脱離機構によって進行し，EWG は求

核剤の攻撃によって生成するカルボアニオン中間体を，共鳴によって安定化している．この反応の機構を **S_NAr 機構**（S_NAr mechanism）といい，反応に関与する中間体を**マイゼンハイマー錯体**（Meisenheimer complex）という．この機構は S_N2 機構とは異なることに注意しなければならない．求核剤は C－X 結合に対して 180°の角度から接近することができないので，sp^2 炭素原子では S_N2 反応は起こりえない．

ハロゲン化アリールの反応性の順は，Ar－F ≫ Ar－Cl ～ Ar－Br ～ Ar－I であり，これはハロゲン化アルキルの S_N2 および S_N1 反応に対する反応性の順と逆である（§5・3・1d 参照）．フッ素は最も電気陰性なハロゲン原子なので，C－F 結合は大きく分極している．このため，炭素原子上の部分電荷 δ+ も大きく，求核剤の攻撃を受けやすい．また，フッ素原子は小さいので，求核剤は，フッ素に結合した炭素原子に対して，ほとんど立体障害を受けることなく容易に接近できる．

また，アレーンジアゾニウム化合物 Ar－N_2^+ も，求核剤の存在下で置換反応を起こす．しかし，この反応はラジカル機構または S_N1 的なイオン機構によって進行すると考えられている．S_N1 機構では，反応中間体としてアリールカチオン Ar^+ が生成することになるが，これは正電荷がベンゼン環に非局在化できないため，きわめて不安定な化学種である．しかし，Ar－N_2^+ では，気体の窒素 N_2 が優れた脱離基であるため，非常に活性なカチオンである Ar^+ も生成する可能性がある．Ar^+ はさまざまな求核剤によって捕捉され，生成物を与える（§7・6 参照）．

7・5 ベンザインの生成

ハロゲン化アリール C_6H_5X を NH_3 中の $NaNH_2$ のような強い塩基と反応させると，シンペリプラナー脱離によりハロゲン化水素 HX の脱離反応が進行する*．この反応の結果，環外に張り出した二つの sp^2 軌道の重なりによる π 結合が新たに形成されるが，その結合は非常に弱い．この反応によって生成する化学種を，**ベンザイン**（benzyne）という．ベンザインは求核剤と反応し，また，ディールス－アルダー反応のジエノフィルとなる（§6・2・2k 参照）．ベンザインは非常に不安定なので，$^-NH_2$ による求核攻撃を受けて新たなアニオンを与える．ふつうのアルキンでは，このような反応はみら

---

* シンペリプラナー脱離では，脱離する置換基が分子の同じ側の同一平面上に位置する（§6・2・1 参照）．

れない.

7・6 側鎖の変換

ベンゼン環に置換した官能基は，一般に，安定な芳香環を維持したまま，ほかの官能基に変換することができる.

1) **メチル基の酸化**: 過マンガン酸カリウム $KMnO_4$ のような強い酸化剤を用いると，メチル基を側鎖にもつベンゼン誘導体をカルボン酸（たとえば，$PhCO_2H$）へ変換できる.

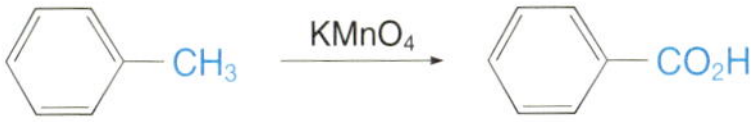

トルエン → 安息香酸

トルエンの CH_3 炭素原子の酸化準位は 0，安息香酸の CO_2H 炭素原子の酸化準位は 3 である（§4・5 参照）

2) **アルキル置換基の臭素化**: N-ブロモスクシンイミド（NBS）を用いると，ラジカル機構によりベンジル位，すなわちベンゼン環に結合している炭素原子の位置で臭素化が起こる．これは，生成するベンジルラジカル中間体が，共鳴によって，すなわち不対電子がベンゼン環の π 電子と相互作用して非局在化することによって安定化を受けるからである.

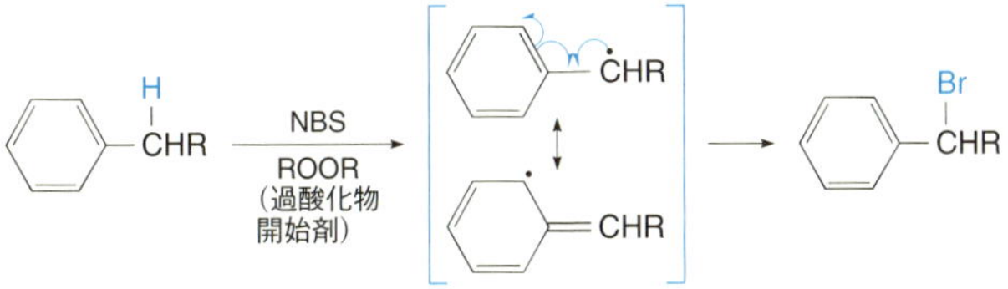

ベンジルラジカル

3) **ニトロ基の還元**: 触媒的な水素化反応，または酸性溶液中の鉄やスズとの反応により，ニトロ基はアミノ基に還元される.

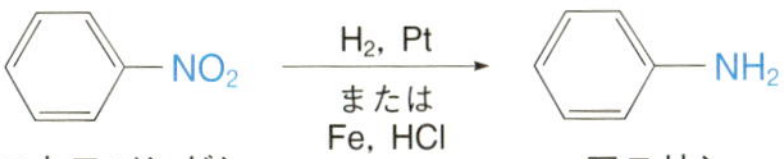

ニトロベンゼン → アニリン

4) **ケトン基の還元**: 触媒的な水素化反応により，$C=O$ は $CH-OH$ に還元される．また，強い酸性溶液中の亜鉛アマルガム Zn/Hg との反応により，ベンゼン環に結合し

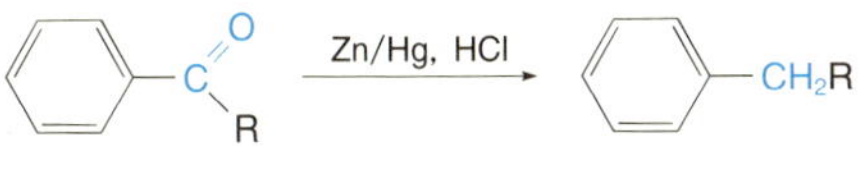

ケトンの $-CO-$ 炭素原子の酸化準位は 2，生成物の $-CH_2-$ 炭素原子の酸化準位は 0 である（§4・5 参照）

た C=O は CH_2 に還元される.この反応を**クレメンゼン還元**(Clemmensen reduction)という.

5) **ジアゾニウム塩の生成と反応**: 芳香族アミン $ArNH_2$ を,亜硝酸 HNO_2 から生成するニトロソニウムイオン ^+NO と反応させると,アレーンジアゾニウム塩 ArN_2^+ が生成する.この反応を**ジアゾ化**(diazotization)という.アレーンジアゾニウム塩の $-N_2^+$ 基は,窒素 N_2 の脱離を伴って,さまざまな官能基へ変換することができる.

アレーンジアゾニウムイオンを加熱すると,優れた脱離基である N_2 が放出され,S_N1 機構によってきわめて不安定なアリールカチオンが生成する*.アリールカチオン

---

* 窒素 N_2 が優れた脱離基となるのは,N_2 が強い三重結合をもち,さらに気体の窒素が失われる反応はエントロピー的にも有利なためである.また,アリールカチオン Ar^+ は,空の sp^2 軌道が芳香環の 6 個の p 軌道と重なり合うことができないため,きわめて不安定である.

は，さまざまな求核剤と反応して生成物を与える．

［官能基変換反応］

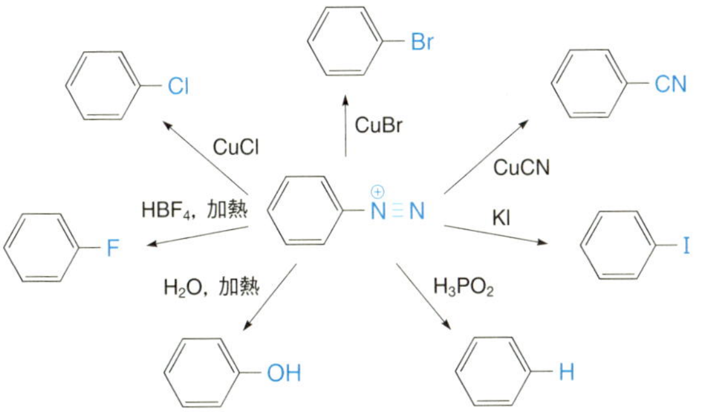

H₃PO₂ = 次亜リン酸（ホスフィン酸），HBF₄ = フルオロホウ酸

銅(I)塩の存在下にジアゾニウム塩をさまざまな芳香族化合物へ変換する反応を，**ザンドマイヤー反応**（Sandmeyer reaction）という．この反応は，イオン機構ではなく，ラジカル機構によって進行すると考えられている．

また，アレーンジアゾニウム塩 ArN_2^+ に，フェノール PhOH や芳香族アミン $ArNH_2$ など電子供与性の強い OH や NH_2 をもつ芳香族化合物を反応させると，強く着色したアゾ化合物が生成する．この反応を**アゾカップリング**（azo coupling）という．この反応は，ジアゾニウム塩を求電子剤とするフェノールや芳香族アミンの求電子置換反応である．

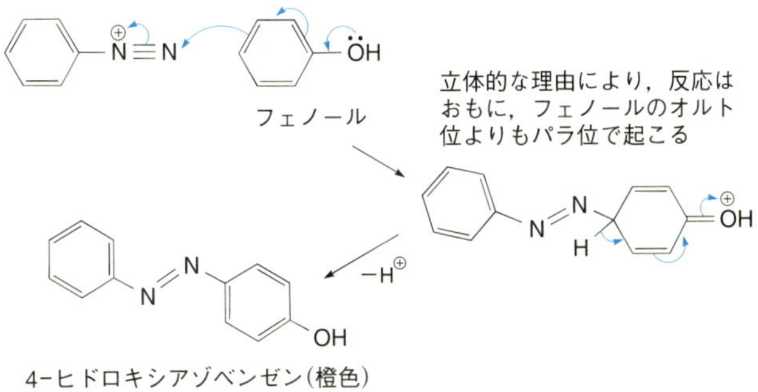

立体的な理由により，反応はおもに，フェノールのオルト位よりもパラ位で起こる

4-ヒドロキシアゾベンゼン（橙色）

7・7　ベンゼン環の還元

安定なベンゼン環を還元するためには，厳しい反応条件が必要となる．この反応の例として，非常に活性の高い触媒を用いた高温・高圧条件下における触媒的水素化や，エタノールを添加した液体アンモニア中のアルカリ金属による還元がある．アルカリ

金属による芳香族化合物の還元反応を，**バーチ還元**（Birch reduction）という．

[触媒的水素化]

$$\text{ベンゼン}-R \xrightarrow[\text{高圧}]{H_2,\ Pt} \text{シクロヘキサン誘導体}-R$$

[バーチ還元]

　液体アンモニア中，芳香族化合物にナトリウムまたはリチウム金属を作用させると，金属から芳香環へ1電子が供給され，ラジカルアニオン $R^{\cdot -}$ が生成する．ラジカルアニオンは，添加したエタノール EtOH によってプロトン化されてラジカルとなり，さらに還元－プロトン化を受けて，1,4-シクロヘキサジエンを与える（ラジカルアニオンについては§6・3・2d 参照）．

7・8　置換ベンゼンの合成戦略

　置換ベンゼンを効率よく得るための合成計画を立てる際には，次の点に注意しなければならない．

1) ベンゼン環に活性化基を導入する反応では，生成物は出発物よりも活性となる．したがって，1個の置換基が導入された段階で反応を停止することは困難となり，多置換体が生成することが多い．これは，フリーデル－クラフツアルキル化においてみられる．

7・8 置換ベンゼンの合成戦略

2) ベンゼン環に不活性化基を導入する反応では，生成物は出発物よりも不活性となるので，多置換体は生成しない．たとえば，フリーデル–クラフツアシル化では，モノケトン ArCOR のみが得られる．ケトン ArCOR は還元によってモノアルキル置換化合物 ArCH$_2$R に変換できる（§7・6 参照）．一般に，ArCH$_2$R は，この方法を用いることにより，フリーデル–クラフツアルキル化を用いた直接的な方法よりも高収率で合成される．

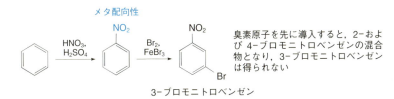

アシルベンゼンはベンゼンよりも不活性

3) オルト，あるいはパラ置換ベンゼンを合成する際には，最初に環に導入する置換基は，オルト–パラ配向性でなければならない．メタ置換ベンゼンを合成する際には，最初に環に導入する置換基は，メタ配向性でなければならない．

臭素原子を先に導入すると，2-および 4-ブロモニトロベンゼンの混合物となり，3-ブロモニトロベンゼンは得られない

3-ブロモニトロベンゼン

4) アニリン PhNH$_2$ では，置換反応の配向性は反応の pH に依存する．低い pH ではアニリンはプロトン化されている．プロトン化されたアミノ基 −NH$_3^+$ はメタ配向性を示すので*，低い pH で反応を行うとアニリンはメタ配向性となる．

---

* −NH$_3^+$ 基は −I 効果をもつので，メタ配向不活性化基である（§7・3・2c 参照）．

5) 活性化基が立体的に大きくなると，反応の立体障害によりオルト位への攻撃が抑制されるため，オルト置換体に対するパラ置換体の生成比が増大する．たとえば，アミノ基 −NH₂ を，よりかさ高いアミド基 −NHCOR へ変換すると，パラ置換体を選択的に得ることができる．アミド基は，オルト位を"立体的に保護する置換基"となっている．また，アミド基はアミノ基ほど強い活性化基ではないので (§7·3·1 参照)，多置換体はほとんど生成しない．

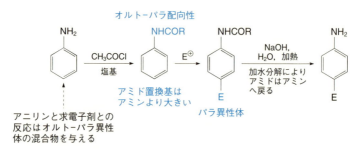

6) 除去することのできる置換基を用いると，特異な位置に反応を起こさせたり，ある位置を反応から保護することができる．このような目的で用いる典型的な置換基として，SO₃H や NH₂ がある．この方法を用いると，配向性からみると異常な置換様式をもつ芳香族化合物も合成することが可能となる*．

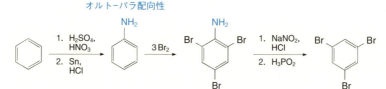

7) 官能基変換によって，不活性化基を活性化基へ，あるいは活性化基を不活性化基へ

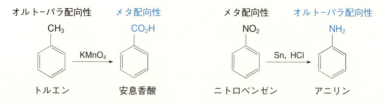

---

* −SO₃H 基は，希薄な酸水溶液中で加熱することによって除去される (§7·2·3 参照)．

8) 二置換ベンゼンから三置換ベンゼンを合成する際には，ベンゼン環上の 2 個の置換基の配向性を考慮しなければならない．一方の置換基の配向性から予想される反応位置が，ほかの置換基の配向性による位置と異なるときには，一般に，より強力な活性化基が配向を決める．また，互いにメタ位の関係にある 2 個の置換基の間の位置には，立体障害のため，ほとんど反応が起こらない．

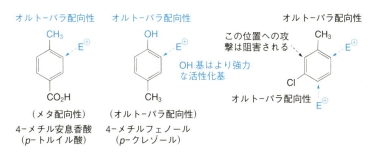

7・9 ナフタレンの求電子置換反応

ナフタレン $C_{10}H_8$ は 10 個の π 電子をもつ芳香族化合物であり，求電子置換反応をする*．求電子剤の攻撃は，中間体として生成するカルボカチオンの安定性から，2 位炭素（C2）ではなく 1 位炭素（C1）に選択的に起こる．C1 に攻撃が起こって生成するカルボカチオンではベンゼン環を維持している共鳴構造を 2 個書くことができるが，C2 に攻撃が起こって生成するカルボカチオンでは 1 個しか書くことができないため安定性に乏しい．

H_2SO_4 を用いたスルホン化では，求電子剤の攻撃位置は反応温度に依存する．80 °C では，反応は速度支配で進行し（§4・9・3 参照），中間体の安定性から予想されるとおり C1 への攻撃が起こって 1-スルホン酸が生成する．しかし，より高い温度では（たとえば 160 °C），反応は熱力学支配となり，C2 への攻撃が優先して 2-スルホン酸が生成する．C1 置換体は，8 位の水素原子と置換基との立体的な反発相互作用のため，C2 置換体と比べて熱力学的な安定性が低い．一般に，ナフタレンにおける C1 置換基

---

* ナフタレンは多環式芳香族炭化水素（polycyclic aromatic hydrocarbon, PAH と略記）の例である．

と 8 位水素との立体的な相互作用を，**ペリ相互作用**（peri interaction）とよぶ．

7・10 ピリジンの求電子置換反応

ピリジン C_5H_5N は，ベンゼンと同様，6 個の π 電子をもっている[*1]．電子求引性の窒素原子によって環が不活性化されているため，求電子置換反応はベンゼンに比べて遅い．ピリジンに対する求電子剤の攻撃は，おもに環の 3 位で起こる．これは，2 位または 4 位への攻撃によって生成するカルボカチオン中間体では，2 価の窒素原子上に正電荷をもつ共鳴構造が書けるため，3 位への攻撃によって生成する中間体に比べて安定性が低くなるからである．

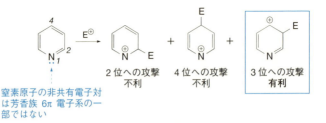

窒素原子の非共有電子対は芳香族 6π 電子系の一部ではない

2 位への攻撃 不利　　4 位への攻撃 不利　　3 位への攻撃 有利

7・11 ピロール，フラン，チオフェンの求電子置換反応

ピロール C_4H_4NH では，窒素原子の非共有電子対は，芳香族 6π 電子系の一部となっている[*2]．非共有電子対を取込むことによって環は活性化されるため，求電子置換反応はベンゼンに比べて速い．ピロールに対する求電子剤の攻撃は，おもに 2 位で起こる．これは，3 位への攻撃によって生成するカルボカチオン中間体では，共鳴構造が 2 個しか書けないのに対して，2 位への攻撃によって生成する中間体では，3 個の共鳴構造が書けることから，より安定性が高いためである．

非共有電子対は芳香族 6π 電子系の一部となっているので，ピロールの求核性および塩基性は，脂肪族アミンより弱い

2 位置換ピロール

[*1] ピリジンは有機合成における塩基としてよく用いられる（§1・7・5 参照）．ピリジンの窒素原子上の非共有電子対は，芳香環の一部ではないことに注意．

[*2] ピロールの塩基性はピリジンよりもきわめて弱い（§1・7・5 参照）．

フラン C_4H_4O とチオフェン C_4H_4S も，ピロールほど容易ではないが，求電子置換反応をする*．一般に，求電子剤に対する反応性の順序は，ピロール＞フラン＞チオフェン＞ベンゼンとなる．ピロールがフランよりも反応性が高いのは，窒素原子は酸素原子ほど電気陰性ではないので，ピロールの窒素原子の方がフランの酸素原子よりも強い電子供与体となるからである．一方，チオフェンがピロールやフランよりも反応性が低いのは，チオフェンの硫黄原子の非共有電子対が3p軌道に存在するためである．硫黄原子の3p軌道にある非共有電子対と炭素原子の2p軌道との重なりは，窒素原子あるいは酸素原子の非共有電子対と炭素原子の同じ2p軌道どうしの重なりに比べて小さい．また，ピロールと同様，フランとチオフェンにおいても，求電子剤の攻撃は3位よりも2位に優先して起こる．

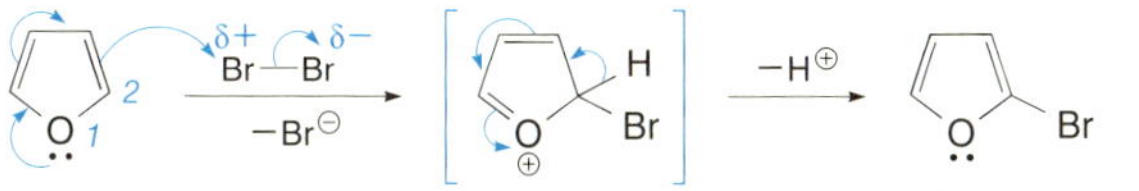

フランは求電子剤に対してベンゼンより活性なので $FeBr_3$ は必要ない

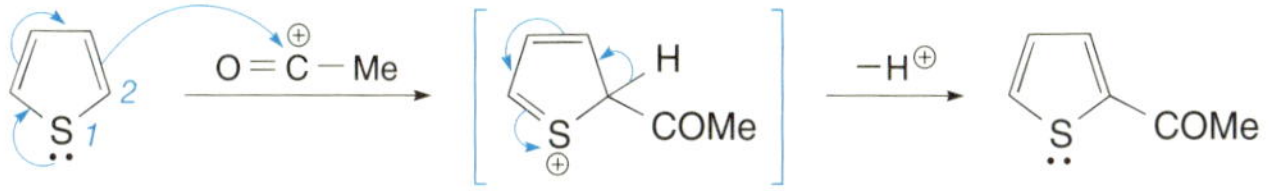

アシリウムイオン $MeC^+=O$ は $MeCOCl$ と $SnCl_4$ から発生させる

例 題 （a）次のそれぞれの反応によって得られる主生成物の構造式を書け．また，そう判断した理由も述べよ．［ヒント：反応剤から生成する求電子剤を考えよ．反応物のベンゼン環に結合したすべての置換基について，その配向性を調べよ．また，立体効果を考慮せよ．］

(i) CH_3COCl / $AlCl_3$

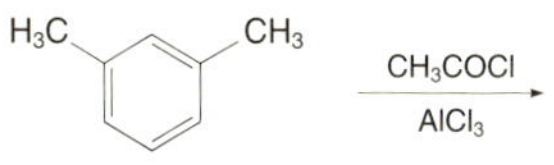

(ii) HNO_3 / H_2SO_4

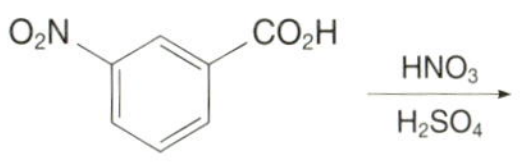

(iii) H_2SO_4 / SO_3

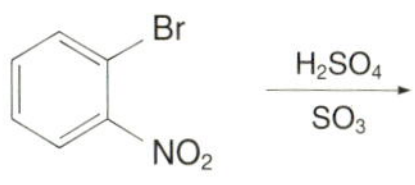

* ピロール，フラン，チオフェン，ピリジンはいずれも，複素環式芳香族化合物の例である．

(b) フェノールから出発して，次の化合物を効率よく合成するための経路を示せ．[ヒント：与えられた化合物のベンゼン環に結合した置換基について配向性を調べ，求電子置換反応を行う順序を決定せよ．]

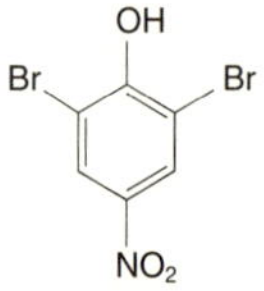

解 答 (a) (i) オルト−パラ配向性の 2 個のメチル基により 2 位, 4 位が反応位置となるが，求電子剤 $CH_3C^+=O$ の反応は最も立体障害の少ない位置に起こる．

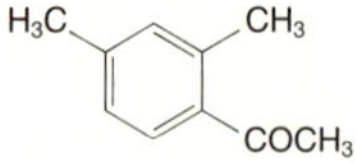

(ii) NO_2 基と CO_2H 基はいずれもメタ配向性であるため，3 位が反応位置となる．求電子剤は $^+NO_2$ である．

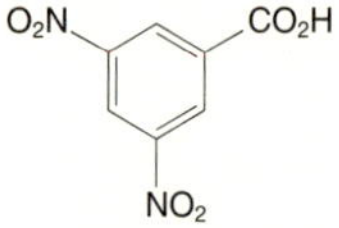

(iii) Br 基はオルト−パラ配向性であり，NO_2 基はメタ配向性であるため，4 位が反応位置となる．求電子剤は $^+SO_3H$ である．

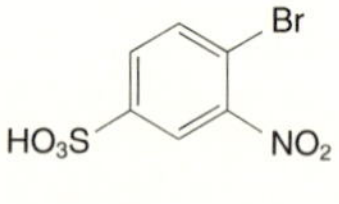

(b)

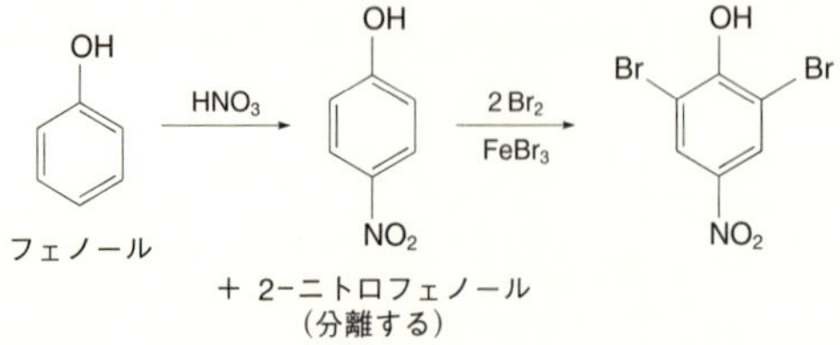

問 題

7・1 ベンゼンと求電子剤 E^+ との求電子置換反応の機構を説明せよ．

7・2 1-クロロ-2,2-ジメチルプロパンとベンゼン，および触媒量の $AlCl_3$ から，(1,1-ジ

メチルプロピル)ベンゼンが生成する反応の機構を説明せよ．

7・3 (a) ヒュッケル則に基づいて，次の分子 **A〜D** を，芳香族あるいは反芳香族に分類せよ．

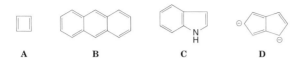

(b) **C** の芳香族性を確認するための実験的手法を述べよ．

7・4 ベンゼンから出発して，次の化合物を合成するための経路を示せ．
(a) トリフェニルメタン　　(b) (1-ブロモプロピル)ベンゼン
(c) 4-ブロモ安息香酸　　(d) 2,4-ジニトロフェニルヒドラジン

7・5 次の事実を説明せよ．
(a) アニリン(アミノベンゼン)を臭素と反応させると，2,4,6-トリブロモアニリンが得られる．一方，アニリンを濃硝酸と塩酸の混合物によってニトロ化すると，おもに 3-ニトロアニリンが得られる．
(b) Br_2 によるベンゼンの臭素化には $FeBr_3$ を必要とするが，シクロヘキセンあるいはフェノールと Br_2 との反応には $FeBr_3$ を必要としない．
(c) 4-ブロモアニリンはアニリンから 1 段階で生成するが，その反応の収率は低い．このため，4-ブロモアニリンはアミド中間体を経由する 3 段階の反応によって合成される．

7・6 アニリンから，アレーンジアゾニウム塩を中間体として用いて，次の生成物を合成するための経路を示せ．
(a) ヨードベンゼン　　(b) 4-ブロモクロロベンゼン　　(c) 1,3,5-トリブロモベンゼン

7・7 次の反応の機構を説明せよ．
(a)　　　　　　　　　　　　　　　　(b)

8 カルボニル化合物: アルデヒドとケトン

=== キーポイント ===

カルボニル結合（C=O）は極性をもつ．酸素原子はわずかに負の電荷をもち，一方，炭素原子はわずかに正の電荷をもつ．このため，アルデヒド RCHO またはケトン RCOR の炭素原子に対して求核剤の付加が起こり，**求核付加反応**が進行する．カルボニル基に付加する求核剤は，電荷をもっていることも電気的に中性のこともあるが，一般に，中性の求核剤の付加反応には酸触媒が必要である．α水素原子をもつアルデヒドやケトンは，互変異性化によって**エノール形**となるか，あるいは塩基との反応による脱プロトン化を経て**エノラートイオン**（エノラート）を生成する．エノール，および特にエノラートイオンは求核剤として作用し，求電子剤と反応して**α置換反応**を起こす．エノラートイオンがアルデヒドまたはケトンと反応すると，**カルボニル-カルボニル縮合反応**によってエノンが生成する．

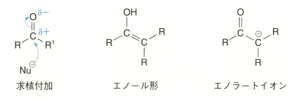

求核付加　　エノール形　　エノラートイオン

8・1　構　造

すべてのカルボニル化合物は，置換基 RC=O がもう一つの置換基 R^1 と結合した構造をもつ．置換基 RC=O を**アシル基**（acyl group）という．カルボニル炭素は sp^2 混成であり，3個のσ結合と1個のπ結合を形成している．その結果，カルボニル基は平面構造をとり，ほぼ 120° の結合角をもつ．C=O 結合の距離は 122 pm と短く，また約 690 kJ mol^{-1} の結合解離エネルギーをもつ比較的強い結合である．

酸素原子は炭素原子よりも電気陰性なので，C=O 結合を形成する電子は，酸素原

子の方に引寄せられている. このため, カルボニル化合物は, 大きな双極子モーメントをもつ極性化合物となる.

ケトン: R = R¹ = アルキル基またはアリール基
アルデヒド: R = アルキル基またはアリール基, R¹ = H

PhCOCH₃ は芳香族ケトン, CH₃COCH₃ は脂肪族ケトン, シクロヘキサノン $(CH_2)_5CO$ は脂環式ケトンである (§5・1参照)

カルボニル化合物は, 赤外スペクトル (IR) および ^{13}C NMR スペクトルにおいて特徴的なピークを示す. アルデヒド水素 RCHO は, ^1H NMR スペクトルにおいて特徴的な位置に観測される (§10・4, §10・5参照).

8・2 反 応 性

C=O 結合の分極により, 炭素原子は求電子的 ($\delta+$) となり, 酸素原子は求核的 ($\delta-$) となる. したがって, 求核剤 (Nu と略記) は炭素原子を攻撃し, 求電子剤 (E と略記) は酸素原子を攻撃する.

求核剤 Nu の攻撃は C=O 結合の平面の両側から等しく起こる

求核剤の攻撃が起こると, π結合は開裂し, 酸素原子上に負電荷が生じる. これは, 弱いπ結合が開裂してより強いσ結合が生成する反応であり, エネルギー的に有利な過程である. さまざまなカルボニル化合物の結晶構造の検討から, 求核剤はカルボニル炭素に対してほぼ 107°の角度から接近すると推定されている. この角度を, **ビュルギ-ダニッツ角度** (Bürgi-Dunitz angle) という (§4・10参照).

アルデヒドとケトンの反応の一般的な機構は, 1) 求核付加反応, 2) α置換反応, 3) カルボニル-カルボニル縮合反応, の三つである.

1) **求核付加反応**: 電荷をもつ, あるいは電荷をもたない求核剤がカルボニル基の炭素

原子を攻撃することにより，**求核付加反応**（nucleophilic addition reaction）が起こる．これは，アルデヒドとケトンにおいて最もふつうにみられる反応である．

［電荷をもつ求核剤との反応］

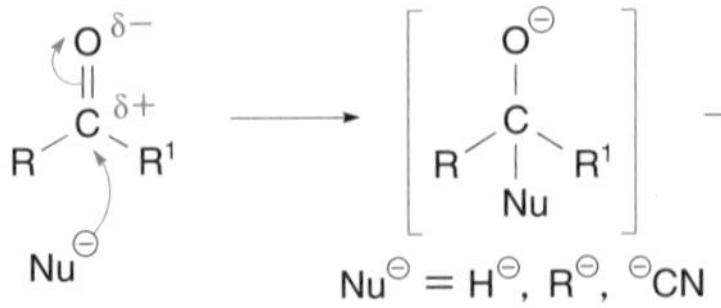

H_2O
（プロトン化）
$Nu^{\ominus}$ = $H^{\ominus}$, $R^{\ominus}$, $^{\ominus}CN$

［電荷をもたない求核剤との反応］

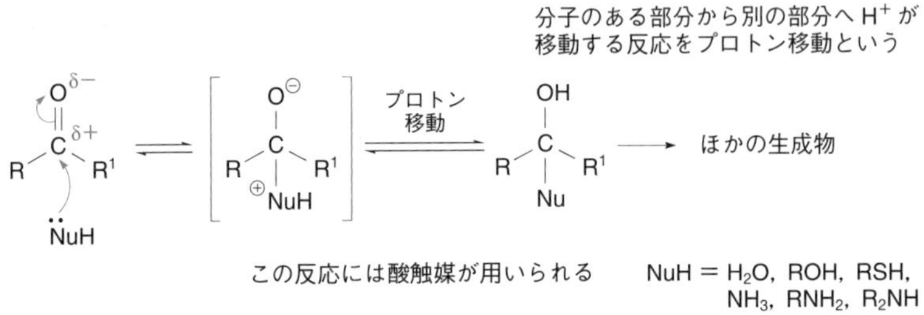

分子のある部分から別の部分へ H^+ が
移動する反応をプロトン移動という
プロトン
移動
ほかの生成物
この反応には酸触媒が用いられる
NuH = H_2O, ROH, RSH,
NH_3, RNH_2, R_2NH

2）***α* 置換反応**：カルボニル基に隣接する位置を *α* 位といい，この位置における置換反応を ***α* 置換反応**（*α*-substitution reaction）という．*α* 位における脱プロトン化によってエノラートイオンが生成し，それが求核剤として反応する．

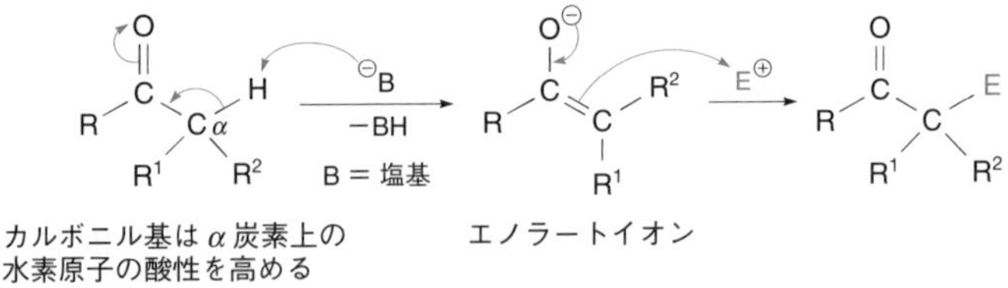

−BH
B = 塩基
カルボニル基は α 炭素上の
水素原子の酸性を高める
エノラートイオン

3）**カルボニル–カルボニル縮合反応**：2 分子のカルボニル化合物から 1 分子の縮合生成物が生成する反応を，**カルボニル–カルボニル縮合反応**（carbonyl–carbonyl condensation reaction）という．この反応は上述した求核付加反応と *α* 置換反応の両方の段階を含んでいる．例として，アセトアルデヒド CH_3CHO 2 分子の縮合反応により，*β*-ヒドロキシアルデヒド（アルドール*）が生成する反応がある．

＊ 付加生成物はアルデヒドとアルコールの両方を含むので，アルドールとよばれる．

生成したアルドールからつづいて水の脱離が起こり,エナールが生成する(§8・5・1参照).

アセトアルデヒド　B＝塩基　求核剤(エノラートイオン)　求電子剤

β-ヒドロキシアルデヒド(アルドール)　H₂O(プロトン化)　新たな C–C 結合

2分子のケトンが反応とする β-ヒドロキシケトンが生成する.この反応にもアルドール反応という名称が用いられる

縮合反応では2個の分子が結合し,水のような小さい分子の消失を伴って生成物を与える

8・3　求核付加反応

8・3・1　アルデヒドとケトンの相対的な反応性

一般に,アルデヒド RCHO はケトン RCOR よりも反応性が高い.これは,以下に述べる立体的および電子的理由の両方による.

1) **立体的理由**: アルデヒドのカルボニル炭素はただ一つのアルキル基と結合している.したがって,2個のアルキル基と結合しているケトンのカルボニル炭素に比べて,求核剤はより容易に攻撃できる.アルデヒドに対する付加反応の遷移状態は,ケトンの場合に比べて混み合いが少なく,したがってよりエネルギーが低い.

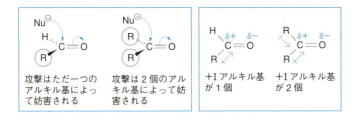

2) **電子的理由**: アルキル基は電子供与基なので,2個のアルキル基が結合したケトンのカルボニル炭素よりも,ただ一つのアルキル基が結合したアルデヒドのカルボニル炭素の方がより求電子的となる.

8・3・2 求核剤の種類

求核剤は負電荷をもっていることもあり（Nu⁻），また電気的に中性の場合もある（NuH）．中性の求核剤との反応では，一般に，酸触媒が用いられる．

カルボニル基を攻撃する求核剤として，次のようなものがある．

Nu⁻： H⁻〔ヒドリド（hydride），水素化物イオン〕，R⁻（カルボアニオン），NC⁻（シアン化物イオン），HO⁻（水酸化物イオン），RO⁻（アルコキシドイオン）

NuH： H_2O（水），ROH（アルコール），RSH（チオール），NH_3（アンモニア），RNH_2 または R_2NH（第一級または第二級アミン）

8・3・3 ヒドリドの求核付加 ── 還元

アルデヒド RCHO およびケトン RCOR をヒドリド H⁻ を用いて還元すると，アルコールが生成する．アルデヒドの還元により第一級アルコール RCH_2OH が生成し，ケトンの還元により第二級アルコール R_2CHOH が生成する．ヒドリドは，多くの反応剤から生成させることができる．

a. ヒドリド金属錯体 水素化アルミニウムリチウム $LiAlH_4$ あるいは水素化ホウ素ナトリウム $NaBH_4$ は，ヒドリド供与体として作用する．カルボニル化合物との反応の機構を簡略化して述べると，ヒドリド（水素化物イオン）のカルボニル炭素への求核攻撃によって正四面体形のアルコキシド中間体が生成し，これがプロトン化*を受けて第一級あるいは第二級アルコールが生成する．

アルミニウム Al はホウ素 B よりも電気陽性であるから，$LiAlH_4$ 中の金属-水素結合は $NaBH_4$ と比べて分極の程度が大きい．この結果，$LiAlH_4$ は $NaBH_4$ よりも強い還

---

* プロトン化の段階はしばしば，"後処理"と表現される．一般に"後処理"は，おもな反応が終了した後，生成物を単離や精製するための反応操作をいう．

元剤となる.

b. メーヤワイン-ポンドルフ-バーレー反応　プロパン-2-オール Me_2CHOH のような第二級アルコールに由来するヒドリドの移動を含むカルボニル化合物の還元反応を，**メーヤワイン-ポンドルフ-バーレー反応**（Meerwein-Ponndorf-Verley reaction）という．プロパン-2-オールは塩基によって脱プロトン化を受けアルコキシドとなり，ヒドリド供与体として作用する．

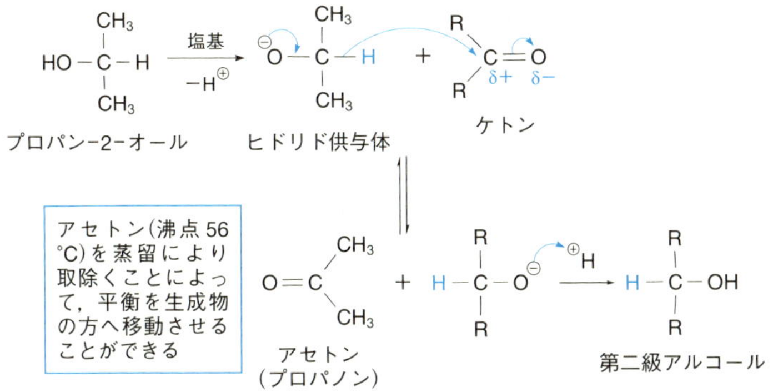

一般に，この反応には $Al(OR)_3$ のようなルイス酸が用いられる．ルイス酸によってアルコキシドとカルボニル化合物との錯体が形成され，ヒドリドの移動が容易になる．

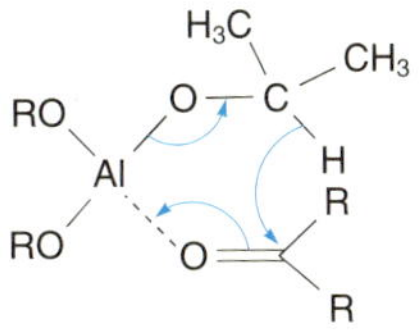

また，この反応は可逆的であり，逆反応によって第二級アルコールをケトンに酸化することができる．この反応を，**オッペナウアー酸化**（Oppenauer oxidation）という．この反応では，過剰のアセトン*を用いることによって，平衡をケトンが生成する方向へ偏らせる．

c. カニッツァロ反応　アルデヒドに由来するヒドリドの移動を含むカルボニル化合物の還元反応を，**カニッツァロ反応**（Cannizzaro reaction）という．この反応は，ホルムアルデヒド HCHO のような α 水素原子（カルボニル基に隣接する炭素原

＊　アセトン（プロパノン）は溶媒として広く用いられている．

子上の水素原子）をもたないアルデヒドを塩基と反応させたときに起こる．

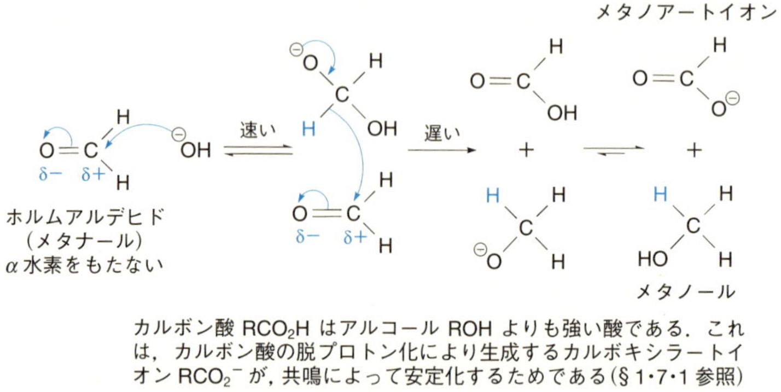

ホルムアルデヒド
（メタナール）
α水素をもたない

メタノアートイオン

メタノール

カルボン酸 RCO_2H はアルコール ROH よりも強い酸である．これは，カルボン酸の脱プロトン化により生成するカルボキシラートイオン RCO_2^- が，共鳴によって安定化するためである（§1·7·1参照）．

この反応は**不均化反応**（disproportionation reaction）である．すなわち，この反応によって，一つのホルムアルデヒド分子がメタノアートイオン（これはプロトン化を受けてギ酸 HCO_2H となる）へ酸化され，別のホルムアルデヒド分子がメタノールへ還元される．

d. ニコチンアミドアデニンジヌクレオチド（NAD$^+$）   生体内では，類似の還元反応が，NADH をヒドリド供与体として酵素の存在下に行われている．

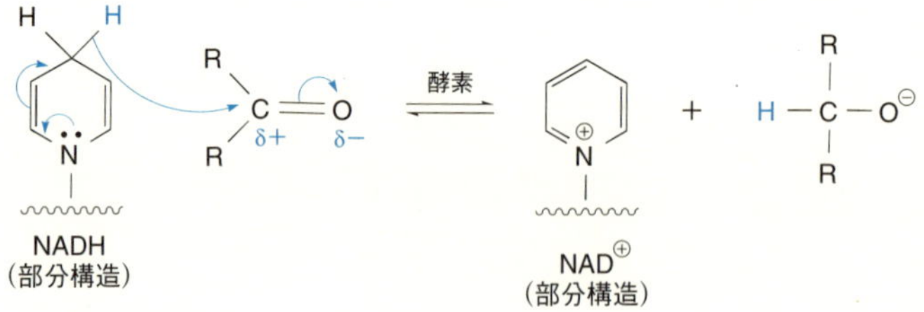

NADH
（部分構造）

酵素

NAD$^\oplus$
（部分構造）

e. ヒドリド付加の逆反応——アルコールの酸化   第二級アルコール R_2CHOH を，酸性条件下で $KMnO_4$，$Na_2Cr_2O_7$，または CrO_3 によって酸化すると，ケトン $RCOR$ が得られる．酸性溶液中で CrO_3 を用いる酸化反応を，**ジョーンズ酸化**（Jones oxidation）という．

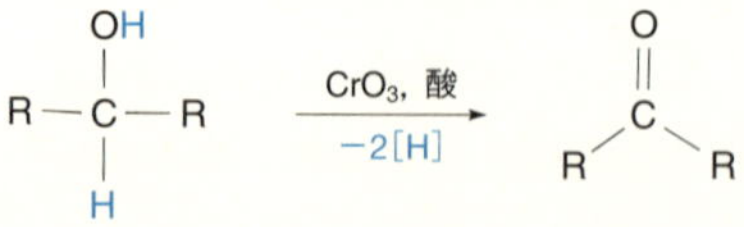

反応は，クロム酸エステルの生成と脱離を経由して進行する．反応によってクロム

原子は還元され，その酸化数は +Ⅵ（橙色）から +Ⅲ（緑色）へと変化する．

一般に，第一級アルコール RCH_2OH に対しては，反応はアルデヒドの段階で停止せず，さらに酸化反応が進行してカルボン酸が生成する．アルデヒドが揮発性の場合には，蒸留によって，アルデヒドを生成すると同時に反応混合物から除去することにより，アルデヒドを単離することができる．

クロロクロム酸ピリジニウム（pyridinium chlorochromate, PCC と略記）$C_5H_5NH^+\text{-}ClCrO_3^-$ は，酸性溶液中の CrO_3 より穏和な酸化剤であり，ふつう，無水ジクロロメタン CH_2Cl_2 中で用いられる．PCC は第一級アルコールをアルデヒドへ酸化するための優れた反応剤である．

第三級アルコール R_3C-OH は，OH 基が結合した炭素原子上に水素原子がないので，酸性溶液中の CrO_3 や類似の反応剤によって酸化を受けない．第三級アルコールの酸化反応では，たとえば，燃焼させると CO_2 と H_2O となるように，炭素ー炭素結合の開裂が起こる．

8・3・4 炭素求核剤の求核付加 —— C–C 結合の形成

a. シアン化物イオンとの反応　カルボニル化合物をシアン化物イオン ^-CN と反応させると，可逆的な反応によりシアノヒドリン $R_2C(OH)CN$ が生成する．この反

応ではしばしば，触媒量のシアン化物イオンの存在下に，カルボニル化合物をシアン化水素と反応させる．この反応条件では，シアン化物イオンはシアン化水素から再生される．

$$R-\overset{O^{\delta-}}{\underset{\underset{{}^{\ominus}CN}{C^{\delta+}}}{\|}}R^1 \;\rightleftharpoons\; R-\overset{O^{\ominus}}{\underset{CN}{C}}-R^1 \;\xrightarrow{H-CN}\; R-\overset{OH}{\underset{CN}{C}}-R^1 \;+\; {}^{\ominus}CN$$

新たな C–C 結合　シアノヒドリン　再生される

　平衡の位置はカルボニル化合物の構造に依存する．カルボニル基に結合しているアルキル基 R が小さい場合，あるいはカルボニル炭素原子の δ+ 性を増大させる電子求引基（たとえば CCl_3 基）が置換している場合には，求核付加によるシアノヒドリンの生成が有利となる（§8・3・1参照）．一方，かさ高いアルキル基をもつケトン RCOR では，平衡はシアノヒドリンよりもケトンに偏っている．
　シアノヒドリンは，その官能基をほかの官能基へ変換することができるので，有用な化合物である．たとえば，シアノヒドリンを加水分解するとヒドロキシ酸が得られる（反応機構は§9・9参照）．

$$R-\overset{OH}{\underset{}{CH}}-CN \;\xrightarrow{H^{\oplus},\; H_2O}\; R-\overset{OH}{\underset{}{CH}}-CO_2H$$

シアノヒドリン
（ヒドロキシニトリル）　　　　ヒドロキシ酸

　芳香族アルデヒドをシアン化物イオンと反応させると，ベンゾインが得られる．この反応を，**ベンゾイン縮合反応**（benzoin condensation reaction）という．

ベンズアルデヒド
（代表的な芳香族アルデヒド）

$$Ph-\overset{O^{\delta-}}{\underset{\underset{{}^{\ominus}CN}{C^{\delta+}}}{\|}}H \;\rightleftharpoons\; Ph-\overset{O^{\ominus}}{\underset{CN}{C}}-H \;\xrightarrow{C\,から\,O\,への\,プロトン移動}\; Ph-\overset{OH}{\underset{CN}{C}}{}^{\ominus} \;\rightleftharpoons\; Ph-\overset{OH}{\underset{}{C}}{\underset{}{=}}\underset{}{C^{\delta+}}{\underset{}{}}H$$

この水素はわずかに酸性になっている　　このアニオンは共鳴によって安定化されている

$$Ph-\overset{O}{\underset{Ph}{C}}-\overset{OH}{\underset{}{C}}-H \;\underset{-CN}{\rightleftharpoons}\; Ph-\overset{O^{\ominus}}{\underset{CN}{C}}-\overset{OH}{\underset{Ph}{C}}-H \;\xrightarrow{プロトン移動}\; Ph-\overset{OH}{\underset{CN}{C}}-\overset{O^{\ominus}}{\underset{Ph}{C}}-H$$

再生される

ベンゾイン　　　　　　　　　　　　　　　　　　新たな C–C 結合

b. 有機金属化合物との反応　有機金属化合物（R−金属）は金属と結合した置換基 R をもつ化合物である。有機金属化合物は炭素原子と金属との結合をもち，求核的なアルキル基およびアリール基の供給源となる．これは，金属は炭素原子よりも電気陽性であるため，金属に結合した炭素原子が求核的（$\delta-$）となるからである．

$$\overset{\delta-}{R}\text{———}\overset{\delta+}{金属}$$

代表的な有機金属化合物には，次のようなものがある．
1) 有機リチウム化合物 R−Li
2) 有機マグネシウム化合物 R−MgX（X = Cl, Br, I）．これを**グリニャール反応剤**（Grignard reagent）という．
3) 有機亜鉛化合物 $BrZn-CH_2CO_2Et$．これを**レフォルマトスキー反応剤**（Reformatskii reagent）という．
4) アルキニル金属反応剤，たとえば $RC\equiv C^-Na^+$．

求核的なアルキル基またはアリール基がカルボニル基に付加すると，アルコールが生成する．この反応によって新たな炭素−炭素結合が形成されるため，複雑な有機化合物の合成の際にきわめて有用な反応となっている．

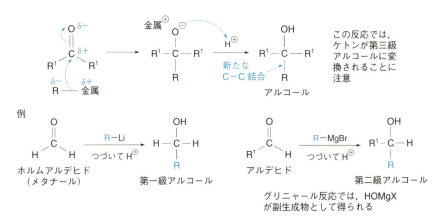

ハロゲン化アリール ArX から合成される．一般に，有機金属化合物の反応は無水条件下で行われる．これは，有機金属化合物は水と容易に反応して，アルカンを生成するからである．

c. リンイリドとの反応：ウィッティッヒ反応　アルデヒド RCHO やケトン RCOR をリンイリド*（あるいはアルキリデンホスホラン）$R_2C=PPh_3$ と反応させると，アルケンが生成する．この反応を**ウィッティッヒ反応**（Wittig reaction）という．この反応はカルボニル炭素に対するリンイリド炭素の求核攻撃によって開始される．

この反応は，トリフェニルホスフィンオキシド $Ph_3P=O$ の非常に強い P=O 結合の形成を駆動力として進行する．

リンイリドは，ハロゲン化アルキル RX とトリフェニルホスフィン PPh_3 との求核置換反応によって合成される．生成したアルキルトリフェニルホスホニウム塩を，つづいて塩基と反応させると，脱プロトン化が起こりリンイリドが得られる．

＊ イリドは，正電荷をもつヘテロ原子に直接結合したアニオン性の炭素原子を含む化学種である．

8・3・5 酸素求核剤の求核付加 ── 水和物およびアセタールの生成

a. 水の付加：水和　アルデヒド RCHO やケトン RCOR は水と可逆的に反応して，水和物 (hydrate) RCH(OH)$_2$，あるいは R$_2$C(OH)$_2$ を生成する．水和物は，1,1-ジオール，またはジェミナルジオールともよばれる．

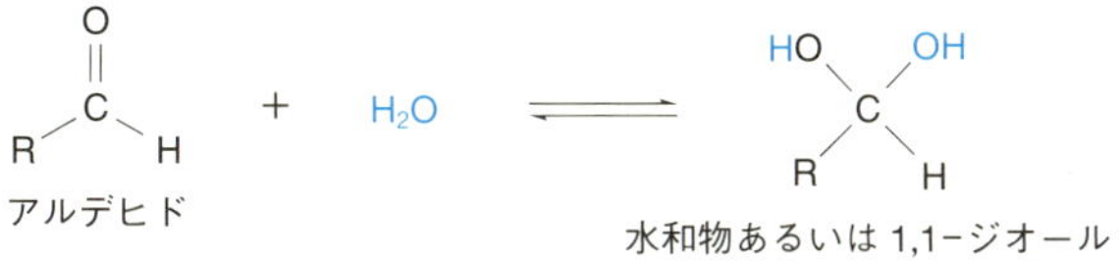

アルデヒド + H$_2$O ⇌ 水和物あるいは 1,1-ジオール

水の付加は遅いが，塩基あるいは酸によって触媒される．

［塩基により触媒される場合］

水酸化物イオンは水よりも良好な求核剤である

再生される

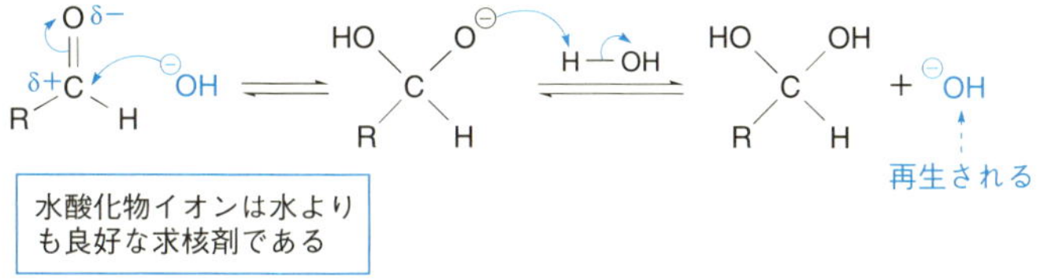

［酸により触媒される場合］

簡単のために，反応式では酸素原子から H$^+$ が脱離するように示したが，実際には H$^+$ を除去するために H$_2$O のような塩基が必要となる

カルボニル化合物は塩基として作用する

プロトン化されたカルボニル化合物は良好な求電子剤となる

再生される

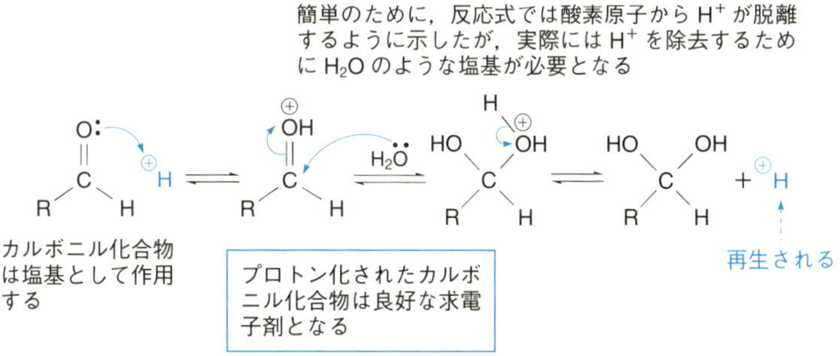

カルボニル基に電子供与基，あるいはかさ高い置換基が結合すると，平衡における水和物の比率は減少する．一方，電子求引基，あるいは小さい置換基が結合すると，水和物の比率は増大する．たとえば，平衡における水和物の比率は，アセトン O=CMe$_2$ ではわずか 0.2%であるが，ホルムアルデヒド O=CH$_2$ では 99.9%である．

b. アルコールの付加：ヘミアセタールおよびアセタールの生成　アルコール

ROH は，水と同様，比較的弱い求核剤であるが，酸触媒の存在下ではアルデヒド RCHO やケトン RCOR に対して速やかに付加する．最初に生成する化合物は，ヒドロキシエーテル RCH(OH)OR あるいは $R_2C(OH)OR$ である．この化合物は，**ヘミアセタール** (hemiacetal)[*1] ともよばれる．

アルデヒド　　　　　　　　　　　　　　　　　　　　　　　ヘミアセタール

ヘミアセタールの生成は，炭水化物（糖）の化学にとって重要な意味をもつ（§11・1 参照）．たとえば，グルコースは 1 個のアルデヒド基と数個の OH 基をもつが，そのうちの 1 個とアルデヒド基との分子内反応[*2]によって，環状ヘミアセタールが生成する．この反応は，酸触媒がなくても進行する．

グルコース　　　　　　　　　　　　　　　　　　　　環状ヘミアセタール

ヘミアセタールは，さらにもう 1 分子のアルコール ROH と反応して**アセタール** (acetal) $RCH(OR)_2$ あるいは $R_2C(OR)_2$ を与える[*3]．

ヘミアセタール　　　　　　　　　　　　　　　　　　　　　　　　　　　　　　　　　アセタール

[*1] 水和物の生成（§8・3・5a 参照）と同様に，ヘミアセタールの生成も可逆的であることに注意．

[*2] 分子内反応とは，同じ分子にある二つ，あるいはそれ以上の部分の間での反応をいう．

[*3] アセタールを得るためには，$MgSO_4$ のような脱水剤を添加する．脱水剤によって，反応混合物中に生成した水は，ただちに除去される．

アセタールの生成は，全体が可逆的な反応となっている．

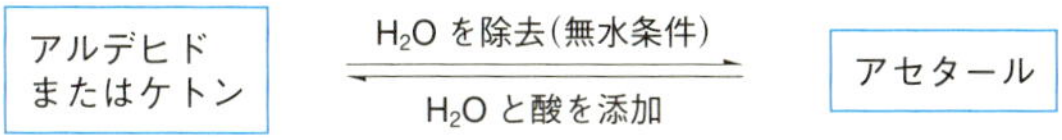

アルデヒド またはケトン ⇌ [H₂O を除去（無水条件） / H₂O と酸を添加] アセタール

アセタールは，アルデヒドやケトンの**保護基**（protecting group）として用いることができるため，合成反応においてきわめて有用な化合物である．アセタールはカルボニル化合物に比べて，求核剤や水素化アルミニウムリチウム $LiAlH_4$ のような還元剤に対する反応性が低い．

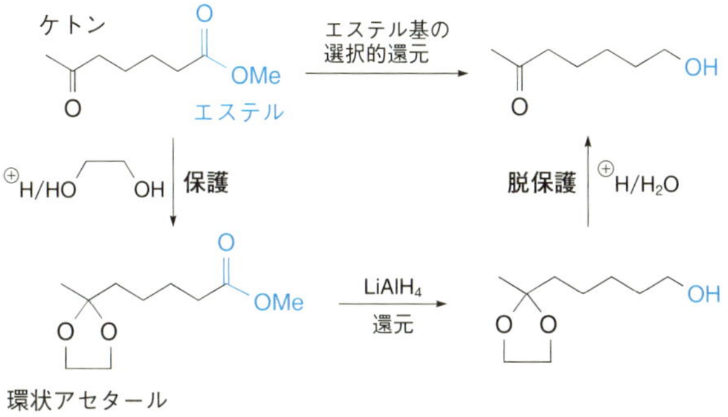

8・3・6 硫黄求核剤の求核付加 —— チオアセタールの生成

アルデヒド RCHO やケトン RCOR を酸触媒の存在下でチオール RSH と反応させると，可逆的な反応により**チオアセタール**（thioacetal）$RCH(SR)_2$ あるいは $R_2C(SR)_2$ が生成する．この反応は，アセタールの生成と類似の機構によって進行する（§8・3・5b 参照）．チオール RSH はアルコール ROH よりも強い求核剤である．硫黄原子は酸素原子よりも大きいので，その非共有電子対は求電子剤に接近しやすく，容易に供与される．

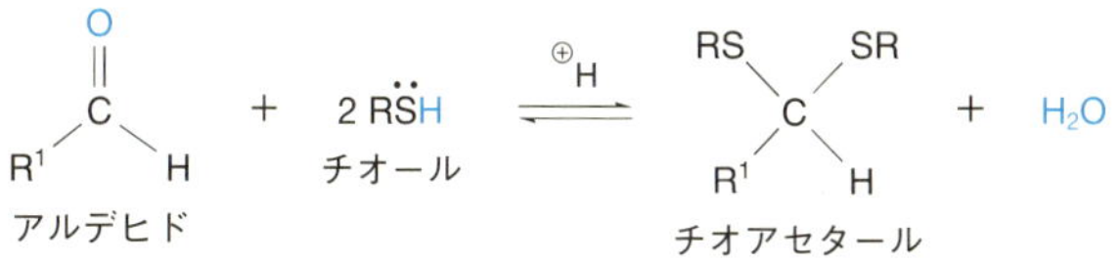

チオアセタールをラネーニッケル*と処理すると，脱硫化が起こる．この反応を，モ

---

* ラネーニッケルは微細な粉末にしたニッケルとアルミニウムの合金であり，その表面上に吸着された水素をもつ．

ジンゴ還元 (Mozingo reduction) という. この反応は, アルデヒド RCHO やケトン RCOR を 2 段階でアルカン RCH_3 あるいは RCH_2R に還元する優れた方法であり, この点でチオアセタールは合成反応において有用な化合物となっている.

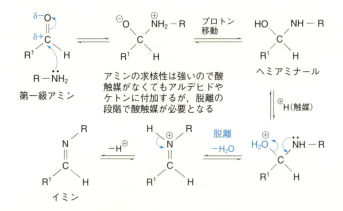

8・3・7 窒素求核剤の求核付加 —— イミンおよびエナミンの生成

アルデヒド RCHO やケトン RCOR を第一級アミン RNH_2 と反応させると, イミン (imine) RCH=NR あるいは R_2C=NR が生成する. また, 第二級アミン R_2NH と反応させると, **エナミン** (enamine, たとえば $RCH=CH-NR_2$) が生成する.

a. イミンの生成　アルデヒドやケトンを酸触媒の存在下で第一級アミン RNH_2 と反応させると, 可逆的に求核付加反応が進行し, つづいて水が脱離して生成物を与える. このような反応を, **付加脱離反応** (addition-elimination reaction), あるいは**縮合反応** (condensation reaction) という. (一般に, 水などの小さい分子の脱離を伴って 2 個の分子が結合し, 1 個のより大きな分子が形成される反応を縮合反応という).

この反応の機構は, pH に依存する.

- 低い pH, すなわち強い酸性条件下では, アミンはプロトン化されて RNH_3^+ となっているため, 求核剤として作用することができない.
- 高い pH, すなわち強いアルカリ性条件下では, H^+ 濃度が低いため, 中間体として

生成するヘミアミナールの OH 基をプロトン化して良好な脱離基に変換することができない．

この二つの効果の兼ね合いにより，この反応の最適条件は pH 4.5 付近となる．

関連する多数の付加脱離反応があり，さまざまなアミン誘導体が求核剤として用いられている．

ケトン + ヒドロキシルアミン H_2N-OH $\xrightarrow{\oplus H}$ オキシム + H_2O

ケトン + ヒドラジン H_2N-NH_2 $\xrightarrow{\oplus H}$ ヒドラゾン + H_2O

ヒドロキシルアミンでは窒素原子が求核剤として作用する．これは，窒素原子は酸素原子ほど電気陰性ではないためである．また，ヒドロキシルアミンやヒドラジンは，求核剤として作用する窒素原子の非共有電子対と，隣接する酸素原子あるいは窒素原子の非共有電子対との反発によって反応性が増大するため，いずれも強力な求核剤となる

b. イミン，オキシム，ヒドラゾンの反応　イミン $RCH=NR$ の最も重要な反応は，還元されてアミン RCH_2-NHR を生成する反応である*．この反応により，アルデヒドやケトンを，イミンを経由してアミンへと変換することができる．この反応を**還元的アミノ化** (reductive amination) という．この反応を用いると，たとえば，第一級アミン RNH_2 から第二級アミン R_2NH を選択的に合成することができる．

アルデヒド $\xrightarrow[-H_2O]{第一級アミン\ RNH_2}$ イミン $\xrightarrow{H_2,\ Ni\ または\ NaBH_4}$ 第二級アミン

また，イミンはさまざまな求核剤の攻撃を受ける．イミンに対するシアン化物イオン NC^- の求核反応を経由して α-アミノ酸を合成する手法を，**ストレッカーのアミノ酸合成** (Strecker amino acid synthesis) という．

---

* $C=O$ 結合と同様に，$C=N$ 結合も $^{\delta+}C=N^{\delta-}$ と分極している．このため，アルデヒドやケトンに対する反応と同様に，$NaBH_4$ から生じたヒドリド H^- は，イミンの δ+ 炭素原子を攻撃する（§8・3・3a 参照）．

8. カルボニル化合物：アルデヒドとケトン

C=O 結合に隣接した炭素原子を α 炭素という（§8・4 参照）．このため右のアミノ酸は α-アミノ酸とよばれる．

オキシム $R_2C=NOH$ の重要な反応は，それらのアミド $RCONHR$ への変換である．この反応は**ベックマン転位反応**（Beckmann rearrangement reaction）とよばれている．

ヒドラゾン $R_2C=N-NH_2$ の重要な反応として，ヒドラゾンを水酸化物イオンとと

もに加熱することにより，アルカン R_2CH_2 へ変換する反応がある．この反応を，**ウォルフーキシュナー反応**（Wolff-Kishner reaction）という．

この反応を用いると，アルデヒド RCHO やケトン RCOR を，ヒドラゾンを経由してアルカンへ還元することができる．この官能基変換は，モジンゴ還元（§8・3・6参照），あるいは下図に示すクレメンゼン還元（§7・6参照）によっても行うことができる．

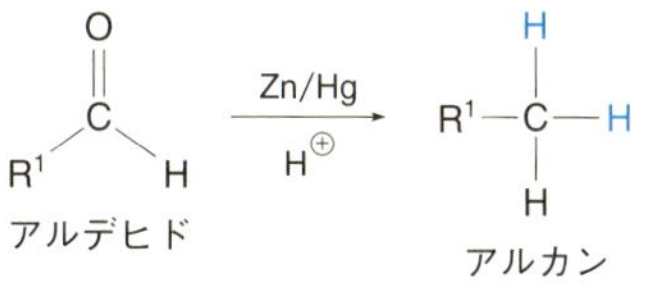

c. エナミンの生成　アルデヒド RCHO やケトン RCOR を第二級アミン R_2NH と反応させると，エナミン*1 が生成する．

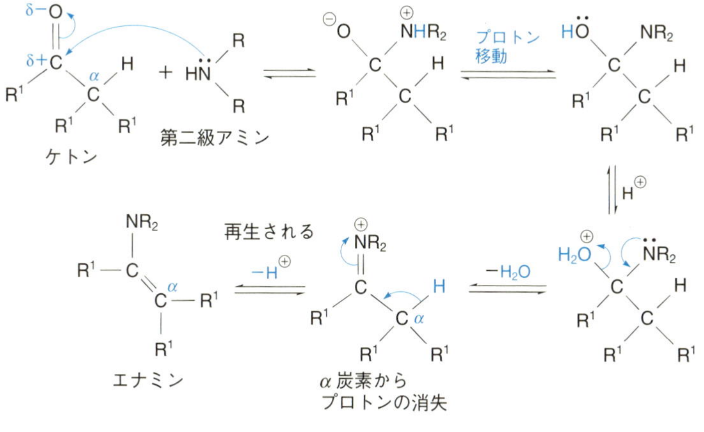

8・4　α 置 換 反 応

この反応はカルボニル基に隣接する位置，すなわち α 位で起こり，α 位の水素が別の置換基によって置換される．この反応は**エノール***2（enol）または**エノラートイオン**（enolate ion）中間体を経由して進行する．

---

　*1　エナミン（enamine）という名称は，アルケンの語尾エン（ene）とアミン（amine）を組合わせたものである．
　*2　エノール（enol）という名称は，アルケンとアルコールのそれぞれの語尾エン（ene）とオール（ol）を組合わせたものである．

8・4・1 ケト-エノール互変異性化

カルボニル化合物（ケト形）は，相当するエノール形と相互変換することができる．たとえば，ケト形 $RCOCH_3$ はエノール形 $RC(OH)=CH_2$ と相互変換する．ふつうの条件下では，この構造異性体間の相互変換は速やかに進行する．この反応を，**ケト-エノール互変異性化**（keto-enol tautomerism）という．互変異性化によって相互変換する化合物を**互変異性体**（tautomer）という．互変異性化は，酸または塩基によって触媒される．

一般に，二重結合の移動を伴って酸性の水素原子が移動する反応を，**プロトトロピー**（prototropy）という．互変異性化は，プロトトロピーの一例である．

多くのカルボニル化合物では，一般に，ケト形がエノール形に比べて著しく安定である．これは，おもに，ケト形のもつ C=O 結合が特に強いことに起因している（一般に，C=O 結合は C=C 結合よりも強い）．しかし，C=C 結合がほかの π 電子系と共役するか，または OH 基が分子内水素結合を形成するときには，エノール形が安定化を受けるため，ケト形よりも優勢になる場合がある．

平衡におけるケト形とエノール形の比は溶媒にも影響される．非極性溶媒中ではエノール形がより安定となる

8・4・2 エノールの反応性

エノール $RC(OH)=CR_2$ は求核剤として作用し,α 位で求電子剤と反応した生成物を与える.

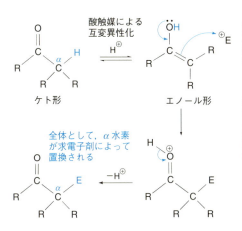

a. アルデヒドとケトンの α ハロゲン化　アルデヒドやケトンを酸性溶液中で塩素,臭素,またはヨウ素と反応させると,エノール形を経由して α 位がハロゲン化されたカルボニル化合物が得られる.

8・4・3 α水素原子の酸性度 —— エノラートイオンの生成

カルボニル化合物の α 水素原子を塩基が引抜くことによって生成するアニオンを,**エノラートイオン**(enolate ion)あるいは**エノラート**(enolate)という.

エノラートイオンは共鳴による安定化を受けるので(§4・3・1参照),カルボニル

化合物は，たとえばアルカンと比べて酸性が強い（表参照）．

pK_a	化合物	アニオン
60	H_3C-CH_3	$H_3C-\overset{\ominus}{C}H_2$
20	$H_3C-\underset{\parallel}{\overset{O}{C}}-CH_3$	$H_3C-\underset{\parallel}{\overset{O}{C}}-\overset{\ominus}{C}H_2 \leftrightarrow H_3C-\underset{\parallel}{\overset{O^\ominus}{C}}=CH_2$
9	$H_3C-\underset{\parallel}{\overset{O}{C}}-\underset{H}{\overset{H}{C}}-\underset{\parallel}{\overset{O}{C}}-CH_3$ (1,3-ジケトン)	（共鳴構造）

1,3-ジケトン（β-ジケトン）から生成するエノラートイオンは，負電荷が両方のカルボニル基に広がることができ，共鳴による著しい安定化を受ける．このため，1,3-ジケトンのpK_aは小さくなり，水（pK_a 16）よりも強い酸となる．

8・4・4 エノラートイオンの反応性

エノラートイオンは負電荷をもっているので，求電子剤に対する反応性はエノールよりも高い．一般に，エノラートイオンは求電子剤と炭素原子上で反応するが，酸素原子上で反応することも可能である．エノラートイオンのように，二つ，あるいはそ

（炭素原子上の反応：より一般的　　酸素原子上の反応：一般的ではない）

れ以上の部位で求核剤として反応できる求核剤を両性求核剤 (ambident nuclephile) という.

a. エノラートイオンのハロゲン化　メチルケトン類 RCOCH$_3$ を水酸化物イオンの存在下で，過剰の塩素，臭素，ヨウ素と反応させると，CHX$_3$ とともにカルボン酸 RCO$_2$H が生成する．この反応を**ハロホルム反応** (haloform reaction) という．ヨウ素を用いるとヨードホルム (トリヨードメタン) CHI$_3$ が黄色の沈殿として生成するので，この反応はメチルケトン類の官能基試験として利用されている.

カルボニル化合物を酸性条件下でハロゲン化すると，エノール形を経由してモノハロゲン化生成物 (たとえば，RCOCH$_2$X) が得られるが (§8・4・2a 参照)，塩基性条件下でハロゲン化すると，このように，ポリハロゲン化された生成物が得られる.

b. エノラートイオンのアルキル化　エノラートイオンを第一級 RCH$_2$X あるいは第二級ハロゲン化アルキル R$_2$CHX と反応させると，S$_N$2 反応が進行し，α位がアルキル化された生成物が得られる．この反応によって，新たな炭素–炭素結合が形成さ

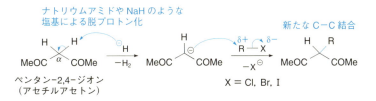

れる．

8・5 カルボニル–カルボニル縮合反応

この反応には，カルボニル基の求核付加反応と α 置換反応の両方の段階が含まれる．これは，有機合成反応において，最も有用な炭素－炭素結合形成反応の一つである．

8・5・1 アルデヒドとケトンの縮合反応 —— アルドール縮合反応

α 水素をもつアルデヒドやケトン（たとえば，RCH_2CHO や $RCOCH_3$）は，塩基触媒の存在下で二量化反応を起こす．この反応を，**アルドール反応**（aldol reaction）という．

アルデヒドではこの可逆反応過程が速やかに進行し，β-ヒドロキシアルデヒドが生成する．この生成物は，アルドールともよばれる（アルドはアルデヒド，オールはアルコールに由来する）．ケトンを用いると，β-ヒドロキシケトンが生成する．アルドール反応の生成物を塩基性または酸性条件下で加熱すると，水が失われ，縮合反応生成物である**共役エナール**（conjugated enal）あるいは**共役エノン**（conjugated enone）が生成する．たとえば，アセトアルデヒド CH_3CHO からは $CH_3CH(OH)CH_2CHO$ を経て，共役エナール $CH_3CH=CHCHO$ が得られる．また，アセトン CH_3COCH_3 からは $CH_3COCH_2C(OH)(CH_3)_2$ を経て，共役エノン $(CH_3)_2C=CHCOCH_3$ が得られる．

エナールやエノンはC=OとC=Cの両方をもつ化合物であり，これらの結合が共役することによって安定化するため，共役エナールや共役エノンは比較的容易に生成する．

[塩基触媒による水の脱離（E1cB機構）]

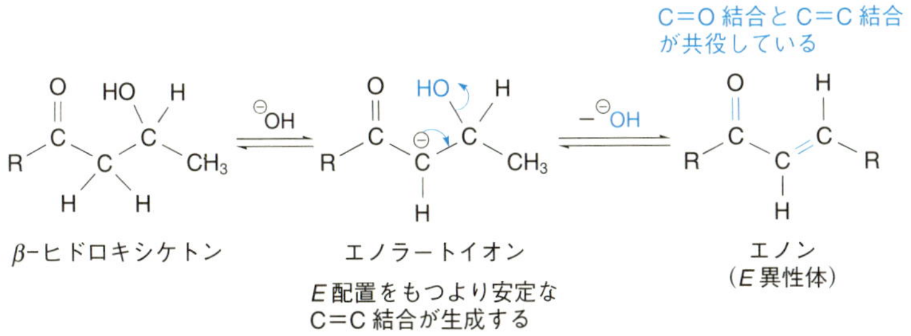

β-ヒドロキシケトン → エノラートイオン（E配置をもつより安定なC=C結合が生成する）→ エノン（E異性体）（C=O結合とC=C結合が共役している）

[酸触媒による水の脱離]

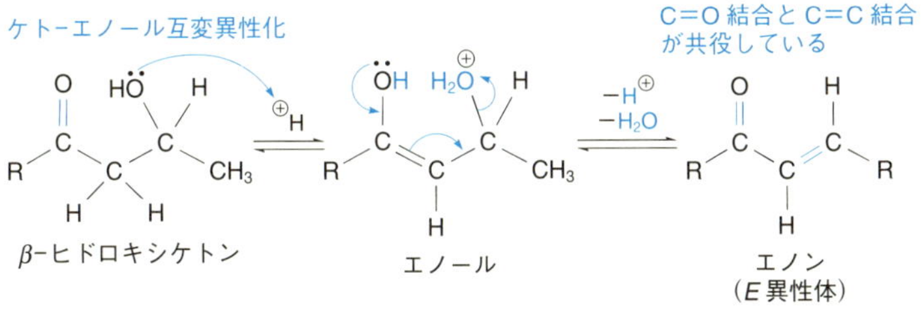

β-ヒドロキシケトン →（ケト-エノール互変異性化）エノール → エノン（E異性体）（C=O結合とC=C結合が共役している）

8・5・2 交差アルドール縮合

2個の異なったカルボニル化合物の間のアルドール反応を，**交差アルドール縮合**（crossed aldol condensation）または**混合アルドール縮合**（mixed aldol condensation）という．二つの類似した構造のアルデヒドまたはケトンが反応すると，全部で4種類の可能な生成物の混合物が得られる（たとえば，AとBの反応は，AA，AB，BA，BBを与える）[*]．これは，両方のカルボニル化合物が，求核剤および求電子剤のいずれとしても作用できるためである．

この反応によって，ただ1種類の生成物を得るためには，次の条件が必要となる．
1) 一方のカルボニル化合物だけがα水素をもつ．これによって，そのカルボニル化

---

[*] たとえば，アセトアルデヒド CH_3CHO とプロピオンアルデヒド（プロパナール）CH_3CH_2CHO の反応では，4種類のアルドール反応生成物が得られる．

合物だけが脱プロトン化され，エノラートイオン求核剤を生成する．
2) α水素をもつカルボニル化合物よりも，α水素をもたないカルボニル化合物の求電子性が強い．
3) α水素をもつカルボニル化合物を，反応混合物にゆっくり加える．これによって，反応系内に生成したエノラートイオンはただちに，高濃度で存在するα水素をもたないカルボニル化合物によって，確実に捕捉される．

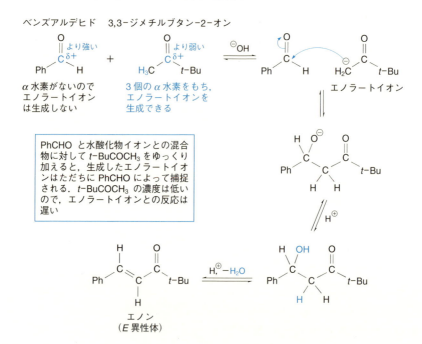

8・5・3 分子内アルドール反応

2個のカルボニル基をもつ化合物では，分子内アルドール反応によって環状生成物が得られる可能性がある．環が形成される反応を環化反応という．分子内アルドール反応は，安定な5員環または6員環環状エノンを生成するように進行する．これは，5員環または6員環は，ひずみのある3員環や4員環(§3・2・3参照)，あるいは生成が困難な中員環(8〜13員環)よりも生成に有利なためである．(大きな環を合成するのが難しいのは，反応物の炭素鎖長が増大するほど，とりうる立体配座の数が増えるからである．これは，炭素鎖が長くなると，環化反応の遷移状態を形成する際のエントロピーの損失がより大きくなることを意味している．)

8・5 カルボニル-カルボニル縮合反応

これらの位置で脱プロトン化が起こり, 生成したアニオンが分子内のカルボニル炭素を攻撃すると, 3員環が生成することになる

* 脱プロトン化が可能な三つの部位

環化

環状5員環エノン

水の脱離により共役エノンが生成する

すべての段階は可逆的であることに注意

8・5・4 マイケル反応

$H_2C=CH-COCH_3$ のようなアルドール縮合反応によって得られるエノンは, さらに炭素求核剤の付加により, 炭素-炭素結合形成反応を行う. 求核剤がエノンの2位ではなく4位に付加するとき, この反応を**マイケル反応**(Michael reaction)または 1,4-付加(共役付加)という. マイケル反応におけるエノンはしばしば, マイケル受容体とよばれる.

[1,2-付加]

つづいて $H^{\oplus}$

カルボニル炭素への攻撃

[1,4-付加]

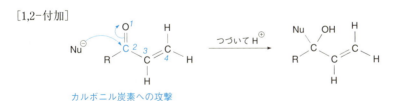

エノール形   ケト形

つづいて $H^{\oplus}$

互変異性化

共役アルケンへの攻撃

1,2-付加と1,4-付加ではどちらも電子対がエノンの酸素原子上に移動する

エノンが攻撃を受ける位置は，求核剤の性質に依存する．有機リチウム化合物 RLi やグリニャール反応剤 RMgX は，1,2-付加生成物を与える傾向がある．一方，銅(I)アート錯体（cuprate）とよばれる RCu や R_2CuLi などの有機銅反応剤[*1]では，1,4-付加が起こる．求核剤による攻撃位置の変化は，以下に述べるような，**硬軟の原理**（hard and soft principle）によって説明される．

- メチルリチウム MeLi のように一つの小さい原子上に局在化した負電荷をもつ求核剤を，**硬い求核剤**（hard nucleophile）という．硬い求核剤は，エノンの硬い求電子中心（hard electrophilic center）であるカルボニル炭素と反応する傾向がある．カルボニル炭素は酸素原子と直接結合しているため，高い $\delta+$ 密度をもつ．
- R_2CuLi ではその負電荷は，大きな銅原子上に分散されている．このように，非局在化した負電荷をもつ求核剤を，**軟らかい求核剤**（soft nucleophile）という．軟らかい求核剤は，エノンの軟らかい求電子中心（soft electrophilic center）である 4 位炭素と反応する傾向がある．4 位炭素の $\delta+$ 密度は比較的低い[*2]．

例 題 次に示した反応式はプロパナール **1** のさまざまな反応を示したものである．以下の問に答えよ．

[*1] RCu は RLi と CuI から合成される．RCu と RLi を反応させると R_2CuLi が得られる．
[*2] $MeCOCH^-COMe$ のように，広がった電荷をもつ非局在化の大きい求核剤は，1,2-付加よりも 1,4-付加を起こしやすい．

問　題

(a) 化合物 1 を 2 に変換するために必要な反応剤を示せ．また，この反応は酸化反応か，それとも還元反応か．[ヒント：酸化準位を考えよ（§4・5参照）]
(b) 化合物 3, 4, 5 の構造式を書け．またそれぞれの化合物に存在する官能基の名称を示せ．[ヒント：求核付加反応を考えよ．]
(c) 化合物 5 が生成する反応の速度は，反応混合物の pH に依存する．反応の速度が pH 4.5 付近で最大となる理由を説明せよ．[ヒント：イミンが生成する機構を考えよ．]
(d) 化合物 1 が 6 に変換される反応の機構を説明せよ．[ヒント：PhMgBr は強い求核剤である．]

解　答　(a) $NaBH_4$ あるいは $LiAlH_4$，つづいて H^+．還元反応
(b)

(環状)アセタール　　シアノヒドリン　　イミン

　　　　3　　　　　　　　4　　　　　　　　5

(c) pH が低い領域では，アミン $MeNH_2$ はプロトン化されており，そのため求核剤として作用しない．一方，pH が高い領域では，ヘミアミナールの OH 基をプロトン化して，OH 基を良好な脱離基に変換するために十分な H^+ が存在しない．これらの兼ね合いの結果，pH 4.5 付近で反応速度は最大となる．
(d)

問　題

8・1 アルデヒド RCHO を $NaBH_4$ と反応させた後，つづいて酸性水溶液で処理することによって得られる有機化合物は RCH_2OH である．
(a) この反応の機構を説明せよ．
(b) RCH_2OH を RCHO へ戻すための方法を示せ．
8・2 ホルムアルデヒドを臭化フェニルマグネシウム PhMgBr と反応させた後，つづいて酸性水溶液で処理することによって得られる有機化合物は $PhCH_2OH$ である．
(a) この反応の機構を説明せよ．
(b) PhMgBr を合成する方法を示せ．
8・3 アセトフェノン $PhCOCH_3$ を，水酸化ナトリウムの存在下でヨウ素-ヨウ化カリウム

水溶液と反応させると，黄色固体 **A** が生成した．**A** の分子量は 394 であった．**A** を沪過で除いた後，沪液を塩酸で処理すると，白色沈殿として化合物 **B** が生成した．**B** の赤外スペクトルを測定すると，1700 cm^{-1} に吸収を示した．化合物 **A** および **B** の構造式を書け．さらに，それらが生成する機構の概略を説明せよ．

8・4 シクロペンタノンを酸の存在下で 1,2-エタンジオール HOCH$_2$CH$_2$OH と反応させると，化合物 **C**（分子式 C$_7$H$_{12}$O$_2$）が生成した．
(a) 化合物 **C** の構造式を書け．
(b) この反応における酸の役割を説明せよ．
(c) この反応の機構を説明せよ．

8・5 CH$_3$CHO を水酸化ナトリウム水溶液と反応させると，新たな化合物 **D**（分子式 C$_4$H$_8$O$_2$）が生成した．**D** を薄い酸とともに加熱すると，水とともに化合物 **E** が得られた．
(a) 化合物 **D** の構造を書き，その生成機構を説明せよ．
(b) 化合物 **E** の構造を書き，その生成機構を説明せよ．

8・6 3-メチル-1-ブタノールをクロロクロム酸ピリジニウム（PCC）と反応させると，化合物 **F** が生成した．**F** を塩化アンモニウムおよびシアン化カリウムと反応させると，新たな化合物 **G** が得られた．さらに，**G** を塩酸とともに加熱すると，塩 **H**（分子式 C$_6$H$_{13}$NO$_2$・HCl）が生成した．化合物 **F**〜**H** の構造式を書け．

8・7 次の反応式はケトン **I** を化合物 **K** に変換する経路を示したものである．以下の問に答えよ．

(a) 化合物 **I** を化合物 **J** に変換するための反応剤を示せ．
(b) 化合物 **J** を酸とともに加熱すると，分子式 C$_{13}$H$_{16}$O をもつ新たな化合物が得られた．生成した化合物の構造式を，その立体化学がわかるように書け．
(c) 化合物 **J** を化合物 **K** に変換するための反応剤を示せ．
(d) 化合物 **K** の最も安定なエノール形の構造式を書け．そう判断した理由も述べよ．

9

カルボニル化合物：
カルボン酸とその誘導体

キーポイント

カルボン酸 RCO_2H およびエステルやアミドなどのカルボン酸誘導体は，カルボニル基（C=O）に直接結合した電気陰性な置換基（たとえば，OH，OR，NHR，ハロゲン原子）をもつ．これらの化合物の一般的な反応は**求核アシル置換反応**である．この反応により，カルボニル基に結合した電気陰性基は求核剤によって置換される．電気陰性基の誘起効果と共鳴効果によって，これらの化合物の求核剤に対する相対的な反応性が決定される．α 水素原子をもつカルボン酸誘導体は，脱プロトン化によりエノラートイオンを生成し，それは **α 置換反応**あるいは**カルボニル-カルボニル縮合反応**を起こす．

| 求核アシル置換反応 | エステルエノラートイオン |

9・1 構 造

カルボン酸 RCO_2H とカルボン酸誘導体はカルボニル化合物の一種であり，これらの化合物のアシル基 RCO は，電気陰性な官能基 Y に結合している．

Y	化合物の一般名	Y	化合物の一般名
OH	カルボン酸	OR	エステル
ハロゲン	酸ハロゲン化物	NH_2, NHR, NR_2	アミド
OCOR	酸無水物		

9・2 反 応 性

電気陰性な置換基 Y が脱離基として作用できるので，カルボン酸誘導体は置換反応

を起こす．アシル基のカルボニル炭素における置換反応を，**求核アシル置換反応** (nucleophilic acyl substitution reaction) という．この反応では，置換基 Y が求核剤によって置換される．

[電荷をもつ求核剤との反応]

$$\underset{R}{\overset{O^{\delta-}}{\underset{Y}{\overset{\delta+}{C}}}} \rightleftarrows \left[\underset{R}{\overset{O^{\ominus}}{\underset{Y}{\overset{|}{C}}}} Nu \right] \rightleftarrows \underset{R}{\overset{O}{C}} Nu + Y^{\ominus} \quad 脱離基$$

Y = ハロゲン, OCOR, OR, NH$_2$(NHR, NR$_2$)   Nu$^{\ominus}$ = H$^{\ominus}$, R$^{\ominus}$

すべての段階は可逆的である．平衡を生成物側へ偏らせるためには，脱離基 Y$^-$ は求核剤 Nu$^-$ よりも安定でなければならない

[電荷をもたない求核剤との反応]

Y = ハロゲン, OCOR, OR, NH$_2$(NHR, NR$_2$)   NuH = H$_2$O, ROH, NH$_3$, RNH$_2$, R$_2$NH

この反応には酸触媒が用いられる

また，カルボン酸誘導体はアルデヒド RCHO やケトン RCOR のように，α 置換反応，あるいはカルボニル−カルボニル縮合反応をする．

9・3 求核アシル置換反応

9・3・1 カルボン酸誘導体の相対的反応性

求核アシル置換反応では，一般に，求核剤のカルボニル炭素への付加が反応の律速段階となる．したがって，アシル基のカルボニル炭素が電気陽性であるほど，カルボン酸誘導体の反応性は高くなる．

最も反応性が高い   最も反応性が低い

$\underset{酸塩化物\;(塩化アシル)}{\underset{R}{\overset{O}{C}}Cl}$ > $\underset{酸無水物}{\underset{R}{\overset{O}{C}}OCOR}$ > $\underset{エステル}{\underset{R}{\overset{O}{C}}OR}$ > $\underset{アミド}{\underset{R}{\overset{O}{C}}NH_2}$

この反応性の順序は，電気陰性な置換基（RCOY における Y）の誘起効果（§1・6・1 参照）と共鳴効果（§1・6・3 参照）から理解することができる．たとえば，塩素原子の非共有電子対と炭素原子の2p軌道との相互作用は小さいので（§7・3・2b 参照），Cl の +M 効果は NH_2, NHR, NR_2 基と比べて非常に弱い．このため，Cl は強い誘起効果によってカルボニル基から電子を求引することになり，求核剤との反応性は高まる．一方，NH_2 基では，共鳴効果によってカルボニル基に対して電子が供与されるため，求核剤との反応性は低下する*．

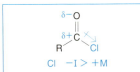
塩素原子はアシル基から電子を求引し，カルボニル炭素の δ+ 性を増大させる．このため，求核剤に対する反応性が増大する

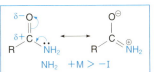
窒素原子はアシル基に対して電子を供与し，カルボニル炭素の δ+ 性を減少させる．このため，求核剤に対する反応性が低下する

一般に，より反応性の高いカルボン酸誘導体は，より反応性の低いカルボン酸誘導体へ変換することができる．たとえば，酸塩化物 RCOCl は容易にアミド $RCONH_2$ へ変換される．

9・3・2 カルボン酸誘導体とカルボン酸の反応性

カルボン酸 RCO_2H は酸性の水素原子をもっているので，カルボン酸に求核剤を反応させると，求核剤はカルボニル炭素を攻撃するのではなく，塩基として作用して，酸の脱プロトン化が起こる．

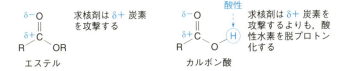

9・3・3 カルボン酸誘導体とアルデヒドまたはケトンの反応性

一般に，アルデヒド RCHO やケトン RCOR は，エステル RCO_2R やアミド $RCONR_2$ に比べて求核剤に対する反応性が高い．これはエステルやアミドのカルボニル炭素が

---

* エステルにおいても，OR 基の +M 効果は −I 効果よりも強い．OR 基の +M 効果は，アミドの NH_2, NHR, NR_2 基の +M 効果ほど強くない．

より電気陰性になっているためである。エステルでは、OR 基の +M 効果によって電子がアシル基に供与されるため、求核剤に対する反応性が低下している。

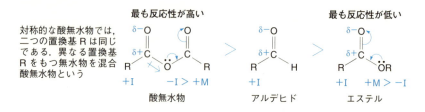

また、一般に、アルデヒドやケトンに比べて、酸塩化物 RCOCl や酸無水物 RCO$_2$COR は求核剤に対する反応性が高い。これは、酸塩化物や酸無水物のカルボニル炭素原子がより電気陽性になっているためである。酸無水物では、OCOR 基の酸素原子の非共有電子対が 2 個のカルボニル基に共有されることにより +M 効果が著しく弱められるため、誘起効果によってカルボニル炭素はアルデヒドよりも電気陽性となる。

9・4 カルボン酸の求核置換反応

カルボン酸 RCO$_2$H の OH 基を求核剤と反応させると、求核剤が塩基として作用して脱プロトン化が進行するため、置換反応を起こすことは難しい (§9・3・2 参照)。置換反応を起こすためには、OH 基を Cl などの良好な脱離基に変換する必要がある*。

9・4・1 酸塩化物の合成

カルボン酸 RCO$_2$H は、塩化チオニル SOCl$_2$ または三塩化リン PCl$_3$ を用いて、酸塩化物 (塩化アシル) に変換することができる。

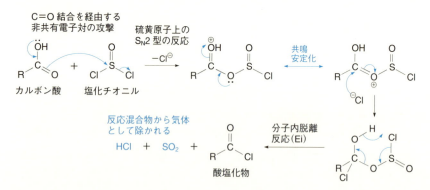

---

* 中性分子や安定なアニオンは良好な脱離基となる。

9・4・2 エステルの合成

カルボン酸 RCO_2H を酸触媒の存在下でアルコール ROH と反応させると,エステル RCO_2R が得られる.反応は可逆的であり,エステルを合成するためには,一般に,過剰のアルコールを用いて平衡を移動させる必要がある.

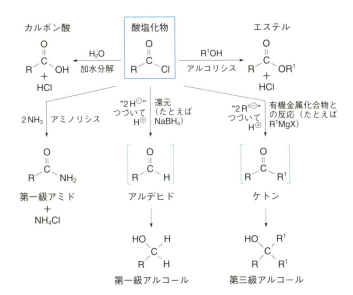

9・5 酸塩化物の求核置換反応

酸塩化物 $RCOCl$ は,非常に反応性が高く,さまざまな化合物へ変換させることができる.ほかの反応性の低いカルボン酸誘導体は,この反応によって合成される.

酸塩化物の求核アシル置換反応では,塩素原子の消失に伴って,求核剤が置換基と

してカルボニル炭素上に導入される．酸塩化物を還元剤やRMgXなどの有機金属化合物と反応させると，アルデヒドRCHOあるいはケトンRCORが生成する．過剰の還元剤や有機金属化合物が存在する場合には，これらの生成物はもう1分子の反応剤と求核付加反応を起こし，アルコールが生成する．

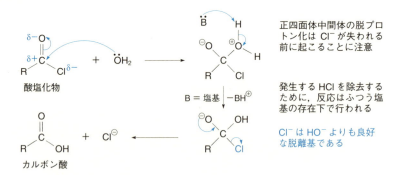

カルボン酸はこれらの求核剤に対して酸塩基反応を起こし，塩が生成する．

これらの反応では，アンモニアNH_3とグリニャール反応剤RMgXが塩基としてはたらく

9·6 酸無水物の求核置換反応

酸無水物*RCO_2CORは酸塩化物と類似の反応をする．酸無水物と求核剤との反応で

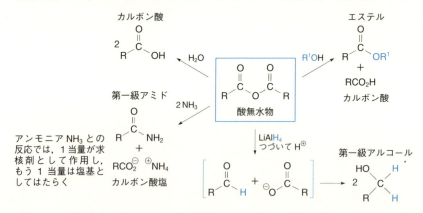

---

* 酸無水物は五酸化二リンP_4O_{10}などの脱水剤を用いるカルボン酸の脱水反応によって合成される．

は，求核剤の攻撃によってカルボキシラートイオン RCO_2^- が脱離する．酸無水物を水素化アルミニウムリチウム $LiAlH_4$ を用いて還元すると，アルデヒドとカルボキシラートイオンが中間体として得られるが，それらはつづいて第一級アルコール RCH_2OH へ還元される．

$LiAlH_4$ は下図に示した機構により，カルボン酸 RCO_2H を第一級アルコール RCH_2OH へ還元する．カルボン酸は $NaBH_4$ では還元されない*．

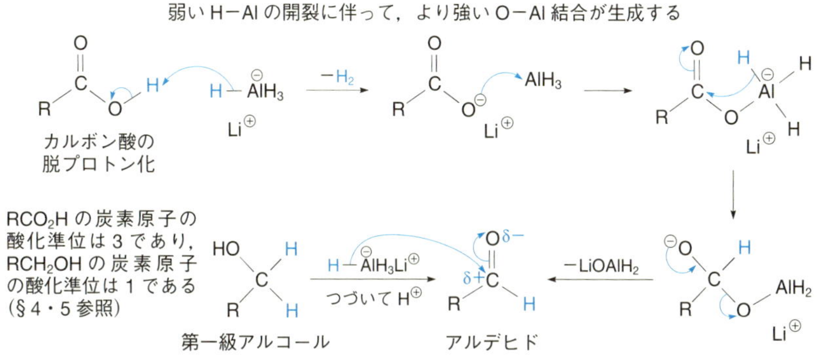

カルボン酸を第一級アルコールへ還元するための特によい反応剤は，ボラン B_2H_6（BH_3 として作用する）である．関連する還元反応として，§9・8を参照せよ．

9・7 エステルの求核置換反応

エステル RCO_2R も，さまざまな求核剤と反応して生成物を与える．エステルの求核

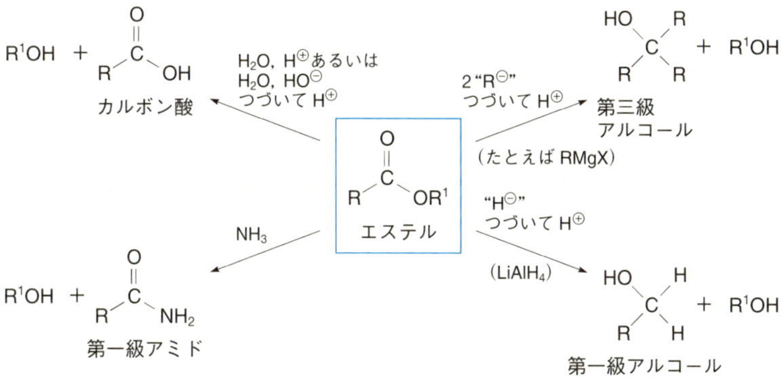

---

* $LiAlH_4$ は $NaBH_4$ よりも強い還元剤である（§8・3・3a 参照）．

剤に対する反応性は，酸塩化物 RCOCl や酸無水物 RCO_2COR ほど高くはない．エステルの還元には，一般に，$LiAlH_4$ が用いられる．エステルと $NaBH_4$ との反応は非常に遅い．むしろ $NaBH_4$ は，エステル基の存在下で，アルデヒド基やケトン基を選択的に還元するための反応剤として用いられる．

エステル RCO_2R を 2 当量のグリニャール反応剤 RMgX と反応させると，第三級アルコール R_3COH が得られる．この反応では，まずエステルの求核置換反応によってケトン RCOR が中間体として生成し，つづいてケトンに対する求核付加反応が進行して生成物が得られる．

エステル RCO_2R は，酸性水溶液（§9・4・2参照）あるいは塩基性水溶液中で加水分解される．塩基性水溶液中におけるエステルの加水分解を**けん化**（saponification）という．この反応は，油脂（§11・2・1参照）からせっけんを製造する際に用いられる重要な反応である．酸加水分解は可逆反応であるが，塩基加水分解では，共鳴安定化されたカルボキシラートイオンが生成するため，不可逆反応となる*．

塩基性あるいは酸性条件下でエステル RCO_2R をアルコール ROH と反応させると，

---

* カルボキシラートイオン RCO_2^- の共鳴安定化については §1・7・1 で説明した．

新たなエステルが生成する．この反応を**エステル交換**（transesterification）という．この反応は平衡反応であるが，低い沸点をもつアルコールを蒸留によって反応混合物から除去することによって，平衡を生成物側へ移動させることができる．

9·8 アミドの求核置換反応と還元反応

アミド $RCONH_2$，$RCONHR$，$RCONR_2$ は，酸塩化物 $RCOCl$ や酸無水物 RCO_2COR，あるいはエステル RCO_2R と比べて，求核剤に対する反応性が非常に低い．アミド結合を開裂させるためには，厳しい反応条件が必要となる．一方，アミドは $LiAlH_4$ あるいはボラン B_2H_6 によって還元される．

第一級アミド $RCONH_2$ を還元すると，第一級アミン RCH_2NH_2 が得られる．第二級アミド $RCONHR$ および第三級アミド $RCONR_2$ を還元すると，それぞれ第二級アミン RCH_2NHR および第三級アミン RCH_2NR_2 が生成する．これらの反応は，アミドの NH_2，NHR，NR_2 基の求核置換反応ではないことに注意しなければならない．

［水素化アルミニウムリチウムによる還元］

[ボランによる還元]

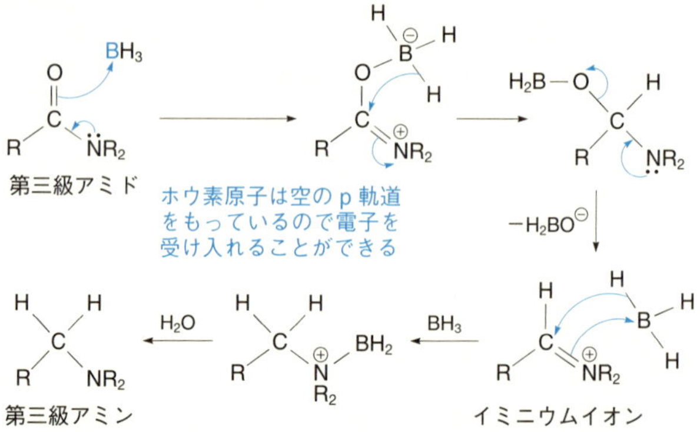

第三級アミド　ホウ素原子は空のp軌道をもっているので電子を受け入れることができる

イミニウムイオン　第三級アミン

9・9　ニトリルの求核付加反応

ニトリル RCN は，ニトリルの炭素原子がアシル基の炭素原子と同じ酸化準位にあるという点で，カルボン酸 RCO_2H およびその誘導体と関連がある（§4・5 参照）．したがって，ニトリルの反応はカルボン酸誘導体の反応と類似しており，求核剤はニトリル炭素原子を攻撃する．

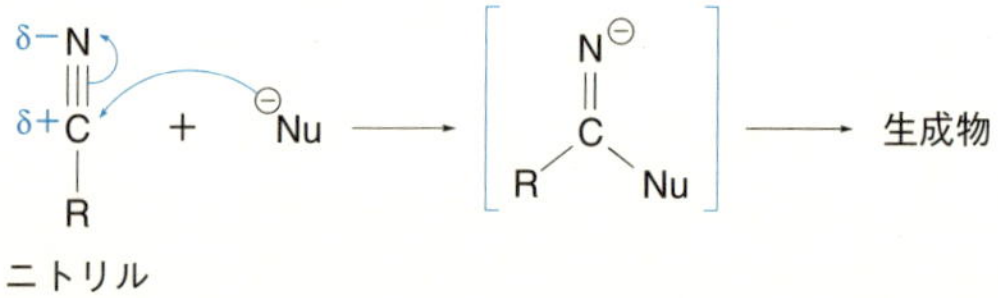

ニトリル　生成物

ニトリルの最も重要な反応は，加水分解，RMgX などの有機金属化合物の付加，および還元である．ニトリルを水素化アルミニウムリチウム $LiAlH_4$ と反応させると，第一

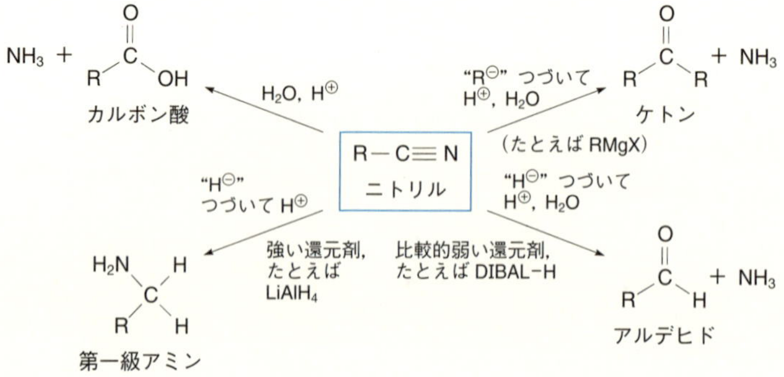

カルボン酸　ケトン　（たとえば RMgX）　ニトリル　第一級アミン　アルデヒド　強い還元剤，たとえば $LiAlH_4$　比較的弱い還元剤，たとえば DIBAL-H

級アミンが生成する．一方，水素化アルミニウムジイソブチル（iBu)$_2$AlH（DIBAL-Hと略記）を用いて還元すると，アルデヒドが生成する．これは，DIBAL-Hは立体的に混雑した反応剤であり，このためヒドリドの移動が困難となるので，その還元力はLiAlH$_4$ほど強くないからである．このため，ニトリルをDIBAL-Hによって還元するとイミンの段階で停止するが，LiAlH$_4$との反応では，さらにイミンのC=N結合の還元が起こってアミンが生成する．

［加水分解］

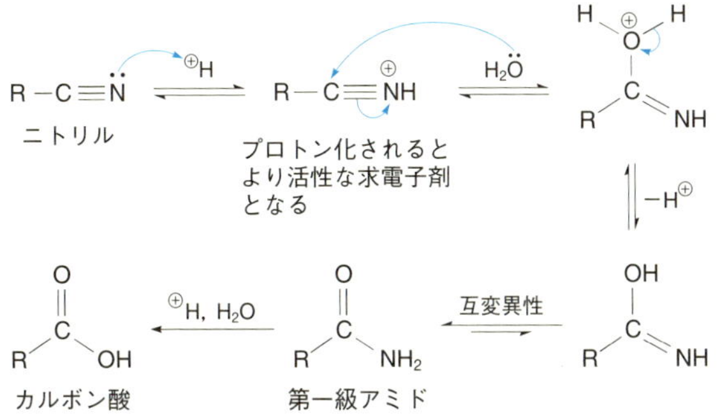

［DIBAL-Hによる還元］

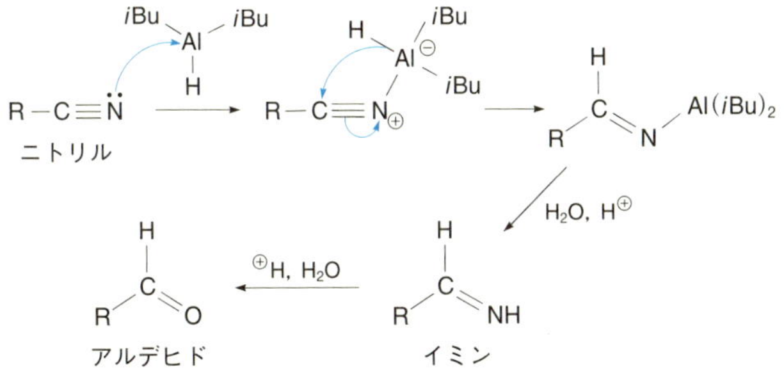

9・10　カルボン酸のα置換反応

　カルボン酸RCO$_2$Hを臭素と三臭化リンPBr$_3$と反応させると，α位が臭素化された生成物が得られる．この反応を**ヘル-フォルハルト-ゼリンスキー反応**（Hell-Volhard-Zelinsky reaction）という．反応は酸臭化物RCOBrを経由して進行し，α水素原子が臭素原子によって置換される．

9・11 カルボニル–カルボニル縮合反応

RCH$_2$CO$_2$R のような α 水素原子をもつエステルは，アルデヒド RCH$_2$CHO やケトン RCH$_2$COR と同様，脱プロトン化によって共鳴安定化したエノラートイオンを生じる．さらに，生成したエノラートイオンは求核剤として作用する．

9・11・1 クライゼン縮合反応

1 当量の塩基の存在下で 2 分子のエステルが縮合する反応を，**クライゼン縮合反応**

(Claisen condensation) という*．縮合反応の結果，一方のエステル分子はα水素を失い，もう一方のエステル分子はアルコキシドイオンRO^-を失う．塩基によって開始されるエノラートイオンの生成とその求核置換反応の過程は可逆的であるが，RO^-によるβ-ケトエステル中間体の脱プロトン化によって，平衡は縮合反応生成物側へと移動する．これは，β-ケトエステルが脱プロトン化を受けると，負電荷が2個のカルボニル基に広がって非局在化したきわめて安定なアニオンが生成するからである．反応を終結させるためには，酸を加えて縮合生成物を再びプロトン化する．

塩基として用いるアルコキシドと，エステルの側鎖は一致していなければならない．たとえば，エチルエステル（上記の図中ではR＝Et）を反応物とするときには，塩基としてエトキシドイオンEtO^-を用いる必要がある．この反応では，アルコキシドが求核剤として作用し，エチルエステルのカルボニル基を攻撃してエステル交換反応（§9・7参照）を起こす可能性がある．しかし，エトキシドを用いればエチルエステルが再生するので，事実上，この反応の進行を妨げることができる．

9・11・2 交差クライゼン縮合反応

2種類の異なるエステルの間のクライゼン縮合反応を，**交差クライゼン縮合反応**（crossed Claisen condensation），あるいは**混合クライゼン縮合反応**（mixed Claisen condensation）という．交差アルドール反応と同様の理由によって（§8・5・2参照），交差クライゼン縮合反応も，一方のエステルのみがα水素原子をもっている場合に最も有用な反応となる．

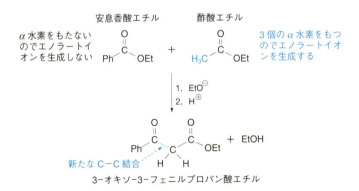

また，エステルとケトンの間でも，交差クライゼン縮合反応に類似した反応が起こ

---

* 縮合反応では，水やアルコールのような小さい分子の脱離を伴って二つの分子が結合し，生成物を与える．

る．一般に，ケトンはエステルよりも酸性が強い．これは，エステルエノラートイオンでは，負電荷のカルボニル基への非局在化が，OR基の非共有電子対の非局在化と競争するため，負電荷の安定化がケトンエノラートイオンほど大きくないからである．このため，ケトンエノラートイオンはエステルエノラートイオンよりも容易に生成する．したがって，エステルとケトンの縮合反応では，一般に，ケトンエノラートイオンが求核剤として作用し，エステルは求電子剤となる．

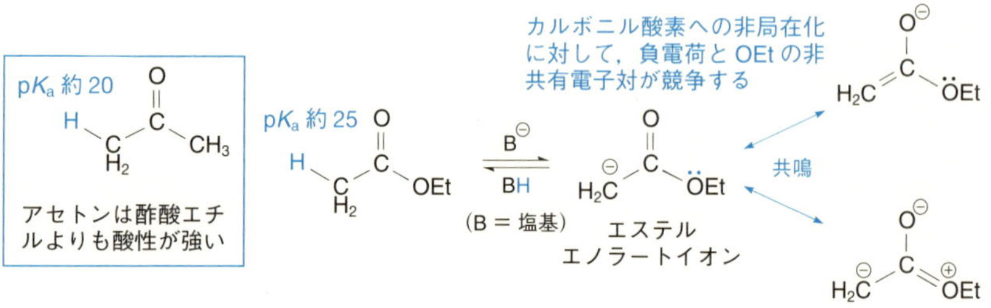

pKa 約 20
アセトンは酢酸エチルよりも酸性が強い

pKa 約 25

(B＝塩基)　エステルエノラートイオン

カルボニル酸素への非局在化に対して，負電荷とOEtの非共有電子対が競争する

共鳴

エステルとケトンの縮合反応は，エステルが α 水素をまったくもたず，したがってエステルエノラートイオンが生成しない場合に，最も有用な反応となる．

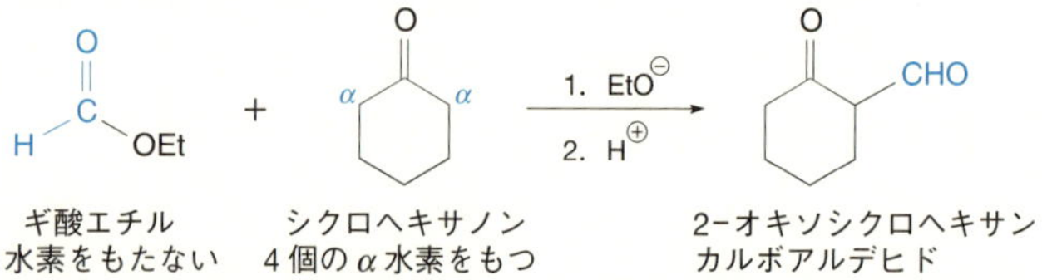

ギ酸エチル
α 水素をもたない

シクロヘキサノン
4個の α 水素をもつ

1. EtO$^-$
2. H$^+$

2-オキソシクロヘキサンカルボアルデヒド

9・11・3　分子内クライゼン縮合反応 —— ディークマン反応

分子内のクライゼン縮合反応を，特に**ディークマン反応**（Dieckmann reaction）と

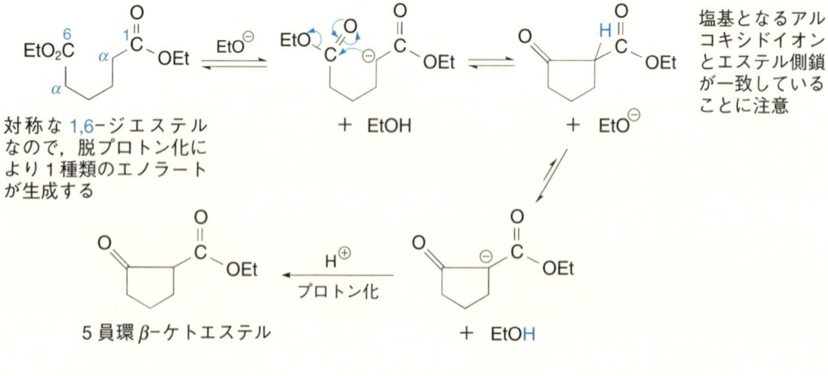

対称な 1,6-ジエステルなので，脱プロトン化により1種類のエノラートが生成する

＋ EtOH

＋ EtO$^-$

塩基となるアルコキシドイオンとエステル側鎖が一致していることに注意

5員環 β-ケトエステル

プロトン化

＋ EtOH

いう．この反応は，縮合反応によって5員環または6員環が形成される場合に起こりやすい．1,6-ジエステルが反応すると5員環をもつ生成物が得られ，一方，6員環は1,7-ジエステルの分子内縮合反応によって生成する．

9・12 カルボニル基の反応性の総括

以下にまとめたカルボニル基の反応性は，アルデヒド RCHO やケトン RCOR，およびカルボン酸誘導体の反応経路を予測するための指針として用いることができる．

1) 求核付加反応と求核置換反応

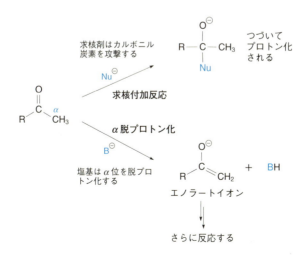

2) 求核付加反応と α 脱プロトン化

9. カルボニル化合物：カルボン酸とその誘導体

例 題 次に示した反応経路について，以下の問に答えよ．

(a) 化合物 1 が 2 に変換される反応の機構を，巻矢印を用いて説明せよ．[ヒント：$NaBH_4$ は H^- の供給源となる．]
(b) エステル 3 を水酸化ナトリウム水溶液中で加熱すると，アルコール 2 に戻る．このけん化反応の機構を，巻矢印を用いて説明せよ．[ヒント：エステルの加水分解を考えよ．]
(c) エステル 3 が β-ケトエステル 4 に変換される過程には，2 種類の異なるエノラートイオンが中間体として関与する．エステル 3 から 4 が生成する反応の機構を，巻矢印を用いて説明せよ．[ヒント：クライゼン縮合反応を考えよ．]

解 答 (a) $NaBH_4$ はヒドリド H^- の供給源となる．

(b)

(c)

問　題

9・1 ラクトン **C** は，次の反応経路によって **A** から合成することができる．

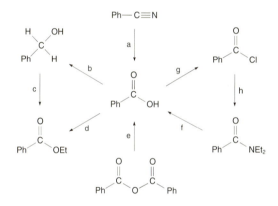

(a) **A** を **B** へ変換する方法を述べよ．エステル基ではなくケトン基が選択的に反応する理由を説明せよ．
(b) **B** が **C** へ変換される機構を説明せよ．
(c) 生成物 **D** の構造式を書け．

9・2 次の a～h の変換を行うために用いるべき適切な反応剤を示せ．

9・3 次に示した化合物を出発物として，これらをナトリウムエトキシド NaOEt と反応させ，つづいて酸性水溶液と処理して得られるおもな縮合生成物の構造式を書け．
(a) $PhCOCH_3 + PhCO_2CH_2CH$
(b) $CH_3CH_2OCHO + PhCOCH_3$
(c) $CH_3CO_2CH_2CH_3 + (CH_3)_3CCO_2CH_2CH_3$
(d) $PhCOCH_3 + CH_3CO_2CH_2CH_3$

9・4 (S)-2-ヒドロキシブタン酸を酸触媒の存在下でメタノールとともに加熱すると，化合物 **E** が生成した．**E** を水素化アルミニウムリチウムと反応させた後，つづいて水で処理すると化合物 **F** が生成したが，**F** は過ヨウ素酸 HIO_4 と反応して **G** を与えた．最後に，**G** を 2,4-ジニトロフェニルヒドラジン〔ブラディ反応剤（Brady's reagent）〕と硫酸の存在下で反応させると化合物 **H**（分子式 $C_9H_{10}N_4O_4$）の沈殿が生成した．化合物 **E**～**H** の構造式を書け．

9・5 次に示した反応経路について,以下の問に答えよ.

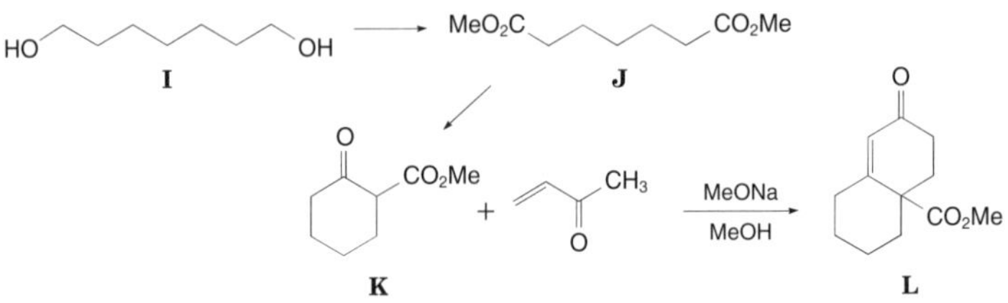

HO～～～OH (**I**) → MeO$_2$C～～～CO$_2$Me (**J**)

↓

(**K**) シクロヘキサノンの2位に CO$_2$Me + H$_2$C=CH–C(=O)–CH$_3$ → (MeONa / MeOH) → **L**

(a) 2段階で化合物 **I** を **J** に変換するための反応剤を示せ.
(b) 化合物 **J** を **K** に変換するための反応剤を示せ.
(c) 化合物 **K** が **L** に変換される反応の機構を説明せよ.[ヒント:エノンは求核剤とマイケル型の付加反応をすることを思い出そう.]

9・6 化合物 **M**,**N**,**O** の構造式を書け.

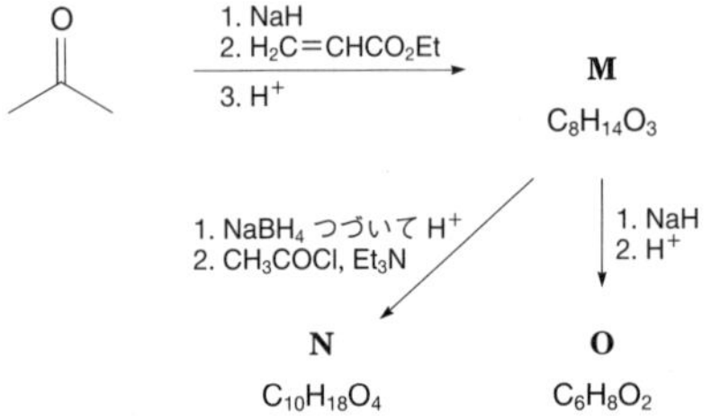

アセトン
1. NaH
2. H$_2$C=CHCO$_2$Et
3. H$^+$
→ **M** C$_8$H$_{14}$O$_3$

M
1. NaBH$_4$ つづいて H$^+$
2. CH$_3$COCl, Et$_3$N
→ **N** C$_{10}$H$_{18}$O$_4$

M
1. NaH
2. H$^+$
→ **O** C$_6$H$_8$O$_2$

10

スペクトルと構造

キーポイント

有機化合物の構造を決定するために，さまざまな手法によって測定されたスペクトルが用いられる．代表的な手法として，**質量分析法**（MS），**紫外**（UV）**分光法**，**赤外**（IR）**分光法**，および**核磁気共鳴**（NMR）**分光法**がある．MSは，電子衝撃によって生成した有機物イオンの質量と電荷の比を測定することによって，化合物の大きさと化学式に関する情報を与える．UV, IR, NMR分光法の原理は，有機化合物によって電磁波が選択的に吸収されることに基づいている．UV分光法は共役 π 電子系に関する情報を与え，一方，IR分光法により官能基に関する情報が得られる．構造決定のための最も重要な手法はNMR分光法であり，それは有機化合物中の水素原子や炭素原子の配列に関する情報を与える．

10・1 質量分析法

10・1・1 概　要

質量分析装置において，有機化合物は正電荷をもったイオンへと変換され，つづいてイオンは質量-電荷比（m/z）に従って分類され，存在するイオンの相対的な量が決定される．**電子衝撃質量分析法**（electron impact mass spectrometry, EIMS）では，少量の試料が高真空のチャンバー内へ導入されると，そこで試料は気体となり，高エネ

R—H →(電子衝撃) [R—H]$^{\oplus \bullet}$ + e$^{\ominus}$

分子　　　　　　ラジカルカチオン

ラジカルカチオンは正電荷と不対電子をもつことに注意

ルギー電子の衝突を受ける．電子の衝突によって分子 M から電子が放出され，ラジカルカチオン $M^{+\cdot}$ が生成する．生成したラジカルカチオンを，**親ピーク**（parent peak）または**分子イオン**（molecular ion）という．

分子から放出される電子は，比較的エネルギーの高い電子である．たとえば，結合に関与しない非共有電子対をもつ分子では，その電子が放出される．

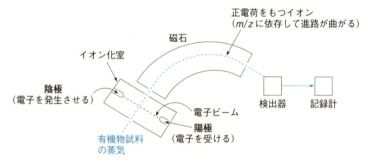

分子イオンは，強力な磁場を通過することによって進路が曲げられ，イオン検出器に到達する．イオンの曲がり方はその質量-電荷比に依存している．分子イオンの質量は分子の質量と実質的に同一なので，質量分析装置を用いると，相対分子質量を決定することができる．

衝突する電子が十分なエネルギーをもっていると，分子イオンはより小さなラジカルとカチオンに分解する．この過程を**フラグメンテーション**（fragmentation）といい，生じた小さなカチオンをフラグメントイオン（fragment ion）あるいは娘イオン（daughter ion）という．一般に，ラジカルカチオンでは最も弱い結合が開裂して，最も安定なフラグメントイオンとフラグメントラジカルが生成する．ラジカルカチオンやカチオンといった電荷をもった粒子だけが検出器によって記録される．

質量スペクトルによって、ラジカルカチオンやカチオンの質量と、それらの相対的な存在量を決定することができる。最も強いピークは**基準ピーク**（base peak）とよばれ、この強度を100%とする。ほかのピークの強度は、基準ピークに対する百分率で記録される。基準ピークは、分子イオンピークの場合もあれば、フラグメントピークの場合もある。

10・1・2 同位体パターン

一般に、分子イオンピーク M が最も大きな質量数をもつピークとなるが、同時に M+1 や M+2 のピークも観測される。これらを**同位体ピーク**（isotope peak）という。同位体ピークが現れるのは、通常の同位体より重い同位体（たとえば、^{12}C に対する ^{13}C）を含む分子が存在することに由来する。

例：メタン（CH$_4$）
$\left[\text{CH}_4\right]^{\oplus \cdot}$

ピーク	式	m/z	基準ピークに対する%
M	^{12}C^{1}H$_4$	16	100
M+1	^{13}C^{1}H$_4$	17	1.14
M+2	^{13}C^{2}H^{1}H$_3$	18	無視できる

同位体ピーク M+1 および M+2 は、分子イオンピークに比べてその強度は非常に弱い。これは、一般に、同位体の天然存在量が非常に少ないためである。たとえば ^{12}C = 98.9% に対して ^{13}C = 1.1% である。^{13}C と同様、^{15}N、^{2}H、^{17}O もまた M+1 ピークに寄与する。分子が C, H, N, O, F, P, I だけを含む場合には、M+1 および M+2 ピークのおおよその強度は、次の式を用いて計算することができる。

$$\%(\text{M}+1) \approx 1.1 \times 炭素原子数 + 0.36 \times 窒素原子数$$

$$\%(\text{M}+2) \approx \frac{(1.1 \times 炭素原子数)^2}{200} + 0.20 \times 酸素原子数$$

- 分子内に1個の塩素原子が存在することは、質量スペクトルにおいて、M と M+2 ピークが特徴的な 3:1 の比を示すことからわかる。これは、塩素原子には ^{35}Cl（75.8%）と ^{37}Cl（24.2%）同位体が存在するためである。
- 分子内に1個の臭素原子が存在することは、質量スペクトルにおいて、M と M+2 ピークが特徴的な 1:1 の比を示すことからわかる。これは、臭素原子には ^{79}Br

(50.5%) と ^{81}Br (49.5%) 同位体が存在するためである.
- 分子内に窒素原子が存在することは，**窒素則**（nitrogen rule）から推論することができる．窒素則によると，相対分子質量が偶数の分子は窒素をもたないか偶数個の窒素原子をもち，一方，相対分子質量が奇数の分子は奇数個の窒素原子をもつ．

10・1・3 分子式の決定

高分解能質量スペクトルを測定することによって，化合物の分子式を決定することができる．^{12}C を除いて同位体の原子量は整数ではないので，分子の質量を小数第 4 位から第 5 位まで正確に測定することによって，異なる原子組成をもつ化合物を識別することができる．

化合物	低分解能 m/z	高分解能 m/z
^{12}C^{16}O	28	^{12}C = 12.0000
		^{16}O = 15.9949
		27.9949
^{14}N$_2$	28	^{14}N = 14.0031
		^{14}N = 14.0031
		28.0062
異なる	同一	異なる

また，分子式がわかると，その分子の**不飽和度**を計算することができる．この数は，その分子がもつ環の数，二重結合数，および三重結合数の 2 倍の総和に等しい．C, H, N, X (ハロゲン), O, S を含む化合物の不飽和度は，次の式を用いて計算することができる．

$$不飽和度 = 炭素原子数 - \frac{水素原子数}{2} - \frac{ハロゲン原子数}{2} + \frac{窒素原子数}{2} + 1$$

例：C_7H_7OCl　　不飽和度 $= 7 - \frac{7}{2} - \frac{1}{2} + 1 = 4$

具体的な分子として，たとえば　Cl—⟨ ⟩—OCH$_3$
1-クロロ-4-メトキシベンゼン

10・1・4 フラグメンテーションパターン

電子衝撃（EI）により，分子はまず最も弱い結合で開裂する．生成したフラグメン

トイオンは，さらにフラグメンテーションを起こす．観測されたフラグメントイオンの系列（フラグメンテーションパターン）を解析すると，親イオンの構造に関する情報を得ることができる．フラグメンテーションパターンを解析するために，以下のような一般的指針がある．これを用いることによって，親イオンの主要なフラグメンテーション経路を予想することができる．この指針は，フラグメンテーションにより，最も安定なカチオンが生成することに基づいている．

1) アルカンのフラグメンテーションは，多くの置換基をもつ枝分かれの多い炭素原子のところで起こりやすい．これは，第三級カルボカチオン R_3C^+ が，第二級 R_2CH^+，さらに第一級カルボカチオン RCH_2^+ よりも安定だからである（§4・3参照）．

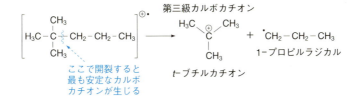

2) ハロゲン化アルキル R−X のフラグメンテーションでは，一般に，弱い炭素−ハロゲン結合が開裂し，カルボカチオン R^+ とハロゲンラジカル（ハロゲン原子）$X^·$ が生成する．

3) アルコール ROH，エーテル ROR，アミン（たとえば RNH_2）のフラグメンテーションでは，一般に，ヘテロ原子に隣接した C−C 結合が開裂し，共鳴安定化したカルボカチオンが生成する．この開裂様式を **α開裂**（α-cleavage）という．

4) カルボニル化合物のフラグメンテーションでは，一般に，C(O)−C 結合が開裂し，共鳴安定化したカルボカチオンが生成する．この開裂様式も α開裂とよばれる．

10・1・5 化学イオン化

EI において，分子イオンがフラグメンテーションを起こしやすいのは，この過程によって，衝突した電子から受けた非常に大きなエネルギーが解放されるためである．これに対して，より低いエネルギーでイオン化させることにより，分子イオンのフラグメンテーションを抑制する手法が，**化学イオン化**（chemical ionization, CI）である．この手法では，有機物試料は気相でプロトン化されるので，EI のようなラジカルカチオンではなく，カチオンが生成する．これによって，分子の質量より 1 質量単位大きい $[M+H]^+$ ピークが質量分析装置によって検出される．

10・2 電磁スペクトル

紫外（ultraviolet, UV），赤外（infrared, IR）および核磁気共鳴（nuclear magnetic resonance, NMR）分光法は，分子と電磁波との相互作用に基づいている．有機分子がさまざまな波長，すなわちさまざまなエネルギーをもつ電磁波に曝されると，その電磁波のある部分が分子によって吸収される．これを記録したものが，**吸収スペクトル**（absorption spectrum）である．電磁波のエネルギー E と波長 λ の間には，下式に示すような関係がある．h はプランク定数（Plank constant）とよばれる定数であり，6.626×10^{-34} J s の値をもつ．周波数が高いほど，または波数が高いほど，あるいは波長が短いほど，電磁波のエネルギーは大きくなることに注意する必要がある．

$$E = h\nu = \frac{hc}{\lambda} = h\tilde{\nu}c$$

$E =$ エネルギー（J mol^{-1}）　　$\nu =$ 周波数（s^{-1} あるいは Hz）　　$c =$ 光速（m s^{-1}）
$h =$ プランク定数（J s）　　$\lambda =$ 波長（m）　　$\tilde{\nu} =$ 波数（cm^{-1}）

有機分子と電磁波がどのような相互作用をするかは，分子の構造と電磁波の波長に依存する．電磁波の波長が異なると，有機分子に対する影響の与え方も異なる．有機分子が電磁波を吸収すると，分子のエネルギーは増大する．電磁波の吸収によって，1) UV 分光法では，ある分子軌道から別の分子軌道への電子の励起，2) IR 分光法では，振動のような分子運動の増大，3) NMR 分光法では，エネルギーが低い核スピン状態から高い核スピン状態への核の励起，がひき起こされる．

分光法の種類	光源	エネルギー範囲（kJ mol^{-1}）	励起の種類
紫外（UV）	紫外線	298〜595	電子励起
赤外（IR）	赤外線	8〜50	分子振動
NMR	ラジオ波	25〜251×10^{-6}	核スピン

10・3 紫外分光法

紫外(UV)分光法では,波長を変化させながら紫外線を有機分子に照射し,吸収されるエネルギーを記録する.吸収される紫外線のエネルギーは,電子をより高いエネルギー準位へ励起するために必要なエネルギーに相当する.紫外線の吸収により,たとえば占有軌道から空軌道へ,あるいは部分的に占有されている軌道への電子の励起が起こる.

[紫外(UV)分光装置]

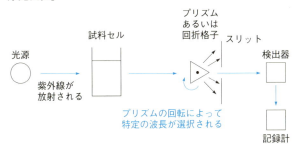

ある特定の波長において吸収される紫外線の正確な量は,化合物の**モル吸光係数** (molar absorption coefficient) ε によって表記される.これによって,光吸収の効率を適切に見積もることができる.モル吸光係数は,**ランベルト-ベールの法則**(Lambert-Beer's law)に基づいて吸光度 A から計算することができる.

$$\varepsilon = \frac{A}{c \times l}$$

ε = モル吸光係数($m^2\,mol^{-1}$)
A = 吸光度
c = 試料濃度($mol\,dm^{-3}$)
l = 試料の光路長(cm)

ランベルト-ベールの法則

$$A = \log_{10}\left(\frac{I_0}{I}\right)$$

I_0 = 試料に当たる照射光の強度
I = 試料から出る透過光の強度

吸収帯の強さは,ふつう,最大の吸収をもつ波長におけるモル吸光係数 ε_{max} で示される.分子が紫外線を吸収すると,基底状態から励起状態への遷移が起こる.すなわち,分子は,結合性あるいは非結合性軌道の電子が,より高いエネルギーをもつ反結合性軌道へ遷移するために十分なエネルギーを得る.有機分子において最もふつうにみられる電子励起は,$\pi \to \pi^*$ および $n \to \pi^*$ 遷移である.

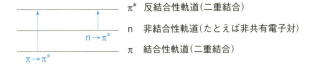

π→π* あるいは n→π* 遷移を起こすために必要な電磁波の波長は，遷移に関与する軌道のエネルギー差に依存し，そしてそれは有機分子に存在する官能基の性質に依存する．したがって，吸収ピークの波長 λ_{max} によって，分子内に存在する官能基を同定することができる．一般に，紫外線の吸収をひき起こす置換基を，**発色団**〔クロモフォア（chromophore）〕という．

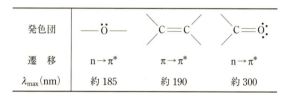

λ_{max} に影響する最も重要な因子の一つは，共役の程度，すなわち交互に存在する C−C と C=C の数である．共役二重結合の数が大きくなるほど，λ_{max} の値は大きくなる．化合物が十分な数の二重結合をもっていれば可視光を吸収するので（$\lambda_{max} > 400$ nm），化合物は着色する．このように，UV スペクトルは，分子の共役 π 電子系の性質に関する情報を与える．

2-プロペナール　　　ブタ-1,3-ジエン　　（E）-ヘキサ-1,3,5-トリエン

$\lambda_{max} = 210$ nm (π→π*)　　$\lambda_{max} = 217$ nm　　$\lambda_{max} = 258$ nm

NH_2 基や OH 基のように，発色団に結合して吸収の λ_{max} や強度を変える置換基を，**助色団**（auxochrome）という．たとえば，ベンゼン C_6H_6 の λ_{max} は 255 nm であるが，フェノール C_6H_5OH およびアニリン $C_6H_5NH_2$ の λ_{max} は，それぞれ 270 nm および 280 nm である．NH_2 基や OH 基が置換することによって λ_{max} が長波長側へ移動したのは，酸素原子および窒素原子上の非共有電子対がベンゼン環の π 電子系と相互作用したためである．助色団の置換によって λ_{max} が長波長側へ移動することを**深色効果**〔レッドシフト（red shift）〕といい，短波長側へ移動することを**浅色効果**〔ブルーシフト（blue shift）〕という．

10・4　赤外分光法

赤外（IR）分光法では，波長を変化させながら赤外線を有機化合物（固体，気体，あるいは液体）に連続的に照射し，吸収されるエネルギーを IR 分光装置によって記録する．IR 分光装置は，UV 分光装置と同一の仕組みをもっている（§10・3 参照）．吸収される赤外線のエネルギーは，分子内の結合を振動させるために必要なエネルギー

に相当する．

エネルギーの吸収は，IRスペクトルに吸収帯として現れる．吸収されたエネルギーは周波数として記録され，一般に，波数（cm^{-1}）で表される．最も有効な電磁波の領域は，4000〜400 cm^{-1}である．

$$波数(\tilde{\nu}) = \frac{1}{波長(\lambda)}$$

フックの法則（Hooke's law）が示すように，2個の原子間振動の振動数は，原子間の結合強度とそれらの質量に依存する．結合は，伸縮したり，屈曲したりしているが，それらの振動は，それぞれ固有のエネルギー準位に対応する固有の振動数をもっている．赤外線の周波数と結合の振動数が一致すると，光のエネルギーは結合の振動によって吸収される．

$$\tilde{\nu} = \frac{1}{2\pi c}\sqrt{k\frac{(m_1+m_2)}{m_1 m_2}}$$

$\tilde{\nu}$ = 振動の波数（cm^{-1}）
k = 力の定数（結合強度を示す，N m^{-1}）
m^1, m^2 = 原子の質量（kg）
c = 光速（m s^{-1}）

すべての結合が伸縮運動や変角運動をするので，有機化合物のIRスペクトルは複雑となる．IRスペクトルでは，双極子モーメント（§1・6・1参照）の変化をひき起こす振動が観測される．一般に，変角振動の振動数は，同じ置換基の伸縮振動の振動数よりも低い．

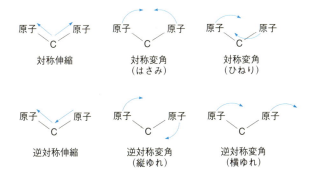

有機化合物のIRスペクトルはその複雑さから，その分子に特有の指紋としての意味をもち，特に1500 cm^{-1}以下の領域は**指紋領域**（fingerprint region）とよばれている．一方で，特定の官能基の振動は化合物が異なってもそれほど変化せず，その官能基に特徴的な波数領域に現れる．これらの振動は，特にそれが1500 cm^{-1}以上の伸縮振動

である場合には，分子の構造に関する重要な情報を与える．

結合あるいは官能基	$\tilde{\nu}(cm^{-1})$	結合あるいは官能基	$\tilde{\nu}(cm^{-1})$
RO−H, C−H, N−H	4000〜2500	C=O, C=N, C=C	2000〜1500
RC≡N, RC≡CR	2500〜2000	C−C, C−O, C−N, C−X	<1500

　一般に，短く強い結合は，長く弱い結合に比べて，振動により大きなエネルギーを必要とするため，その振動の振動数は高い．したがって，C≡C 結合の吸収は C=C 結合の吸収よりも高波数領域に現れ，また C=C 結合の吸収は C−C 結合の吸収よりも高波数領域に現れる．

　一般に，軽い原子をもつ結合は，重い原子をもつ結合に比べて，その振動の振動数は高い．したがって，C−H 結合の吸収は C−C 結合の吸収よりも高波数領域に現れる．

アルコールとアミン

　アルコール ROH あるいは第一級，第二級アミン RNH_2, R_2NH は，最も特徴的なピークとして，3650〜3200 cm^{-1} にそれぞれ O−H あるいは N−H 伸縮振動に由来する強いピークを示す．しばしばこのピークは幅広いピークとして観測されることがあり，この場合には，O−H あるいは N−H が分子間水素結合を形成していることを示す．

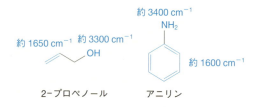

2-プロペノール　　　アニリン

カルボニル化合物

　カルボニル基は，1825〜1575 cm^{-1} に C=O 伸縮振動に由来する鋭く強いピークを示す．C=O に結合している置換基の電子的な性質は C=O の伸縮振動に影響を与え

カルボニル化合物	$\tilde{\nu}(cm^{-1})$	カルボニル化合物	$\tilde{\nu}(cm^{-1})$
酸無水物（RCO_2COR）	1820	ケトン（RCOR）	1715
酸塩化物（RCOCl）	1800	カルボン酸（RCO_2H）	1710
エステル（RCO_2R）	1740	アミド（例：$RCONH_2$）	1650
アルデヒド（RCHO）	1730		

る．このため，ピークの詳細な位置から，カルボニル化合物の種類を決定することができる．

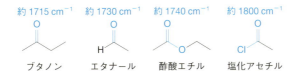

10・5 核磁気共鳴分光法

有機分子に存在する ^1H, ^{13}C, ^{19}F, ^{31}P などの核が強い磁場中に置かれると，核スピンは磁場に対して平行か，あるいは逆平行に整列する．磁場に対して平行な方がエネルギー的に安定なので，いくぶん数が多い．適切な周波数をもった電磁波が照射されると，エネルギーが吸収される．この現象を**共鳴**（resonance）という．これにより**スピン反転**（spin flipping）が起こり，低いエネルギー状態にあった核が高いエネルギー状態へと**励起**（excitation）される．エネルギーを得た核は，エネルギーを放出することによって，元の状態へと**緩和**（relaxation）する．

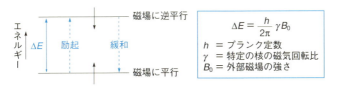

二つの状態のエネルギー差 ΔE は，外部から与えられた磁場の強さ B_0 と核の種類によって決まる磁気回転比 γ に依存する．そしてこれらの値から，共鳴条件 $\Delta E = h\nu$ によって，共鳴に必要なラジオ波の周波数 ν が決まる．これらの関係から，外部磁場が弱いほどエネルギー差は小さくなり，共鳴には低い周波数の電磁波が必要となることがわかる．しかし，同一の分子内にある ^1H または ^{13}C 核が吸収する電磁波の周波数 ν は，すべて同一というわけではない．

核の周囲は電子によって取囲まれており，外部から磁場がかかると，電子の運動によって外部磁場 B_0 と反対方向に作用する小さい局所的な誘起磁場 B_i が生じる．したがって，核が実際に感じる磁場 $B_{\text{effective}}$ は，外部から加える磁場よりわずかに小さくなる．このとき核は**遮蔽されている**（shielded）という．核の近傍に大きな電子密度が存在するほど，その核に対する遮蔽は大きくなる．

- 核の近傍に電気陰性な置換基があると，電子は核から引き離されるため，核の遮蔽は減少する〔**脱遮蔽される**（deshielded）という〕．

- 核の近傍に電気陽性な置換基があると，核を取巻く電子密度は増大するため，核の遮蔽は増加する．

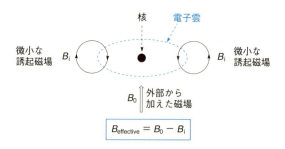

同じ分子内でも，それぞれの核の電子的な環境は核によってわずかに異なっているので，それぞれの核が電子によって遮蔽される程度もわずかに異なっている．高分解能 NMR 分光法は，それぞれの核にかかる実効的な磁場のわずかな差を検出することができ，核の電子的な環境によって異なった NMR 共鳴シグナル（NMR ピーク）を与える．

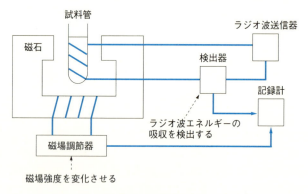

NMR スペクトルでは，ラジオ波の吸収強度を縦軸にとり，核にかかる実効的な磁場強度の違いを横軸として記録する．古い装置では，ラジオ波の周波数を一定に保ち，

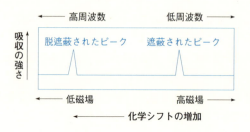

外部から加える磁場の強さをわずかに変化させることによって，核にかかる実効的な磁場強度の違いを検出した．NMR スペクトルの右側が高磁場側（high-field あるいは upfield）であり，スペクトルの左側が低磁場側（low-field あるいは downfield）である．

近年の装置は**パルスフーリエ変換 NMR**（pulse Fourier transform NMR, FT-NMR と略記）とよばれ，磁場を一定に保ち，ラジオ波の周波数を変化させる手法が用いられている．FT-NMR では，幅をもった周波数のラジオ波を用いることによって，すべての核スピンが瞬時に励起される．励起されたスピンは平衡状態へ戻ろうとするが，その際に放射されるラジオ波を時間の関数として記録し，それを周波数領域の関数へと変換することによりスペクトルが得られる．

NMR スペクトルを表記するための基準物質として，テトラメチルシラン Me_4Si が用いられる．Me_4Si は ^1H および ^{13}C NMR スペクトルの両方において，低周波数領域（高磁場領域）に単一のシグナルを与える．NMR スペクトルにおけるシグナルの位置は**化学シフト**（chemical shift）とよばれ，δ で表記される．これは，そのシグナルと Me_4Si の共鳴周波数の差を，測定に用いたラジオ波の周波数に対して百万分の一（part per million, ppm）の単位で表したものである．一般の有機化合物においてほとんどすべての吸収は，Me_4Si のシグナルよりも高周波数領域（低磁場領域）に現れる．シグナルが観測される典型的な範囲は，^1H NMR では 0～10 ppm，^{13}C NMR では 0～210 ppm である．NMR スペクトルにおいて左側に現れるピークは大きな化学シフト値をもち，右側に現れるピークの化学シフト値は小さい．

$$\delta(\mathrm{ppm}) = \frac{Me_4Si とピークとの距離(Hz) \times 10^6}{分光装置の周波数(Hz)}$$

^1H と ^{13}C が最もふつうに測定される核種であるが，それらが吸収するラジオ波の周波数領域は異なっているので，二つの核種を同時に観測することはできない（すなわち ^1H NMR スペクトルには，^{13}C のシグナルは観測されない）．

10・5・1 ^1H NMR 分光法

一般に，^1H NMR（またはプロトン NMR）スペクトルは，少量の試料を $CDCl_3$ などの重水素化された溶媒に溶かし，これを強力な磁場中に置くことにより測定される．スペクトルから，有機化合物に含まれる等価な水素原子の数に関する情報が得られる．等価な水素原子は同一のピークを示すが，非等価な水素原子は異なった位置にピークを与える．したがって，スペクトルにおけるピークの数から，その有機化合物にはいくつの異なった種類の水素原子が存在するかを決定することができる．さらに，^1H

NMR スペクトルにおけるピーク面積から，そのピークを与える水素原子の相対的な数が決定される．ピーク面積はスペクトル上に，積分強度として記録される．

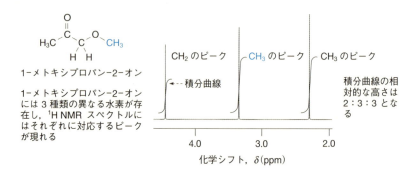

1-メトキシプロパン-2-オン

1-メトキシプロパン-2-オンには3種類の異なる水素が存在し，¹H NMR スペクトルにはそれぞれに対応するピークが現れる

積分曲線の相対的な高さは2：3：3となる

a. 化学シフト　ピークの化学シフト値 δ から，その水素原子の磁気的および化学的環境に関する情報が得られる．電子求引基に隣接する水素原子は脱遮蔽されており，大きな δ 値を与える．一方，電子供与基に隣接する水素原子は遮蔽されており，小さな δ 値を与える．

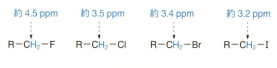

ハロゲン原子の電気陰性度が減少 ⟶

したがって，置換基に含まれる水素原子は，それぞれに特徴的な化学シフト値をもつことになる．一般に，電子求引性の原子や置換基に近接した水素原子の化学シフト値は，比較的大きい．

官能基		δ(ppm)†
アルカン	CH−C	0〜1.5
アリル位，ベンジル位	CH−C=C	1.5〜2.5
ハロゲン化アルキル	CH−X	
アミン	CH−NR$_2$	
エーテル	CH−OR	2.5〜4.5
アルコール	CH−OH	
アルケン	CH=C	4.5〜6.5
芳香族化合物	CH=C	6.5〜8
アルデヒド	CH=O	9〜10

† そのほかの ¹H NMR 化学シフト値は付録6参照．

約 2.0 ppm　　　　　　　　　　　約 2.3 ppm　　約 3.1 ppm　　　たとえば，ベンゼン環と
　　約 5.0 ppm　　　　　　　　　　　　　　　　　　　　　　　臭素原子のように，二つ
　　　　H₂　　　　　　　　H₃C　　　　　　CH₂－CH₂Br　　　の置換基に近接した水素
H₃C　C　CH₂　　　　　　　　　　　　　　　　　　　　　　　原子は両方の置換基の影
　　　C　　　　　　　　　　　　　　　　　　　　約 3.6 ppm　 響を受ける
約 1.0 ppm　H　　　　　　　　　H　　　H
　　　約 5.8 ppm　　　　　　　約 7.2 ppm　約 7.0 ppm

　一般に，メチル水素 CH₃ は小さな化学シフト値の領域に現れるが，メチレン水素 CH₂ はメチル水素よりやや大きな化学シフト値を示し，メチン水素 CH はさらに大きな化学シフト値の領域に現れる．

　　　　約 3.6 ppm　　　　　　　約 4.1 ppm　　　　　　約 4.9 ppm　　いずれの場合も，電子
　　　　O　　　　　　　　　　O　　　　　　　　　　O　　　　　　　求引性の酸素原子に接
　　　　‖　　　　　　　　　　‖　　　　　　　　　　‖　　　　　　　近した水素原子の方が
H₃C　　C　　O　　CH₃　RH₂C　C　O　CH₂R　R₂HC　C　O　CHR₂　　　より大きな化学シフト
　　　　　　　　　　　　　　　　　　　　　　　　　　　　　　　　　値をもっている
約 2.0 ppm　　　　　　　約 2.3 ppm　　　　　　　約 2.5 ppm

［芳香族化合物，アルケン，アルデヒド］
　芳香環に結合した水素は強く脱遮蔽されており，高周波数領域（低磁場領域）で吸収する．π電子が磁場中に置かれると，電子は環のまわりを運動して**環電流**（ring current）を発生する．これによって環外に加えられた磁場を強める小さい誘起磁場が形成されることになり，この結果，芳香族水素は脱遮蔽される．この環電流の存在は，芳香族化合物の一つの特徴となっている．関連する効果はアルケン RCH＝CHR やアルデヒド RCHO でも観測される．これらの化合物では二重結合のπ電子が誘起磁場をつくる．この結果，アルケン水素，さらに特にアルデヒド水素は脱遮蔽されて大きな化学シフト値をもつことになる．

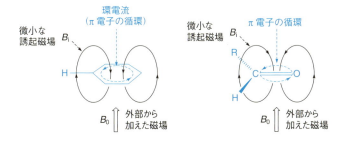

b. スピン-スピン分裂　　¹H NMR スペクトルのピークは**スピン-スピン分裂**（spin-spin splitting）あるいは**スピンカップリング**（spin coupling, スピン結合）とよばれる現象のため，単一線（単一のピーク）とはならないことが多い．一つの核がも

つ小さな磁場は隣接する核の磁場に影響を与える．この相互作用によって，ピークの分裂がひき起こされる．ピークの間隔は**スピン結合定数**（coupling constant）J とよばれ，ヘルツ（Hz）単位で表記される．

ピークの分裂様式は，隣接している水素原子の数に依存する．これは $n+1$ 則を用いて計算することができる．ここで n は隣接している等価な水素原子の数を示し，このときピークは $n+1$ 本に分裂する．ピークの数（多重度）と分裂したピークの相対的な強度は，下表に示すように，パスカルの三角形（Pascal's triangle）を用いて求めることができる．たとえば，置換基 CH_3CH_2- では，CH_3 ピークは三重線（強度比 1：2：1），CH_2 ピークは四重線（強度比 1：3：3：1）として現れる．

n	ピークの数($n+1$)	分裂様式	ピークの相対強度
0	1	単一線（シングレット, s）	1
1	2	二重線（ダブレット, d）	1：1
2	3	三重線（トリプレット, t）	1：2：1
3	4	四重線（カルテット, q）	1：3：3：1
4	5	五重線（クインテット, quin）	1：4：6：4：1
5	6	六重線（セクステット, sex）	1：5：10：10：5：1
6	7	七重線（セプテット, sep）	1：6：15：20：15：6：1

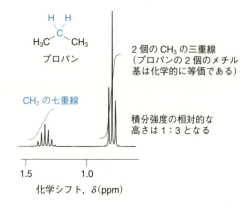

スピンカップリングが起こるためには，隣接する水素原子は化学的にも，また磁気的にも非等価でなければならない．2 個の水素が等価であるか非等価であるかを決定するには，頭の中で，一方の水素を仮想的な置換基 Z に置き換えてみるとよい．たとえば，CH_2Cl_2 では 2 個の水素原子のどちらを Z で置き換えても同一の分子 $ZCHCl_2$ が得られるので，水素原子は等価である（次図参照）．一方，$Me(Cl)C=CH_2$ では，2 個のアルケン水素原子のどちらかを Z で置き換えると，アルケンのジアステレオマーが

得られ，これらは同一の分子ではない．したがって，Me(Cl)C=CH$_2$ の 2 個の水素原子は非等価であり，NMR スペクトルでは異なったシグナルを与えることになる．

同一 (H = H)

同一ではない (H ≠ H)

スピンカップリングは，同一の炭素原子上にある非等価な水素原子の間に観測される．これを**ジェミナルスピン結合**（geminal coupling）といい，$J = 10〜20$ Hz の値を示す．また，スピンカップリングは隣接する炭素原子の非等価な水素原子の間にも観測され，これを**ビシナルスピン結合**（vicinal coupling）という．これは $J = 7$ Hz 程度の大きさである．スピンカップリングは，ふつう，3 個以上の σ 結合によって隔てられた水素原子の間には観測されない．また，互いにスピンカップリングしている水素原子は同一の J 値をもつことに注意する必要がある．

[アルケン]

スピン結合定数 J の大きさは，隣接炭素原子上の水素の間の二面角 ϕ に依存する．これを**カープラスの関係**（Karplus relationship）という．これを用いると，二置換アルケン RCH=CHR がシス形であるか，あるいはトランス形であるかを決定することができる．
- シス形アルケンでは，2 個の水素原子は二重結合の同一側にあるので 2 個の C−H 結合間の二面角は 0° であり，$J = 7〜11$ Hz の値となる．
- トランス形アルケンでは，2 個の水素原子は二重結合の反対側にあるので 2 個の C−H 結合間の二面角は 180° であり，$J = 12〜18$ Hz の値となる．

[芳香族化合物]

ベンゼン C$_6$H$_6$ では，二つのオルト（1,2 位）水素原子の間のスピン結合定数 J は 8 Hz 程度である．メタ（1,3 位）およびパラ（1,4 位）水素原子では，それらの原子間はさらに離れているので，J の値は非常に小さい（$J_{メタ} = 1〜3$ Hz，$J_{パラ} = 0〜1$ Hz）．一般に，これらのスピンカップリングのように 4 個以上の結合を隔てた核の間のスピ

ンカップリングを**長距離スピン結合**（long-range coupling）という．芳香族化合物では異なった水素原子が互いに重複したシグナルを与え，多重線（multiplet, m と表記される）となることが多い．このような現象は特に一置換ベンゼン C_6H_5-R で顕著であり，この化合物の芳香族水素原子は一般に，多数のシグナルが重複した幅の広い単一のピークとして観測される．

[アルコール]

一般に，アルコール ROH の OH 水素は，隣接する水素 C$\underline{\text{H}}$OH が存在しても，単一の鋭いまたは広幅のピークとして観測される．これは，アルコールの OH 水素が，互いに，あるいは試料中に含まれる微量の水の水素原子と速やかに交換しているためである．これによって，隣接する水素によって形成される局所的な磁場が平均化されるため，スピンカップリングが消失する．実際，^{1}H NMR スペクトルにおいてアルコールの OH 基に由来するピークは，アルコール溶液に重水 D_2O を加えて単に振るだけで除去される．これはアルコールの OH 水素が D_2O の重水素と交換したことにより，ROD と HOD が生じたためである（重水素原子は ^{1}H NMR スペクトルでは検出されない）．D_2O によって ROH のピークが消失し 4.7 ppm 付近に HOD に由来する新しいピークが現れる事実により，OH 基の存在を確認することができる．アミンの NH 基の水素原子も同様の挙動を示す．

c. 要 約　　^{1}H NMR スペクトルによって，有機化合物の構造に関する次のような情報が得られる．
1) ピークの数と化学シフト値から，化学的に異なった性質をもつ水素原子の種類がわかる．
2) ピーク面積から，それぞれの種類の水素原子の相対的な数がわかる．
3) スピンカップリングによって決定されるピークの分裂様式から，それぞれの水素原子がもつ最近接の水素原子数がわかる．

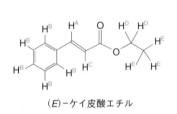

(E)-ケイ皮酸エチル

水素原子	ピーク	
	δ(ppm)	形 状
H^A	7.64[†]	二重線（$J=16$ Hz）
H^B	7.30〜7.14	広幅な多重線
H^C	6.39	二重線（$J=16$ Hz）
H^D	4.19	四重線（$J=7$ Hz）
H^E	1.30	三重線（$J=7$ Hz）

† 電子受容性のカルボニル基との共役のため，アルケン水素は脱遮蔽されている．

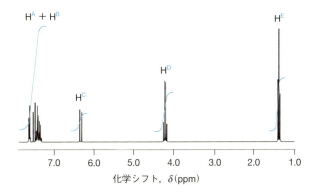

H^C の二重線は，それとスピンカップリングしている H^A の二重線に近い方のピークが大きくなっていることに注意．この現象は屋根効果 (roof effect) と よばれ，しばしばスピンカップリングをしている相手を見つけるのに役立つ

10・5・2　^{13}C NMR 分光法

^{13}C NMR スペクトルは，有機分子中に何種類の異なった炭素原子が存在するかに関する情報を与える．等価な炭素は同一の吸収を示し，一方，非等価な炭素は異なった位置に吸収を示す．

^{13}C の自然存在比はわずか 1.1％なので，^{13}C のシグナル強度は ^{1}H に比べて 1/6000 程度である．しかし，ラジオ波を短いパルスで連続的に照射させる手法を用いた FT-NMR により，^{13}C は日常的に測定することが可能になっている．すべての ^{1}H−^{13}C スピンカップリングを除去するために，一般に，**広帯域プロトンデカップリング法** (broad-band proton decoupling) が用いられる．これによって，それぞれの異なった種類の炭素原子は単一のピークとして観測される．なお，^{13}C の周囲に存在する炭素原子はほとんどが ^{12}C なので，通常 ^{13}C−^{13}C スピンカップリングは観測されない．

ピークの化学シフト δ 値は，炭素の磁気的および化学的環境に関する情報を与える．^{1}H NMR の場合と同様に，電子求引基に隣接した炭素は高周波数領域（低磁場領域）にシグナルを与え，大きな δ 値を示す．一方，電子供与基に隣接した炭素は低周波数領域（高磁場領域）にシグナルを与え，小さな δ 値を示す．

置換基に含まれる炭素原子は，それぞれに特徴的な化学シフトをもつ．一般に，置換基を系統的に変えた際の炭素の化学シフトの変化は，水素原子の化学シフトでみられた傾向と同一の傾向に従う．すなわち，化学シフト δ 値の大きさの順序は，一般に，第三級炭素 CH > 第二級炭素 CH$_2$ > 第一級炭素 CH$_3$ である．また，通常，sp^3 炭素原子は 0〜90 ppm にシグナルを与え，一方，sp^2 炭素原子のシグナルは 100〜210 ppm に現れる．このように，^{13}C NMR の化学シフトの領域は ^{1}H NMR と比べて非常に大きいので，異なった種類の炭素原子の ^{13}C ピークが重なって観測される可能性はほとん

どない．

アルカン炭素	δ(ppm)
CH_3	5〜20
CH_2	20〜30
CH	30〜50
C	30〜45

官能基	δ(ppm)
ハロゲン化アルキル C−X	0〜80
アルコール/エーテル C−O	40〜80
アルケン C=	100〜150
芳香族化合物 C=	110〜160
カルボニル C=O	160〜210

^{13}C NMR では，特別な手法を用いなければ，ピーク面積はそのピークを与える炭素原子の数に比例しない．

カルボニル化合物

カルボニル基 C=O の炭素原子は強く脱遮蔽されているため，その化学シフトは 160〜210 ppm という特徴的な値を示す．この化学シフトは，すべての種類の炭素原子のうちで最も大きな値である．

DEPT（distortionless enhanced polarization transfer）^{13}C NMR 分光法を用いると，炭素原子が第一級（CH_3），第二級（CH_2），第三級（CH），第四級（C）のどれであるかを決定することができる．

したがって，^{13}C NMR スペクトルから有機化合物の構造に関する次のような情報が得られる．

1) ピークの数と化学シフト値から，化学的に異なった性質をもつ炭素の種類がわかる．
2) DEPT 法を用いると，それぞれの炭素上の水素原子数がわかる

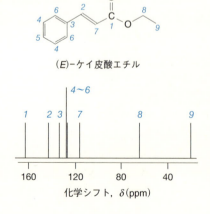

(E)-ケイ皮酸エチル

炭素原子	ピーク δ(ppm)
1	165.0
2	142.8
3	134.9
4	128.4
5	127.7
6	126.2
7	117.6
8	59.6
9	13.7

4位の2個の炭素原子，および6位の2個の炭素原子は，それぞれ化学的に等価である

例　題

例　題　食物に香りを与える"ラムエッセンス"として利用される強いにおいをもつ化合物が単離され，さまざまな分析法によってスペクトルが測定された．IR スペクトルでは 1740 cm^{-1} に強い吸収帯を示し，質量スペクトルでは m/z 57 にフラグメントイオンによる基準ピークが観測された．また，この化合物の ^{1}H NMR を測定したところ，以下のようなスペクトルが得られた．これらの情報を用いて，化合物の構造を推定せよ．[ヒント：IR の情報を用いて官能基を決定せよ．質量スペクトルのフラグメントイオンの構造を決定せよ．^{1}H NMR スペクトルに現れたピークの化学シフトとピーク面積を用いて，部分構造を決定せよ．さらに，スピンカップリングによるピークの分裂様式を用いて，それらの部分構造が互いにどのように結合しているかを決定せよ．]

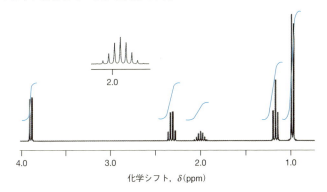

解　答　1740 cm^{-1} の IR 吸収帯は，この化合物がエステル RCO$_2$R であることを示している．

質量スペクトルでは，エステルの分子イオンは C−O 結合が開裂してフラグメンテーションを起こし，アシリウムイオン RCO$^+$ を与える．RCO$^+$ の相対分子質量が 57 であるから，R の相対分子質量は 57−28＝29 と決定される．

^{1}H NMR スペクトルに現れた 5 種類のピークは，次の部分構造に帰属される．

　　3.86 ppm　2H　おそらく CH$_2$−OCOR
　　2.29 ppm　2H　おそらく CH$_2$−CO$_2$R
　　1.97 ppm　1H　CH
　　1.14 ppm　3H　CH$_3$
　　0.95 ppm　6H　2 個の CH$_3$

それぞれのピークの分裂様式から，それぞれの部分構造（対応する H に下線をつけて表す）は次のように結合していることがわかる．

　　3.86 ppm　d　−CH−C$\underline{\text{H}}_2$−
　　2.29 ppm　q　−C$\underline{\text{H}}_2$−CH$_3$
　　1.97 ppm　9 個のピーク　−CH$_2$C$\underline{\text{H}}$(CH$_3$)$_2$

1.14 ppm t $-CH_2-C\underline{H}_3$
0.95 ppm d $-CH(C\underline{H}_3)_2$

これらの部分構造をつなぎ合わせることにより，この化合物は，プロパン酸2-メチルプロピルと決定される．この化合物は質量スペクトルにおいてアシリウムイオン $CH_3CH_2CO^+$ (m/z 57) を与えるので，質量スペクトルデータと矛盾しない．

問題

10・1 右図の構造をもつ化合物 **A** がある．

化合物 **A** について，NMRあるいは質量スペクトルを用いて以下の(a)〜(d)を行いたい．それぞれ，どのような結果が得られればよいかを説明せよ．

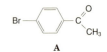

A

(a) 分子式を確定する．
(b) 1個の臭素原子が存在することを示す．
(c) $COCH_3$ 基が存在することを確定する．
(d) 1,4-二置換のベンゼン環が存在することを確定する．

10・2 次に示したスペクトルデータを用いて，化合物 **B** の構造を推定せよ．

m/z (EI)：134 (25%)，91 (85%)，43 (100%) （百分率はピークの相対強度を表す）．

δ_H：7.40〜7.05 (5H, 広幅な多重線)，3.50 (2H, s)，2.00 (3H, s) （溶媒 $CDCl_3$）．

δ_C：206.0 (C)，134.3 (C)，129.3 (2×CH)，128.6 (2×CH)，126.9 (CH)，48.8 (CH_2)，24.4 (CH_3) （溶媒 $CDCl_3$）．

10・3 化合物 **C** および **D** の ^1H および ^{13}C NMR（プロトンデカップリング）スペクトルに現れる水素原子と炭素原子のピークのおおよその化学シフトを予想せよ．^1H NMRスペクトルでは，スピンカップリングによるピークの分裂様式と結合定数の値も示せ．

C   **D**

10・4 化合物 **E** は $1730\ cm^{-1}$ に強い赤外線吸収帯を示し，^1H NMR スペクトルでは 2 本の単一線ピークを与えた．化合物 **E** を水素化ホウ素ナトリウムと反応させ，つづいて酸性水溶液で処理すると，化合物 **F** が得られた．化合物 **F** は $3500〜3200\ cm^{-1}$ に幅広い赤外線吸収帯を示し，水素化ナトリウム（塩基）で処理した後ヨウ化メチルと反応させると，化合物 **G** を与えた．**G** の質量スペクトルを測定すると，m/z 102 に分子イオンピークと m/z 45 に強いピークが観測された．化合物 **E**〜**G** の構造式を書け．

10・5 ニンジンから分子式 $C_5H_{10}O$ をもつ化合物が単離された。以下に示す ^1H および ^{13}C NMR スペクトルを用いて，この化合物の構造を推定せよ．

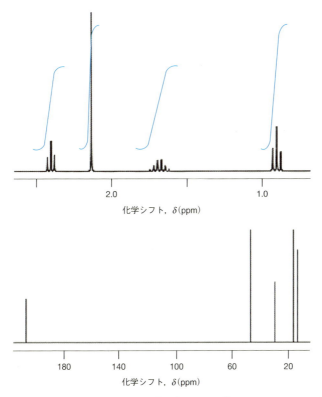

10・6 以下に，分子式 $C_9H_{12}O$ をもつ化合物の ^1H および ^{13}C NMR スペクトルを示す．これらのスペクトルを用いて，この化合物の構造を推定せよ．

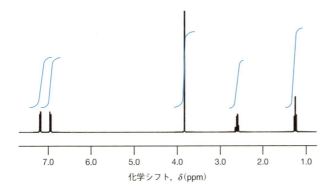

10. スペクトルと構造

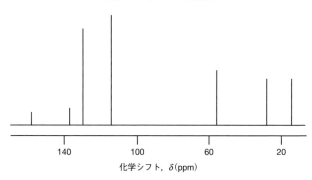

11

天然物および合成高分子

=== キーポイント ===

天然物は，それぞれ特徴をもつ数種類の化合物に分類される．それらは，**炭水化物**（糖），**脂質**，**アミノ酸，ペプチドとタンパク質**，**核酸**である．炭水化物はポリヒドロキシカルボニル化合物であり，単量体，二量体，あるいは多量体として存在する．脂質には，ろう，油，脂肪，ステロイドがあり，有機溶媒に溶解しやすい性質をもつ．また，ペプチドやタンパク質は，アミノ酸の縮合反応によって生成する天然のポリアミドである．核酸にはRNAとDNAがあり，これらは糖，複素環窒素塩基，リン酸基からなる天然高分子である．人工的に合成された高分子化合物は，われわれの日常生活に多大な影響を与えている．合成高分子化合物は，ポリエチレンのような連鎖成長高分子と，ポリアミドやナイロンのような逐次成長高分子に分類される．

D-グルコース
天然の糖

L-プロリン
天然のアミノ酸

ポリスチレン
合成高分子

11・1 炭 水 化 物

炭水化物（carbohydrate）は，天然に存在する多数のヒドロキシ基をもつアルデヒド，およびケトンの総称であり，一般に，**糖**（saccharide）とよばれる．糖には $C_x(H_2O)_y$ の組成式をもつものが多い．

- それ以上小さい分子へ加水分解できない簡単な炭水化物を，**単糖**（monosaccharide）という．グルコースは単糖の例である．
- 酸素原子によって架橋された，2 あるいはそれ以上の糖からなる複雑な炭水化物を，それぞれ**二糖**（disaccharide）あるいは**多糖**（polysaccharide）という．これらの糖は加水分解（§6・2・2f 参照）によって，それぞれの構成単位の単糖へ分解される．

たとえば，スクロースは二糖の例であり，加水分解すると1分子のグルコースと1分子のフルクトースが得られる．一方，セルロースは多糖の例であり，加水分解すると約3000分子のグルコースが得られる．

アルデヒド基 RCHO をもつ単糖を**アルドース**（aldose）といい，一方，ケトン基 RCOR をもつ単糖を**ケトース**（ketose）という．また，3, 4, 5, 6 個の炭素原子からなる糖は，それぞれトリオース，テトロース，ペントース，ヘキソースとよばれる．

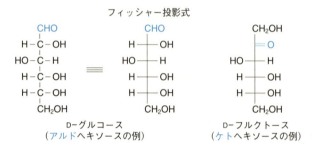

フィッシャー投影式

D-グルコース
（アルドヘキソースの例）

D-フルクトース
（ケトヘキソースの例）

ほとんどすべての糖はキラルであり，光学活性である．糖はフィッシャー投影式を用いて書かれることが多い．フィッシャー投影式では，水平の線は紙面から手前に飛び出している結合を表し，垂直の線は紙面の後方へ向かう結合を表す（§3・3・2f 参照）．アルデヒド基またはケトン基から最も離れたキラル中心が D-(+)-グリセルアルデヒドと同一の絶対立体配置をもつとき，その糖を **D 糖**とよぶ．天然に存在するほとんどすべての糖は D 糖である．逆の立体配置をもつ糖は **L 糖**とよばれる．

多くの糖は，開環構造と5員環または6員環環状構造の間の平衡状態で存在している．糖の5員環，6員環構造はそれぞれフラノース（furanose），およびピラノース（pyranose）とよばれる．これらの環はヘミアセタール構造 RCH(OH)OR（§8・3・5 参照）をもっており，ヒドロキシ基 ROH とアルデヒド基 RCHO との分子内環化反応

ハース投影式

D-グルコース

環化，つづいてプロトン移動

α-D-グルコピラノース   β-D-グルコピラノース

によって生成する．糖の環状構造は，環を表す六角形と置換基を結合させた垂直の線によって表記されることが多い．この表記法を**ハース投影式**（Haworth projection）という．

分子内環化により新しいキラル中心ができ（前図には＊で示してある），2個のジアステレオマーが生成する．新しく生じたキラル中心を**アノマー炭素**（anomeric carbon）という．グルコースでは，アノマー炭素が S 配置のジアステレオマーを α アノマーといい，R 配置のものを β アノマーという．

α-D-グルコピラノースを水に溶かすと，比旋光度（§3・3・2a 参照）は時間とともに減少し，+52.7°で一定となる．これは，ピラノース構造が水中で可逆的な開環を起こし，再び閉環する際に部分的に別のアノマーに異性化が起こる結果，α アノマーと β アノマーの間で平衡状態になったためである．この現象を**変旋光**（mutarotation）という．

二糖は2個の単糖からなる糖であり，単糖を連結する結合を**グリコシド結合**（glycoside linkage）とよぶ．この結合は一つの糖のアノマー炭素と，別の糖のいずれかの位置のヒドロキシ基との間で形成される．2個の糖を架橋する酸素原子はアセタール構造 $RCH(OR)_2$ の一部となっている．このため，二糖を酸水溶液や適当な酵素と反応させると，グリコシド結合は加水分解され，構成単位の単糖が得られる．

α-1,4'-グリコシド結合

マルトース
（2分子のD-グルコピラノースから形成される）

α- および β-D-グルコピラノース

構造式に示された波線はアノマーの混合物であることを表す

多糖は，グリコシド結合によって連結された単糖の多量体である．天然に最も多く存在する多糖は，セルロース，デンプン，グリコーゲンであり，これらはすべてグルコースを単位として形成されている．

11・2 脂　質

脂質（lipid）は，生体の細胞や組織の中に存在する天然有機分子であり，有機溶媒には溶けやすいが水に対する溶解性は低い．脂質に分類される天然物は，構造的な特徴よりも，有機溶媒への高い溶解性という共通の性質をもつ．脂質はさらに，ろう，油脂，ステロイドに分類される．

11・2・1 ろう，脂肪，脂肪油

天然のろう（wax）は，長鎖アルコール ROH と長鎖カルボン酸 RCO_2H から生成するエステルである．一般に，カルボン酸とアルコールのアルキル基はともに飽和しており，偶数個の炭素原子をもつ．

$$H_3C-(H_2C)_x-\overset{O}{\underset{\|}{C}}-O-(CH_2)_y-CH_3 \quad \begin{array}{l} x = 24, 26 \\ y = 29, 31 \end{array}$$

蜜ろう

動物性の脂肪（fat）はバターのように固体であることが多く，一方，オリーブ油に代表されるように植物性の油（脂肪油，oil）は液体である．これらをあわせて油脂という．ともにグリセリンのトリエステルの構造をもち，**トリグリセリド**（triglyceride）ともよばれる．油脂を加水分解すると，グリセリンと3個のカルボン酸が得られる．脂質の成分となるカルボン酸を，**脂肪酸**（fatty acid）という．

脂肪あるいは脂肪油（トリエステル） $\xrightarrow{H_2O,\ 水酸化物イオン\ つづいて酸}$ グリセリン + 脂肪酸

一般に，脂肪酸は 12～20 個の炭素原子をもち，そのアルキル側鎖は飽和である場合も不飽和，すなわち C=C 二重結合を含む場合もある．植物性油では，動物性脂肪に比べて不飽和脂肪酸をもつ比率が高い．不飽和脂肪酸の C=C 二重結合部分はシス形であることが多く，その構造のために分子が密に集積することができない．これによって分子は結晶化することが困難となり，融点が低下する．不飽和脂肪酸の比率の高い植物性油が液体であるのはこのためである．

- 植物性油の C=C 二重結合を触媒的に水素化する反応は**硬化**（hardening）とよばれ，工業的にマーガリンを製造する過程に用いられている．
- せっけんは脂肪酸のナトリウム塩とカリウム塩の混合物であるが，工業的には油脂を水酸化ナトリウム水溶液を用いて加水分解（けん化）することにより製造される．

11・2・2 ステロイド

天然に存在するステロイド（steroid）はさまざまな生理的活性をもち，その多くは

ホルモン (hormone), すなわち身体の腺から分泌される化学的な情報伝達物質としてはたらく. ステロイドはすべて, 互いに連結した1個のシクロペンタン環と3個のシクロヘキサン環をもっている. 4個の環はA〜D環と識別される.

例

テストステロン
(男性ホルモン)

3個のシクロヘキサン環はいずれもひずみのないいす形配座をとっており, また環の接合部では小さい置換基(たとえば水素原子)がアキシアル位を占めている(§3・2・4参照). したがって, ほとんどのステロイドは, "全トランス形の立体構造" をもつ.

環接合部のアキシアル水素原子は, 互いにトランスの位置関係にある

11・3 アミノ酸, ペプチド, タンパク質

ペプチド (peptide) と**タンパク質** (protein) は, アミド結合 (ペプチド結合)

$$H_2N-\overset{R}{\underset{\alpha}{C}}\overset{H}{-}CO_2H$$

R	名称	R	名称
H	グリシン	CH_2CH_2SMe	メチオニン
Me	アラニン	CH_2CO_2H	アスパラギン酸
$CHMe_2$	バリン	$CH_2CH_2CO_2H$	グルタミン酸
CH_2CHMe_2	ロイシン	CH_2CONH_2	アスパラギン
$CH(Me)Et$	イソロイシン	$CH_2CH_2CONH_2$	グルタミン
CH_2OH	セリン	$(CH_2)_4NH_2$	リシン
$CH(OH)Me$	トレオニン	$(CH_2)_3NHC(=NH)NH_2$	アルギニン
CH_2SH,	システイン	CH_2Ph	フェニルアラニン
(H₂C-インドール)	トリプトファン	H_2C-C_6H_4$-OH	チロシン
(H₂C-イミダゾール)	ヒスチジン	(プロリン構造)	プロリン

RCO−NHR によって連結された**アミノ酸**（amino acid）$H_2NCH(R)CO_2H$ からできている．天然には 20 種類のアミノ酸が存在し，これらはすべてカルボン酸の α 炭素（§8・4 参照）にアミノ基をもっている．ふつうに存在するこれら 20 種類のアミノ酸は，プロリンを除いてすべて第一級アミノ基 RNH_2 をもつ．プロリンは第二級アミノ基 R_2NH をもつ環状のアミノ酸である．

第一級アミノ酸はそれぞれアルキル側鎖 R の性質が異なっている．ふつうに存在する 20 種類のアミノ酸は，グリシン（R = H）を除いてすべてキラルであるが，自然界では一方のエナンチオマーのみが生成する．自然界にみられるほとんどのアミノ酸は，L 配置をもっている（すなわち，L-グリセルアルデヒドと立体化学的に関係づけられる）．また，これら 20 種類のアミノ酸は，システイン（$R = CH_2SH$）を除いて，すべて S 配置をもつ．

フィッシャー投影式

L-アラニン
S 配置

L-グリセルアルデヒド

アミノ酸は同一の分子内に正電荷と負電荷の両方をもつので，**双性イオン**（zwitterion）として存在する．また，アミノ酸は酸と反応してプロトンを獲得し，一方で塩基とも反応してプロトンを失うので，**両性化合物**（amphoteric compound）である．

低い pH 領域　　電気的に中性の双性イオン　　高い pH 領域

アミノ酸が主として電気的に中性の双性イオンの形で存在する pH を，そのアミノ酸の**等電点**（isoelectric point）という．

アミノ酸のアルキル側鎖 R は，中性，酸性，塩基性に分類することができる．アルキル基やアリール基をもつものは中性の側鎖であり，アミノ基やそれと関連する置換基をもつものは塩基性側鎖であり，また，カルボキシ基 $-CO_2H$ をもつものは酸性側鎖である．

アミノ酸が互いに結合すると，ペプチドやタンパク質に含まれるアミド結合（ペプチド結合）−NH−CO− が形成される．たとえば，2個，あるいは3個のアミノ酸が結合すると，それぞれジペプチド，あるいはトリペプチドが生成する．ペプチドを形

成する個々のアミノ酸を**残基**（residue）という．一般に，50 個以下の残基をもつものをポリペプチドとよび，それ以上の残基をもつものをタンパク質とよぶ．

一般に，ペプチドは N 末端が左側に，C 末端が右側にくるように表記される．ペプチドでは，窒素原子-α炭素原子-カルボニル基の配列が繰返されるが，この配列を**ペプチド骨格**（peptide backbone）という．ペプチドやタンパク質の構造は，アミノ酸の配列によって決定される．ペプチドやタンパク質の大きさが増大するにつれて，可能なアミノ酸の組合わせ数も増大する．ふつうに存在するアミノ酸は 20 種類であることを考慮すると，たとえば 300 残基をもつタンパク質では，20^{300} の可能なアミノ酸の組合わせがある．

ペプチドやタンパク質の形状は，それらが生物学的な活性を示すための決定的な要因となる．残基の側鎖は自由に回転できるが，ペプチド結合の回転は阻害されている．これは，ペプチド結合を形成する窒素原子の非共有電子対が，カルボニル基 C=O と共役しているためである．この結果，C−N 結合は部分的に二重結合の性質をもち，C−N 結合の回転の速度は低下する．これによって，ペプチドやタンパク質の構造は比較的堅固なものとなる．

タンパク質におけるアミノ酸の配列を**一次構造**（primary structure）という．一方，結合したアミノ酸が形成する局所的な空間的配置を**二次構造**（secondary structure）という．二次構造は，アミド結合の堅固さと，側鎖間に作用する水素結合などの非共有結合性相互作用によって形成される．二次構造には，α らせん構造と β シート構造がある．タンパク質全体が折りたたまれて形成される三次元的な構造を**三次構造**（tertiary structure）といい，また，タンパク質が寄り集まって形成する集合体の構造を**四次構造**（quaternary structure）という．

酵素（enzyme）は巨大なタンパク質であり，生体内の反応に対して触媒として作用

する．一般に，酵素の三次構造には**活性部位**（active site）とよばれる三次元的なくぼみが形成されている．活性部位の大きさと形状はただ一つの基質に対して特異的であり，これによってその基質は選択的に酵素により生成物に変換される．これはしばしば，鍵穴に合致する鍵にたとえられる（鍵と鍵穴モデル）．タンパク質の折りたたみ構造の解消，すなわち三次構造が壊れることによって酵素の触媒活性は失われる．これを**タンパク質の変性**（denaturation）という．タンパク質の変性は温度やpHの変化によってひき起こされる．

11・4 核 酸

核酸（nucleic acid）には **DNA**（デオキシリボ核酸）と **RNA**（リボ核酸）があり，これらによって細胞の遺伝情報が伝達される．事実，DNAには，細胞が生きるために必要なすべての情報が含まれている．

- DNA と RNA はともに，リン酸 H_3PO_4，糖，数種類の複素環窒素塩基（核酸塩基）から形成される．DNA は糖としてデオキシリボースをもち，RNA はリボースをもつ．DNAには核酸塩基としてアデニン（A），グアニン（G），シトシン（C），チミン（T）が存在し，一方，RNAにはアデニン（A），グアニン（G），シトシン（C），ウラシル（U）が存在する．

デオキシリボース　アデニン(A)　グアニン(G)
プリン塩基

リボース　シトシン(C)　ウラシル(U)　チミン(T)
ピリミジン塩基

- 糖と核酸塩基から形成される分子を**ヌクレオシド**（nucleoside）といい，ヌクレオシドとリン酸 H_3PO_4 から形成される分子を**ヌクレオチド**（nucleotide）という．DNAとRNAはともに，ヌクレオチドのポリマーである．一般に，DNAのポリマー鎖は，

RNAのポリマー鎖より著しく長い．

HOH₂C, OH ／O＼ ＋ B —ヘミアセタールの OH 基が核酸塩基に置き換わる→ HOH₂C, B ヌクレオシド
HO X   HO X

X = H あるいは OH
B = 核酸塩基

第一級アルコールがリン酸エステルに置き換わる

OH
│
O=P-O⁻
│
OH
リン酸

リン酸エステル結合によって糖が連結されている

O=P-O⁻ ← ポリマー鎖を形成する ← O=P-O⁻
│   │
H₂C, B   H₂C, B
                                 ヌクレオチド
DNA あるいは RNA

DNA と RNA の構造はいずれも，ヌクレオチドの配列，すなわち核酸塩基の配列に依存している．ワトソン (J. D. Watson) とクリック (F. H. C. Crick) は，DNA は水素結合によって互いに結合した相補的な塩基対をもつ 2 本の鎖から形成される二重らせん構造 (double helix) をとることを明らかにした．A と T は互いに強い結合を形成し，C と G も同様に強い結合を形成する．

A ⋯⋯⋯⋯ T
2 本の水素結合

G ⋯⋯⋯⋯ C
3 本の水素結合

RNA は DNA の**転写** (transcription) によって生成する．DNA のらせんの 2 本の鎖が部分的にほどけ，そのうちの 1 本の鎖が RNA 分子を形成するための鋳型として用いられる．相補的な塩基対が形成され，DNA のほんの一部分に対応する RNA が生成する．完成した RNA は DNA からはずれ，リボソームに運ばれてタンパク質合成の伝令としての役割を果たす．DNA とは異なり，RNA は 1 本のヌクレオチド鎖のままで存在する．

11・5 合成高分子

　高分子〔ポリマー（polymer）〕は巨大な分子であり，**モノマー**（monomer）とよばれる比較的小さな単位の繰返しによって形成されている．天然に存在する高分子には，DNAや，グルコース単位の繰返しからなるセルロースがある（§11・1，§11・4参照）．また，タンパク質はアミノ酸のポリマーである（§11・3参照）．合成高分子は工業的に大規模に製造されており，接着剤，塗料，合成樹脂など，さまざまに利用されている．

　ポリマーは，モノマーの単純な付加によって生成する**付加高分子**（addition polymer）と，モノマーの付加と水のような副生成物の脱離によって生成する**縮合高分子**（condensation polymer）に分類される．付加高分子は連鎖成長高分子（chain-growth polymer），縮合高分子は逐次成長高分子（step-growth polymer）ともよばれる．

11・5・1 付加高分子

　付加高分子は，RCH=CHRのようなアルケンと，ラジカル，カチオン，あるいはアニオン開始剤との反応によって合成される．

- **ラジカル重合**（radical polymerization）は付加高分子を合成するための最も重要な方法であり，弱い酸素-酸素結合をもつ過酸化物（ROOR）が開始剤としてよく用いられる．加熱あるいは紫外線照射によって開始剤が均一開裂すると，アルコキシルラジカル RO· が生成する．RO· はアルケンの立体障害の少ない方の炭素原子に位置選択的に付加し，炭素ラジカルが生成する（§4・3・1参照）．つづいて，このラジカルは別のアルケン分子の立体障害の少ない方の炭素原子に付加し，連鎖反応によってポリマーが得られる．重合は，たとえば，2個のラジカルが結合することによって停止する．

- **カチオン重合** (cationic polymerization) では，強いプロトン性あるいはルイス酸開始剤が用いられる．たとえば，プロトンは電子豊富なアルケンに付加し，最も安定なカルボカチオンが生成する（以下の例では，第一級カルボカチオンよりも第二級カルボカチオンが優先して生成する）．つづいて，このカルボカチオンは別の電子豊富なアルケンに付加し，ポリマー鎖が構築される．重合は，たとえば，カルボカチオンが脱プロトン化することによって停止する．

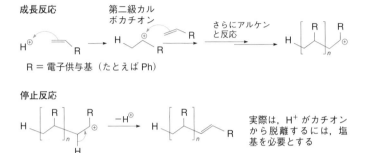

- **アニオン重合** (anionic polymerization) では，アルキルリチウム RLi，アルコキシド RO⁻，水酸化物イオン HO⁻ のような求核剤が開始剤として用いられる．たとえば，水酸化物イオンはマイケル反応（§8・5・4参照）によって電子不足のアルケンに付加し，最も安定なカルボアニオンが生成する．つづいて，カルボアニオンは別の電子不足のアルケンに付加し，ポリマー鎖が構築される．重合は，たとえば，カルボアニオンがプロトン化を受けることによって停止する．

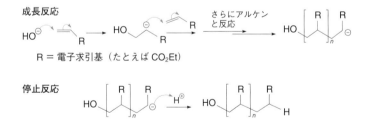

アルケンのラジカル重合ではしばしば，炭素鎖の枝分かれが起こり，非直線的なポリマーが生成する．さらに，重合によってポリマー鎖上にキラル中心が生成するときには，一般に，その立体配置は不規則となる．このようなポリマーを**アタクチックポリマー** (atactic polymer) という．

鎖状構造をもち立体配置が制御された**イソタクチックポリマー** (isotactic polymer)，

あるいは**シンジオタクチックポリマー**（syndiotactic polymer）は，金属触媒を用いた重合によって合成される．この重合に用いられる触媒として**チーグラー–ナッタ触媒**（Ziegler–Natta catalyst）がある．この触媒はトリエチルアルミニウム Et_3Al と四塩化チタン $TiCl_4$ から調製され，アルケンと複雑な機構で反応する．この触媒を用いてエチレン（エテン）$CH_2=CH_2$ を重合させると，直鎖状の高密度ポリエチレンが生成する．このポリマーは，ラジカル重合によって生成する枝分かれのある低密度ポリエチレンよりも大きな強度をもつ．

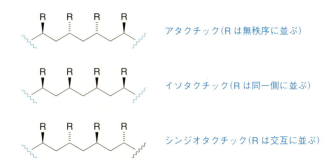

二つあるいはそれ以上の種類のモノマーが重合して単一のポリマーが生成するとき，得られたポリマーを**コポリマー**（copolymer，共重合体）という．これに対して，単一のアルケンから生成するポリマーは，**ホモポリマー**（homopolymer，均一重合体）とよばれる．コポリマーはしばしば，ホモポリマーとは異なった性質を示す．

11・5・2 縮合高分子

縮合高分子は，2種類の官能基をもつ2種類のモノマーから合成される．一般に，結合の形成には水のような簡単な副生成物の脱離が伴い，連鎖反応を経由せずに逐次的に結合の形成が起こる．縮合高分子は，ふつう，2種類のモノマーが交互に配列した構造をもつ．

- ジカルボン酸をジアミンとともに加熱すると，**ポリアミド**（polyamide）が生成する．ポリアミドは**ナイロン**（nylon）ともよばれる．アミンは求核剤として作用し，カルボン酸と求核アシル置換反応（§9・3参照）によって反応する．

$$H_2N-(CH_2)_x-NH_2 + HO_2C-(CH_2)_y-CO_2H \xrightarrow[-H_2O]{\text{加熱}} \left[HN-(CH_2)_x-NH-\underset{\text{アミド}}{C}-(CH_2)_y-\underset{\|}{C}\right]_n$$

ジアミン　　　　　ジカルボン酸

- ジカルボン酸あるいはジエステルをジオールとともに加熱すると，**ポリエステル**

（polyester）が生成する．

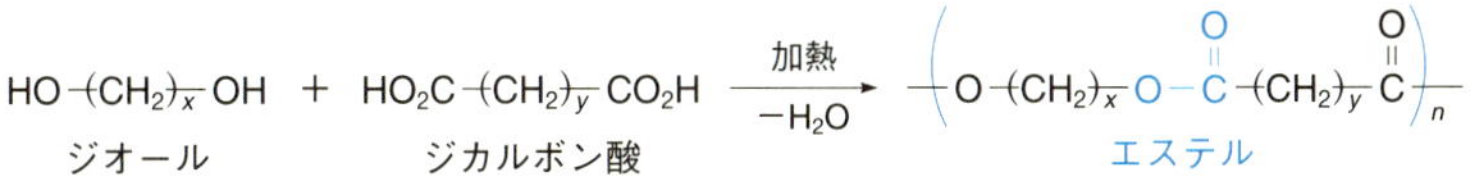

$$\text{HO-(CH}_2)_x\text{-OH} + \text{HO}_2\text{C-(CH}_2)_y\text{-CO}_2\text{H} \xrightarrow[-\text{H}_2\text{O}]{\text{加熱}} \left(\text{O-(CH}_2)_x\text{-O-}\underset{\text{O}}{\overset{\text{O}}{\text{C}}}\text{-(CH}_2)_y\text{-}\underset{\text{O}}{\overset{\text{O}}{\text{C}}}\right)_n$$
ジオール　　　　　　　ジカルボン酸　　　　　　　　　　　　　　　　　　　エステル

- ジオールをジイソシアナートと反応させると，**ポリウレタン**（polyurethane）が生成する．アルコールがイソシアナート R−N=C=O へ求核付加することによって生成する官能基を，ウレタン結合という．この重合ではいかなる小さな分子の副生成物も生成しないが，ウレタン結合は逐次的に形成される．

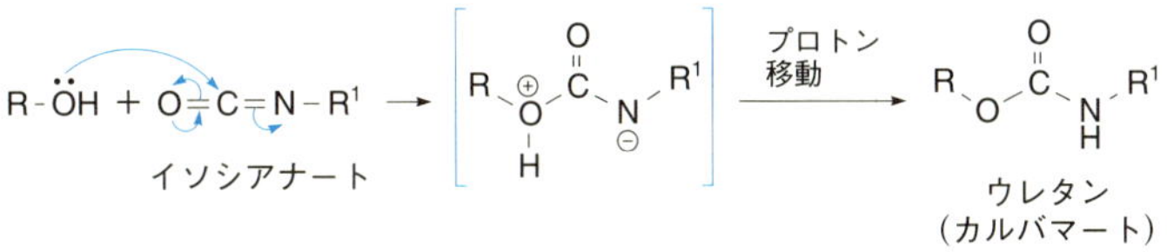

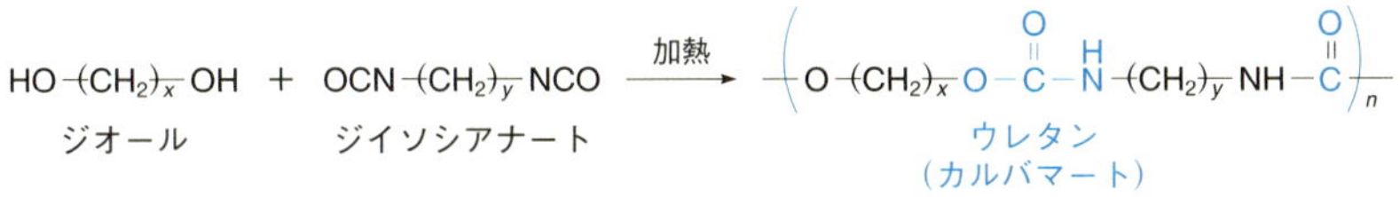

$$\text{R-OH} + \text{O=C=N-R}^1 \longrightarrow \left[\text{R-}\overset{+}{\text{O}}\text{H···}\underset{}{\text{C}}(\text{=O})\text{-}\overset{-}{\text{N}}\text{-R}^1\right] \xrightarrow{\text{プロトン移動}} \text{R-O-}\underset{}{\text{C}}(\text{=O})\text{-NH-R}^1$$
　　　　　　イソシアナート　　　　　　　　　　　　　　　　　　　　　　　　　　　　　ウレタン
　　（カルバマート）

$$\text{HO-(CH}_2)_x\text{-OH} + \text{OCN-(CH}_2)_y\text{-NCO} \xrightarrow{\text{加熱}} \left(\text{O-(CH}_2)_x\text{-O-}\underset{}{\overset{\text{O}}{\text{C}}}\text{-NH-(CH}_2)_y\text{-NH-}\underset{}{\overset{\text{O}}{\text{C}}}\right)_n$$
ジオール　　　　　　　ジイソシアナート　　　　　　　　　　　　　　　　　ウレタン
　　　　　　　　　　　　　　　　　　　　　　　　　　　　　　　　　　　（カルバマート）

例　題　(a) 下図は，天然の抗酸化剤であるグルタチオンの構造式を示している．この化合物に関する以下の問に答えよ．

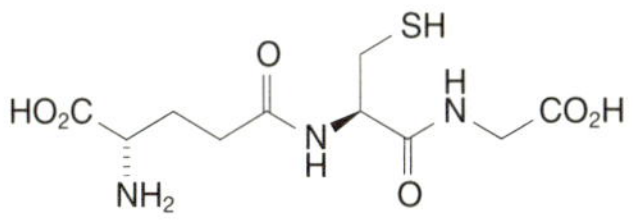

(i) グルタチオンはトリペプチドの例である．トリペプチドの定義を述べよ．［ヒント：構成単位となるアミノ酸を考えよ（§11・3参照）．］

(ii) 結合することによってグルタチオンを形成するアミノ酸の構造式を書き，すべてのキラル中心の立体配置を R/S 表示法で示せ．また，硫黄原子を含む官能基の名称を示せ．
［ヒント：アミド結合を開裂させてみよ（§11・3参照）．］

(b) 下図は，牛乳に含まれる糖であるラクトースの構造式を示している．この化合物に関する以下の問に答えよ．［ヒント：構成単位となる糖を考えよ（§11・1参照）．］

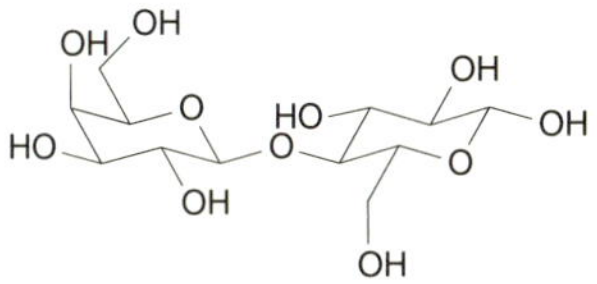

(i) ラクトースは二糖の例である．二糖の定義を述べよ．
(ii) ラクトースのグリコシド結合は，α あるいは β のどちらか．
(iii) ラクターゼは，ラクトースを加水分解して 2 分子の単糖を生成させる酵素である．ラクトースの加水分解によって得られる単糖の構造式を書き，アノマー炭素を示せ．
(c) 下図に示すポリマーに関する以下の問に答えよ．[ヒント：繰返している官能基を考えよ（§11・5・2参照）．]

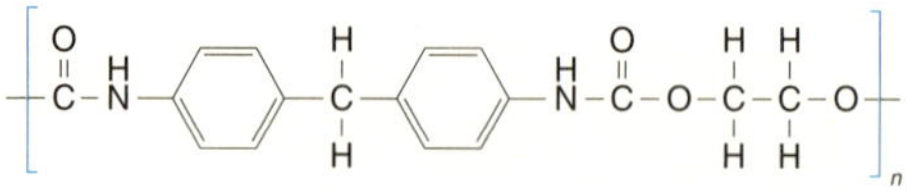

(i) このポリマーはポリアミド，ポリエステル，ポリウレタンのどれか．
(ii) このポリマーの構成単位となるモノマーの構造式を書け．また，それに含まれる官能基の名称を示せ．

解　答　(a) (i) 3 個のアミノ酸から形成されるペプチド．
(ii)

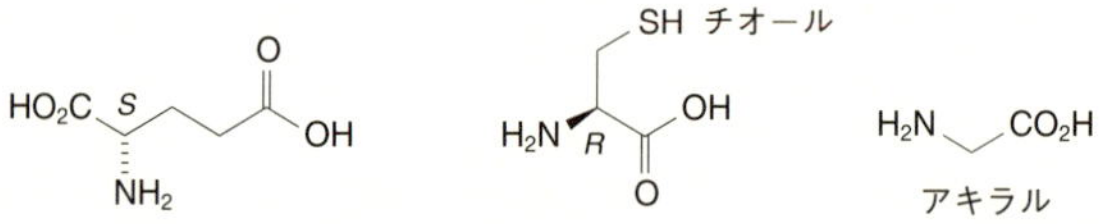

(b) (i) 2 個の単糖が結合して生成する炭水化物．
(ii) グリコシド結合は β である．
(iii)

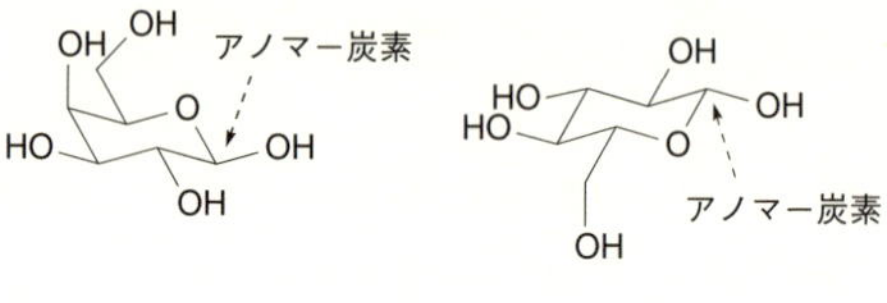

(c) (i) ポリウレタン
(ii)

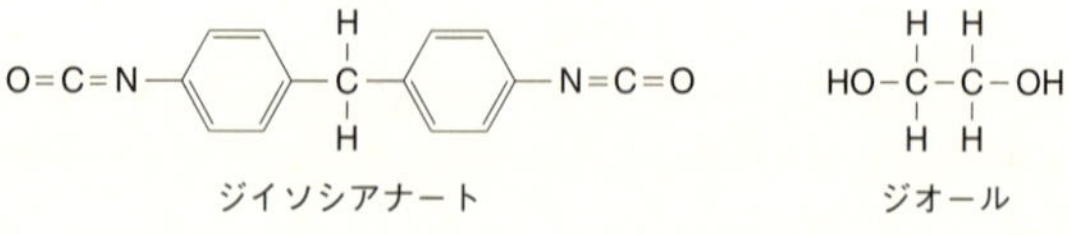

問　題

11・1 (S)-アラニンとグリシンとの結合によって生成しうる 2 種類のジペプチドの構造式を書け．

問題　235

11・2 二糖のセロビオース **A** に関して以下の問いに答えよ.

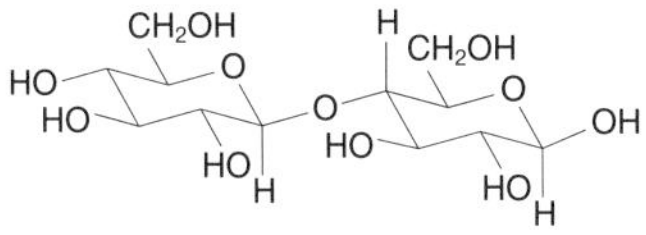

A

(a) **A** のグリコシド結合は, α あるいは β のどちらか.
(b) **A** を酸性水溶液中で加水分解したときに生成する単糖の名称を示せ.
(c) **A** の加水分解で生成する単糖は, アルドヘキソース, ケトヘキソースのどちらか.

11・3 デオキシコール酸 (胆汁酸) **B** の OH および Me 基は, それぞれアキシアル位, エクアトリアル位のどちらの位置を占めているか.

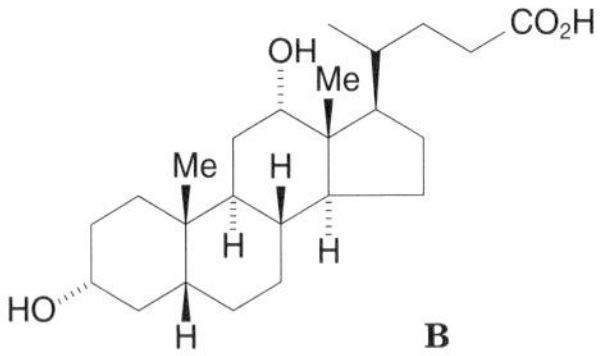

B

11・4 核酸を構成する塩基は芳香族であるが, ウラシル **C** やグアニン **D** について以下に示すように, 一般的な構造式ではそれが示されていない. 互変異性によって, これらの核酸塩基が芳香族であることを説明せよ.

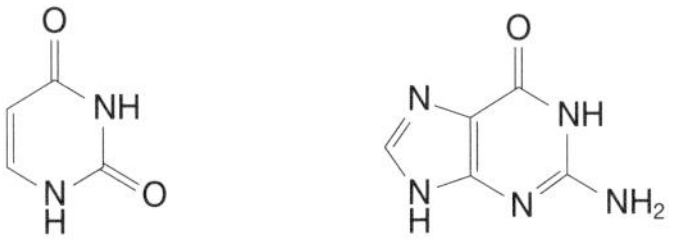

C　　**D**

11・5 塩化ビニル $H_2C=CHCl$ をラジカル重合させると, 頭-尾付加 (head-to-tail addition) が優先して進行したことを明瞭に示すポリ塩化ビニルが得られる. この理由を説明せよ.

11・6 次の反応によって生成するポリマーの構造式を書け.

(a) $HO_2C-C_6H_4-CO_2H$ + $HOCH_2CH_2OH$ →(加熱)

(b) 2,6-ジイソシアナト-1-メチルベンゼン + $HOCH_2CH_2OH$ →

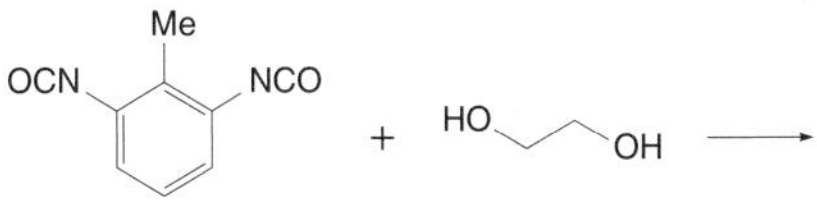

11・7 (a) DNA二重らせんにおいて，アデニンAはシトシンCと2本の水素結合を形成しない．その理由を説明せよ．
(b) DNAにおいて，グアニン残基と求電子剤との反応は，環系の7位と3位で優先的に起こる（下図を参照せよ）．その理由を説明せよ．

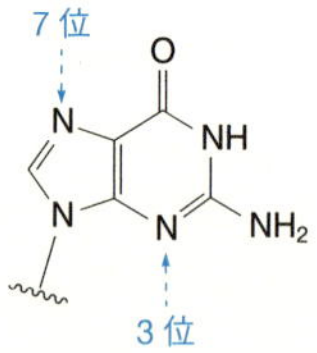

問 題 の 略 解

1. 構 造 と 結 合

1・1 (a) +I (b) −I, +M (c) −I, +M (d) −I, +M
(e) −I, +M (f) −I, −M (g) −I, −M (h) −I, −M

1・2 (a)

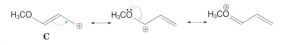

(b) OCH₃ 基の +M 効果のため，**C** がより安定であると考えられる．

1・3 (a) カルボカチオン CH₃OCH₂⁺ は OCH₃ 置換基の +M 効果によって安定化される．
(b) 電子求引性（−I，−M）の NO₂ 基は，負電荷を非局在化することによってフェノキシドイオンを安定化させる．負電荷は，4 位の NO₂ 基上に広がることができる．
(c) CH₃COCH₃ の脱プロトン化によって生成するアニオン（エノラートイオンという）は，負電荷が C=O 基上へ非局在化することによって安定化する．このため，CH₃COCH₃ は CH₃CH₃ より酸性が強い．
(d) これは共鳴によって説明できる．下図に示すように CH₂=CH−CN に寄与する第二の共鳴構造を書くと，CH₂=CH−CN の C−C が部分的に二重結合性をもっていることがわかる．CH₃−CN ではこのような共鳴構造を書くことはできない．

(e) CH₂=CH−CH₂⁺ では，正電荷をもつ炭素原子は 6 個の価電子しかもっていない．したがって，さらに 2 個の電子を受入れることができ，これによってもう一つの共鳴構造を書くことができる．
　一方，CH₂=CH−NMe₃⁺ では，正電荷をもつ窒素原子の価電子は 8 個である．その価電子を 10 個に拡張することはできないので，さらに共鳴構造を書くことはできない．

1・4 シクロペンタジエンの脱プロトン化により，6 個の π 電子をもつアニオンが生成する．このアニオンは芳香族性によって安定化されるため，シクロペンタジエンの pK_a は小さい．
　シクロヘプタトリエンの脱プロトン化により，8 個の π 電子をもつアニオンが生成する．これは，芳香族性による安定化を受けないので，シクロヘプタトリエンの pK_a は大きい．

1・5 それぞれの化合物において最も酸性の強い水素原子を青字で示した．
(a) 4-**H**OC₆H₄CH₃ (b) 4-HOC₆H₄CO₂**H**
(c) H₂C=CHCH₂CH₂C≡C**H** (d) **H**OCH₂CH₂CH₂C≡CH

1・6 (a) グアニジン ＞ 1-アミノプロパン ＞ アニリン ＞ エタンアミド

238　問題の略解

下図に示すように，グアニジンをプロトン化して生成する $(H_2N)_2C=NH_2^+$ カチオンは，電子供与性 (+M) の NH_2 基による電荷の非局在化によって安定化される．一般には，sp^3 窒素原子の方が，sp^2 窒素原子よりも塩基性が強い．しかし，グアニジンでは，生成する共役酸が共鳴により安定化するため，sp^2 窒素原子にプロトン化が起こる．

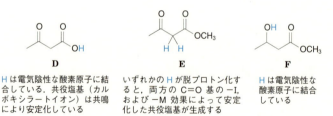

1-アミノプロパンでは，電子供与性 (+I) のプロピル基が塩基性を増大させ，共役酸の正電荷をもつ窒素原子を安定化する．

アニリンでは，窒素原子上の非共有電子対はベンゼン環に非局在化するため，塩基性は減少する．(すなわち，ベンゼン環は非共有電子対を"落ち着かせる"ことに寄与し，その塩基性を減少させる)．アニリンをプロトン化しても，正電荷はベンゼン環に非局在化できないため安定化されない．

エタンアミドは，窒素原子上の非共有電子対が電子求引性のカルボニル基に非局在化しているため，最も弱い塩基となる．

(b) 4-メトキシアニリン > 4-メチルアニリン > アニリン > 4-ニトロアニリン

4-メトキシアニリンの電子供与性 (+M) の OMe 基は，4-メチルアニリンの 4-メチル基 (+I) よりもアニリンの NH_2 基の塩基性を増大させる．これらの 4-置換アニリンは，環の 4 位に電子供与基をもつので，アニリンよりも塩基性が強い．対照的に，強い電子求引性 (−I, −M) のニトロ基は NH_2 基の塩基性を減少させるため，4-ニトロアニリンはアニリンよりもきわめて塩基性が弱い．

1・7

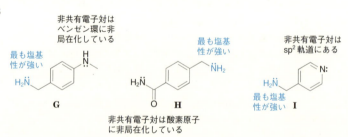

D: Hは電気陰性な酸素原子に結合している．共役塩基 (カルボキシラートイオン) は共鳴により安定化している

E: いずれかのHが脱プロトン化すると，両方の C=O 基の −I, および −M 効果によって安定化した共役塩基が生成する

F: Hは電気陰性な酸素原子に結合している

1・8

G: 非共有電子対はベンゼン環に非局在化している／最も塩基性が強い

H: 最も塩基性が強い／非共有電子対は酸素原子に非局在化している

I: 非共有電子対は sp^2 軌道にある／最も塩基性が強い

1・9 (a) 生成物側　(b) 反応物側　(c) 反応物側　(d) 生成物側　(e) 生成物側

2. 官能基，命名法，有機化合物の表記法

2・1

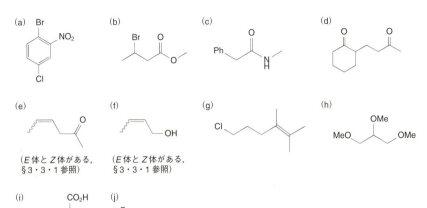

2・2 (a) 3-ヒドロキシ-2-メチルペンタナール
(b) 4-アミノ安息香酸エチル（ethyl 4-aminobenzoate）
(c) 1-エチニルシクロヘキサノール
(d) 4-シアノブタン酸（4-cyanobutanoic acid）
(e) 3-ブロモ-1-メチルシクロペンテン
(f) 5-メチル-2-(1-メチルエチル)フェノール，あるいは 2-イソプロピル-5-メチルフェノール
（イソプロピル = 1-メチルエチル = $CHMe_2$）
(g) N-1,1-ジメチルエチルプロパンアミド，あるいは N-t-ブチルプロパンアミド
（t-ブチル = 1,1-ジメチルエチル = CMe_3）
(h) 4-クロロ-6-メチルヘプタン-3-オン
(i) ベンジルシクロヘキシルメチルアミン（ベンジル = フェニルメチル = $PhCH_2$）
(j) 2,5-ジメチルヘキサ-4-エン-3-オン

2・3 (a)  (b) 塩化エタノイル

(c)

(d) 2-(4-イソブチルフェニル)プロパン酸

2・4 (a) 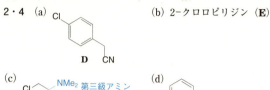 (b) 2-クロロピリジン (**E**)

(c) Cl—CH₂CH₂—NMe₂ 第三級アミン **F**

(d) 構造 **G** (NMe₂ 側鎖とピリジン環をもつ)

3. 立体化学

3・1 (a) −I (最も高い), −CH₃ (最も低い)   (b) −CO₂H

(c) **A**: E 配置, **B**: E 配置, **C**: Z 配置

[構造 **A**, **B**, **C**]

3・2 **D**: S 配置, **E**: R 配置, **F**: R 配置

[構造 **D**, **E**, **F**]

3・3 (a) 光学的に不活性であるが, 不斉炭素原子をもっている. **G** は分子内に対称面をもつので, 分子の半分がもつ光学活性は, ほかの半分によって打消されてしまう.

(b) [木びき台形表示] [ニューマン投影式]

アンチペリプラナー配座 (たとえば, 2個のOH基が互いに最も離れた方向に位置している)

(c) このキラル中心の立体配置は **G** と同じである   このキラル中心の立体配置は **G** と異なっている

問 題 の 略 解　　　241

3・4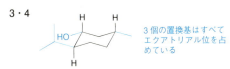
3個の置換基はすべてエクアトリアル位を占めている

3・5 IとJはジアステレオマーである．IとKはジアステレオマーである．IとLはジアステレオマーである．JとKはエナンチオマーである．JとLは同一である．KとLはエナンチオマーである．

I　J　K　L

3・6 MとNはジアステレオマーである．MとOはエナンチオマーである．MとPはジアステレオマーである．NとOはジアステレオマーである．NとPは同一である．OとPはジアステレオマーである

M　N　O　P

3・7 (a) Q　Q

(b)　(c)

(d) S　S

(e) または

(f)

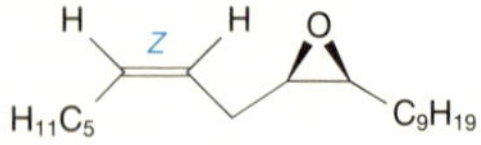

H₁₁C₅-CH=CH-CH₂- (Z) -エポキシ-C₉H₁₉
T

(g)

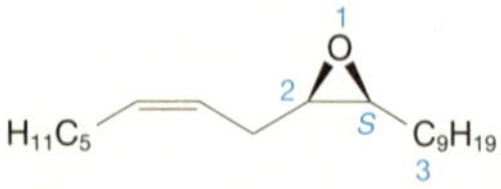

H₁₁C₅-CH=CH-CH₂-(2S,3)-エポキシ-C₉H₁₉   H₁₁C₅-CH=CH-CH₂-(2R,3)-エポキシ-C₉H₁₉
T 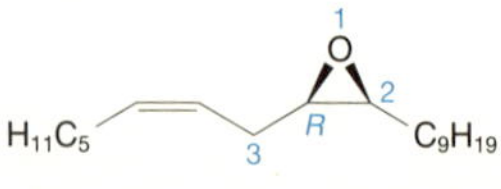   **T**

4. 反応性と反応機構

4・1 酸化準位は青字で示した（下式参照）．

(a) H−C(Me)(Me)−Br →（酸化反応でも還元反応でもない）→ H−C(Me)(Me)−OH

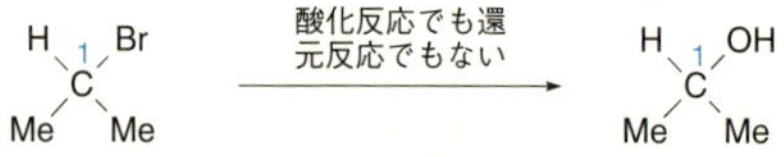

(b) (MeO)(OMe)C(Me)(Me) →（酸化反応でも還元反応でもない）→ Me−C(=O)−Me

(c) Me−C(=NH)−Me →（還元反応）→ H₂N−CH(Me)(Me)

(d) Me−C(=O)−OMe →（還元反応）→ Me−C(=O)−Et

(e) H−C(Me)(H)−OH →（酸化反応）→ Me−C(=O)−NHMe

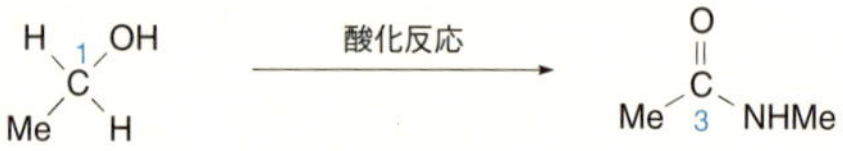

4・2

(a) Me−O⁻ (求核剤) + H−C(H)(H)−Br (δ+/δ−) (求電子剤) → MeO−CH₃ + Br⁻

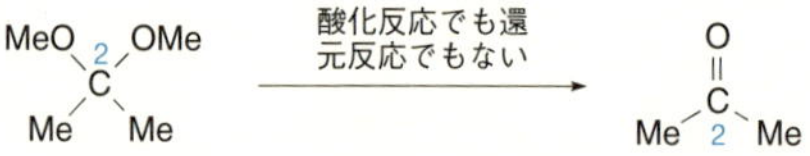

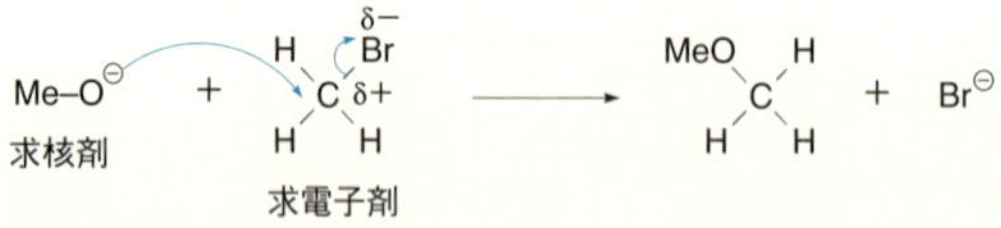

(b) I−C(H)(H) (δ−/δ+) (求電子剤) + Me₂N−C(Ph)(H)(H) (求核剤) → I⁻ + Me₃N⁺−CH(Ph)(H)

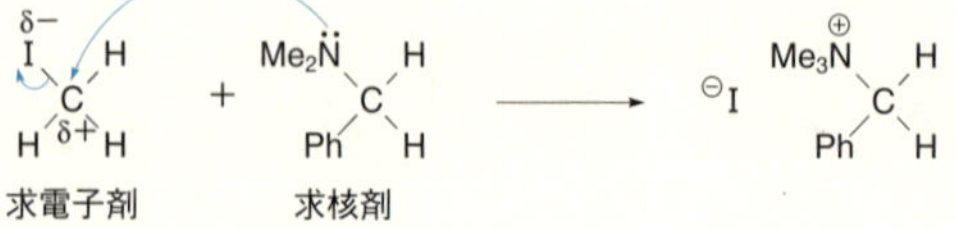

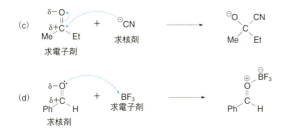

4・3 (a) (ラジカル)置換反応 (b) 付加反応
(c) 二つの脱離反応 (d) 転位反応（ベックマン転位反応）

4・4 (a) 立体選択的反応（脱離によって E 異性体が生成する）
(b) 位置選択的反応（脱離によって置換基の少ないアルケンが生成する）
(c) 官能基選択的反応（カルボン酸が還元される）
(d) 立体選択的反応（ケトンの還元により単一のジアステレオマーが選択的に生成する）

4・5 (a)

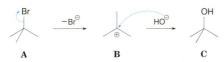

(b) カルボカチオン **B**（第三級カルボカチオン）は $CH_3CH_2^+$（第一級カルボカチオン）よりも安定である．エチルカチオンには電子供与性のメチル基が一つしか存在しないのに対して，カルボカチオン **B** は3個の電子供与性（+I）のメチル基をもっている．また，カルボカチオン **B** はエチルカチオンよりも，反応における立体障害が大きいため反応性が低い．すなわち，カルボカチオン **B** の3個のメチル基は，エチルカチオンにおける1個のメチル基とそれよりも小さい2個の水素原子に比べて，より効果的にカルボカチオン中心に対する反応剤の攻撃を妨げる．

(c)

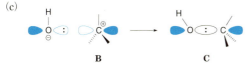

(d) i.

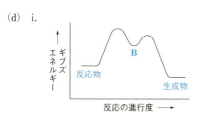

ii. この反応は，生成物の方が反応物よりもエネルギーが低いので，発熱反応である．すなわち，反応に伴い，エネルギーが熱として外界へ放出される．

iii. 化合物 **A** が **B** へ変換する段階は，化合物 **B** が **C** へ変換する段階よりも大きな活性化ギブズエネルギー ($\Delta^{\ddagger}G$) をもつ．したがって，化合物 **A** が **B** へ変換する段階が律速段階となる．

4・6 (a)

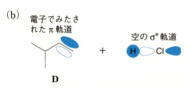

(b) 電子でみたされた π 軌道　　空の σ* 軌道

D

(c) 化合物 **E** は第二級カルボカチオンであり，より安定な第三級カルボカチオンである化合物 **F** へと転位する．第三級カルボカチオンは3個の電子供与性 (+I) のアルキル基によって安定化を受けているが，第二級カルボカチオンは2個のアルキル基によって安定化されているだけである．

(d) 空の p 軌道

電子でみたされた σ 軌道

E

5. ハロゲン化アルキル

5・1 (a)

Et　C　H　Br　Me

(b) エタノールは求核剤として作用し，第二級ハロゲン化アルキルと反応してエチルエーテル (右図参照) を HI とともに生成する．エタノール EtOH はプロトン性の極性溶媒なので，反応は S_N1 反応によって進行し，ラセミ体生成物が得られる．

Et　C　H　EtO　Me

(c) 水酸化物イオンの求核性の強さは中程度であるが，良好な塩基である．したがって，脱離反応が置換反応と競争し，アルケンが生成する．

(d) S_N1 反応では，カルボカチオンの生成が律速段階である．**A** からは第二級アルキルカルボカチオンが生成するが，(1-ヨードエチル)ベンゼンの S_N1 反応では，ベンジル型のカルボカチオン $PhCH^+CH_3$ が生成する．ベンジル型のカルボカチオンは共鳴によって安定化されているので，$EtCH^+CH_3$ よりも容易に生成する．

5・2 (a)

Br　H

(b) S_N1 機構

[反応機構図: (R)-2-ブロモペンタンから $-Br^-$ でカルボカチオン生成、$H_2\ddot{O}$ 攻撃、つづいて $-H^+$ でラセミ体のOH体]

S_N2 機構

[反応機構図: $H_2\ddot{O}$ + (R)-2-ブロモペンタン → $-Br^-$、つづいて $-H^+$ → (S)-ペンタン-2-オール]

(c) ジメチルスルホキシド CH_3SOCH_3 のような非プロトン性の極性溶媒を用いると，S_N2 反応が促進される．

(d) これは求核的触媒の例であり，I^- がよい求核剤でありよい脱離基であるという性質を利用している．**B** とヨウ化物イオンとの S_N2 反応により 2-ヨードペンタンが生成するが，それは 2-ブロモペンタン **B** よりも速やかに水と反応する．

(e) ナトリウム t-ブトキシドは弱い求核剤であるが強力な塩基であるため，置換反応よりも脱離反応が優先する．Me_3C-O^- はかさ高い塩基なので，ホフマン脱離によって 1-ペンテンが主生成物となると考えられる．

(f) プロトン化されると，**C** の OH 基はより良好な脱離基である水へと変換される．水が脱離するとカルボカチオンが生成し，それは速やかにエタノールと S_N1 機構で反応する．

5・3 (a) $PhCH_2OMe + HBr$ (b) $PhCH_2OCOCH_3 + HBr$

5・4 ピリジンの不在下では S_Ni であった反応機構が，ピリジン存在下ではピリジンが塩基として作用するため S_N2 へと変化する．

5・5

[反応機構図: (1S,2S)-1,2-ジクロロ-1,2-ジフェニルエタンから $-BH$、$-Cl^-$ で (Z)-1-クロロ-1,2-ジフェニルエテン生成、B = 塩基]

5・6 エタノールは弱い求核剤であり，また弱い塩基であるため，S_N2 および E2 反応は起こりそうもない．エタノールはプロトン性の極性溶媒なので E1 および S_N1 反応が有利となり，Br^- の

[反応機構図: **D** から $-Br^-$ でカルボカチオン生成、転位して二つのカルボカチオン、HOEt 攻撃、つづいて $-H^+$ で **F** および **E**]

脱離によって初期のカルボカチオンが生成する（下式参照）．これは第二級カルボカチオンなので，転位してより安定な第三級カルボカチオンとなり，それがエタノールと反応して **E** と **F** を与えた．

5・7 (a)

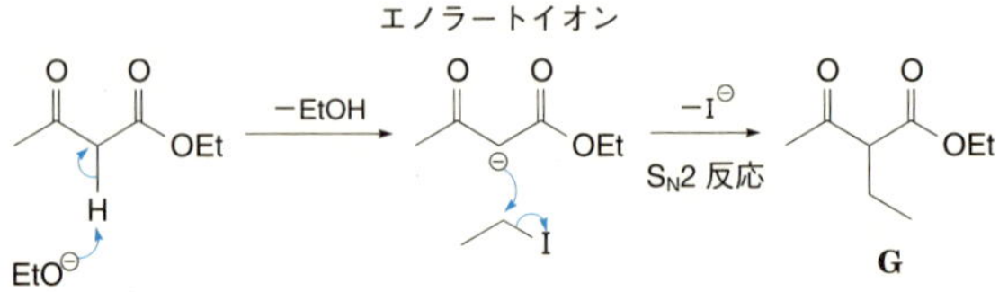

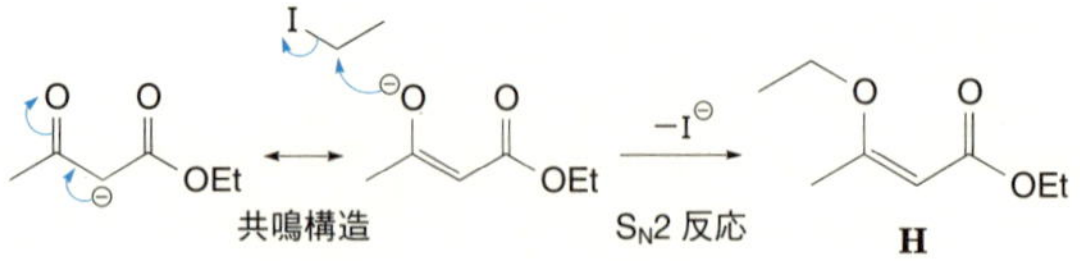

(反応機構の図: アセト酢酸エチル + EtO⁻ → −EtOH → エノラートイオン → ヨウ化イソプロピルと S_N2 反応 → **G**)

(共鳴構造を経由して O 側で S_N2 反応し **H** を生成)

(b)

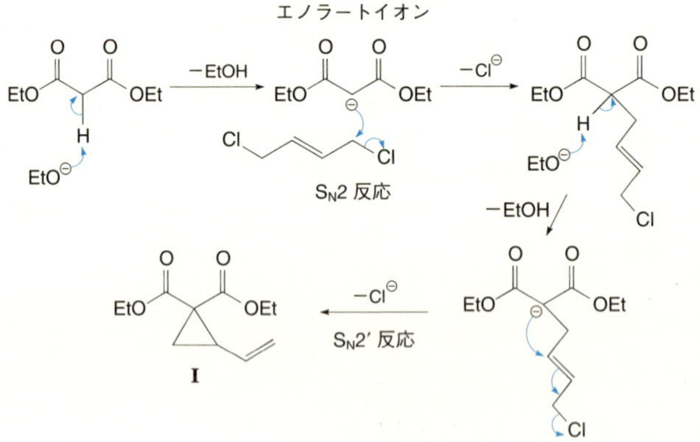

(マロン酸ジエチル + EtO⁻ → −EtOH → エノラートイオン → 1,4-ジクロロ-2-ブテンと S_N2 反応 → −EtOH → さらに −Cl⁻ の S_N2' 反応 → **I** （1,1-ジカルボエトキシ-2-ビニルシクロプロパン））

(c)

(シクロブタン-1,1-ジカルボン酸ジエチル **J**)

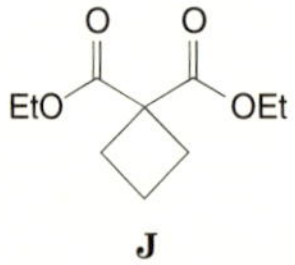

6. アルケンとアルキン

6・1 (a) この反応はラジカル機構によって進行する．臭素ラジカルがアルケンの立体障害の少ない方の炭素に付加することによって，より安定な炭素ラジカルが生成する（すなわち，第二級

ラジカル $R_2CH^\bullet$ が第一級ラジカル $RCH_2^\bullet$ よりも優先して生成する).

(b) この反応はイオン機構によって進行する．アルケンのプロトン化によって，より安定なカルボカチオン中間体が生成する（すなわち，第二級カルボカチオン R_2CH^+ が第一級カルボカチオン RCH_2^+ より優先して生成する）．

6·2 この反応はブロモニウムイオン中間体を経由して進行する．3員環のどちらかの炭素原子（これらは等価である）に対する Br^- の攻撃によって，ブロモニウムイオンは環開裂する．架橋している臭素原子によって中央の C–C 結合の回転は妨げられるので，アルケンにおけるエチル基の Z の位置関係はブロモニウムイオンでも保持される．全体として，Br_2 のアンチ付加が起こり，ラセミ体の生成物が得られる．

6·3 (a) RCO_3H，たとえば m-クロロ過安息香酸（mCPBA）
(b) RCO_3H つづいて HO^-/H_2O または H^+/H_2O によるエポキシドの環開裂（立体選択的にアンチ-ジヒドロキシ体を与える）．
(c) $H_2/Pd/C$
(d) OsO_4 つづいて $H_2O/NaHSO_3$（立体選択的にシン-ジヒドロキシ体を与える）．
(e) BH_3（位置選択的なヒドロホウ素化），つづいて H_2O_2/HO^-（H と OH はシン付加する）．
(f) O_3（オゾン分解），つづいて H_2O_2（酸化的な後処理）

6・4 **A**: Hg(OAc)$_2$/H$_2$O/H$^+$（水和）   **B**: (i) NaNH$_2$ つづいて MeBr, (ii) Na/NH$_3$
C: (i) NaNH$_2$ つづいて PhCH$_2$Br, (ii) H$_2$/リンドラー触媒

6・5

  D   **E**   **F**

化合物 **F** については，いわゆるエンド生成物が得られる．エンド生成物では，あらたに生成したアルケンとカルボニル基が生成物の同一側に位置している．ディールス–アルダー反応では，一般に，エンド生成物がエキソ生成物よりも速やかに生成する．

  エキソ生成物   エンド生成物

6・6 二重結合の一つがプロトン化を受けるとアリルカチオンが生成し，アリルカチオンの二つの可能な共鳴構造に対してそれぞれ Cl$^-$ が反応する（下式参照）．3-クロロ-1-ブテンは 1,2-付加によって生成したマルコフニコフ付加生成物である．1-クロロ-2-ブテンは，アリルカチオンが末端炭素で捕捉されたことによって生成した 1,4-付加生成物である．

  1,2-付加   1,4-付加

6・7 (a) 段階 1 は，化合物 **G** におけるより立体障害の小さい C=C 結合に対する，ボランの逆マルコフニコフ付加反応を含んでいる（すなわち，かさ高いボランは，環内の C=C 結合ではなく側鎖にある C=C 結合と反応する）．かさ高いボランは，側鎖の C=C 結合のより立体障害の小さい側に位置選択的に付加し，つづいて H$_2$O$_2$/HO$^-$ を用いて酸化すると第一級アルコールが生成する．段階 2 では，第一級アルコールが CrO$_3$/H$^+$ によって酸化され，化合物 **H** のカルボキシ基が生成する．

(b)

ヨウ素は C=C 結合に対して，より立体障害の小さい紙面裏側から反応する

S$_N$2 反応において，カルボキシラートイオンは紙面上方から攻撃する

7. ベンゼンとその誘導体

7・1

[反応機構図: ベンゼン + E⁺ → アレニウムイオン中間体 → -H⁺ → 置換生成物]

7・2

[反応機構図: 第一級カルボカチオン → メチル基の移動 → 第三級カルボカチオン → ベンゼンとの反応 → -H⁺ → 生成物]

7・3 (a) **A**（シクロブタ-1,3-ジエン）は反芳香族である（4π 電子系）．
B（アントラセン）は芳香族である（14π 電子系）．
C（インドール）は芳香族である（10π 電子系）．
D は芳香族である（10π 電子系）．

[反応機構図: インドールの臭素化による3-ブロモインドールの生成]

(b) **C** を求電子剤と反応させることによって確認することができる．芳香族化合物は付加反応よりも求電子置換反応をする．臭素のような求電子剤と反応させると，インドールは求電子置換反応を起こし，3-ブロモインドールを与える（前ページの図参照）．ピロールやフランと同様に，インドールの臭素化にはルイス酸を必要としない．

7・4 (a) $CHCl_3$ と 3 当量のベンゼン（フリーデル-クラフツアルキル化）
(b) (i) $CH_3CH_2CH_2Cl/AlCl_3$ または $CH_3CH_2COCl/AlCl_3$ とそれにつづく $Zn/Hg/H^+$
(ii) NBS/過酸化物（ベンジル位で臭素化が起こる）
(c) (i) $Br_2/FeBr_3$ (ii) $CH_3Cl/AlCl_3$（1-ブロモ-4-メチルベンゼンを 1-ブロモ-2-メチルベンゼンとの混合物から分離） (iii) $KMnO_4$（メチル基の酸化）
(d) (i) $Cl_2/FeCl_3$ (ii) 2 当量の HNO_3/H_2SO_4（1-クロロ-2,4-ジニトロベンゼンを得る）
(iii) H_2N-NH_2（芳香族求核置換反応）

7・5 (a) NH_2 基は活性化基であり，求電子剤は環の 2, 4, 6 位で反応する．酸性条件下ではアニリンはプロトン化され，NH_3^+ 基は環を不活性化し，求電子剤は環の 3 位および 5 位で反応する．
(b) アルケン（シクロヘキセン）は芳香族ではないので，ベンゼンよりも活性な求核剤となる．フェノールでは，OH 基は強力な活性化基（+M）なので，ベンゼンと比べて環は求電子剤に対

してより活性となる．
(c) アニリンのニトロ化は4位だけでなく2位でも起こるので，位置異性体の混合物が生成する．酸塩化物との反応によってアミノ基をより大きなアミド基へ変換すると，2位が立体的に保護されるため4位で置換が起こる比率が増大する．最終段階において，アミド基はHO^-/H_2Oの反応条件によってアミノ基へ戻すことができる．

7・6 (a) (i) $NaNO_2/HCl$
(ii) KI
(b) (i) Br_2〔必要な4-ブロモアニリンを2-ブロモアニリンとの混合物から分離，アミド保護基を用いると4-ブロモアニリンの生成比を増加させることができる，問題7・5(c)参照〕
(ii) $NaNO_2/HCl$
(iii) CuCl（ザンドマイヤー反応）
(c) (i) 過剰のBr_2により2,4,6-トリブロモアニリンを得る．
(ii) $NaNO_2/HCl$
(iii) H_3PO_2

7・7
(a)

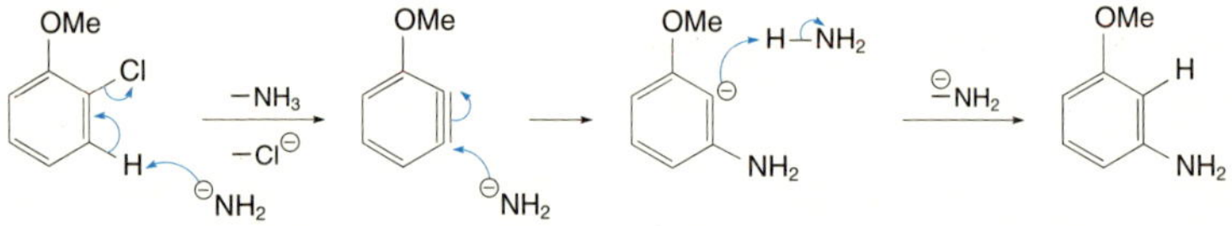

(b)

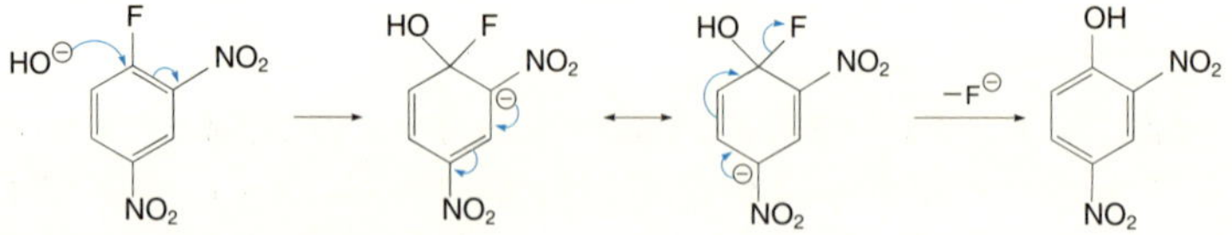

8. カルボニル化合物: アルデヒドとケトン

8・1 (a)

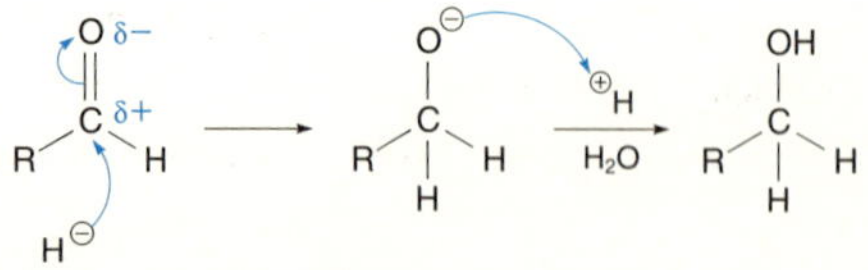

$NaBH_4$がヒドリドを供給する

(b) CrO_3/H^+によって酸化し（ジョーンズ酸化），生成と同時にアルデヒドを蒸留によって分離する．別法として，クロロクロム酸ピリジニウム（PCC）のようなより穏和な酸化剤を用いて，アルデヒドがさらに酸化されてカルボン酸RCO_2Hになることを防ぐ．

8·2 (a) [反応機構図: PhMgBr がホルムアルデヒドに付加し、H₂O で処理して PhCH(OH)H + HOMgBr を生成]

(b) 無水のエーテル性溶媒（たとえばテトラヒドロフラン）中で Ph–Br と Mg を反応させる．グリニャール反応剤は酸素と反応してヒドロペルオキシド ROOH やアルコール ROH を生成するので，理想的には反応は不活性雰囲気中で行う．

8·3 **A** = CHI₃（ヨードホルム） **B** = PhCO₂H（安息香酸）

[反応機構図: アセトフェノンが OH⁻ でエノラート化され、I₂ によってヨウ素化、さらに脱プロトン化/ヨウ素化を繰り返して PhCOCI₃ となり、HO⁻ の攻撃により CI₃⁻ が脱離して PhCO₂H（B）と HCI₃（A）を生成]

さらに脱プロトン化/ヨウ素化

8·4 (a) [構造式: 1,4-ジオキサスピロ[4.4]ノナン（シクロペンタノンのエチレングリコールケタール） **C**]

(b) 酸によってケトンがプロトン化されると，より良好な求電子剤となる．これによって，アルコールの求核攻撃に対するケトンの反応性は増大する．

(c) [反応機構図: シクロペンタノンが H⁺ でプロトン化され、HOCH₂CH₂OH が求核付加、H⁺ 移動、−H⁺、−H₂O を経てケタール **C** を生成]

8・5 (a)

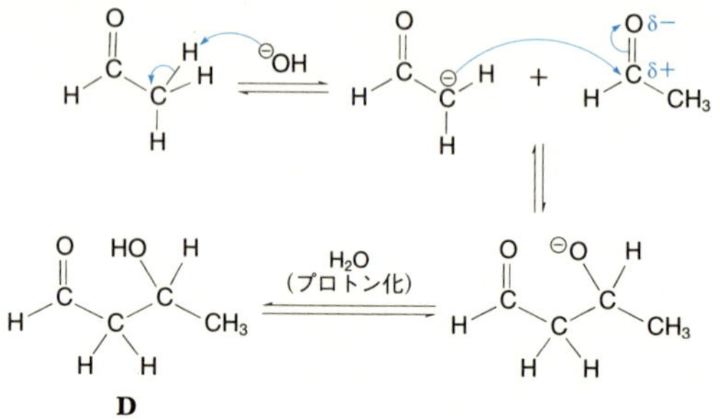

[反応機構: アセトアルデヒドのアルドール縮合を示す。HO⁻によるα水素引き抜き、エノラートがもう一分子のアセトアルデヒドのカルボニル炭素を攻撃、プロトン化によりD（3-ヒドロキシブタナール）生成]

D

(b)

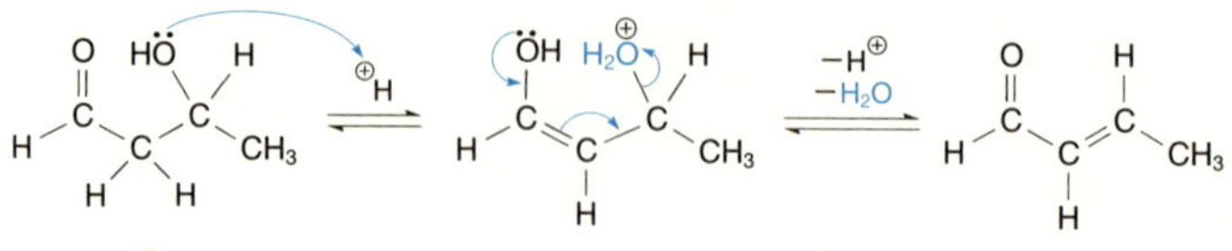

[Dの酸触媒脱水: OHのプロトン化、H₂Oの脱離、-H⁺によりE（2-ブテナール）生成]

D　　　　　　　　　　　　　　　**E**

8・6

F: (CH₃)₂CHCH₂CHO（イソバレルアルデヒド）
G: (CH₃)₂CHCH₂CH(NH₂)CN
H: (CH₃)₂CHCH₂CH(NH₂)CO₂H・HCl

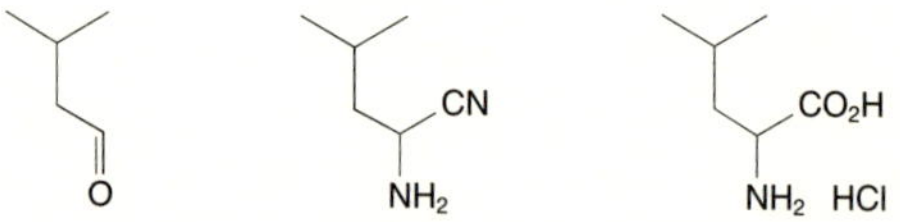

8・7 (a) $(CH_3)_3CCHO$, HO^-

(b)

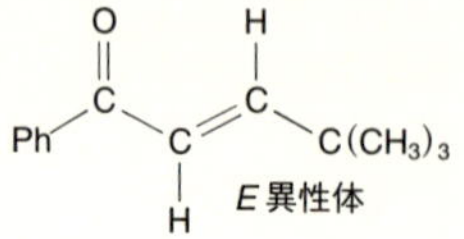

Ph-CO-CH=CH-C(CH₃)₃
E異性体
D

(c) CrO_3/H^+ あるいは PCC のような酸化剤

(d)

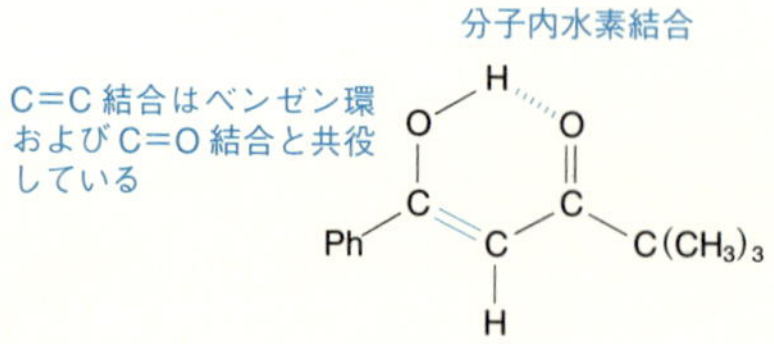

[分子内水素結合を持つ構造: PhC(=CH-)...H-O-C(=O)-C(CH₃)₃ の六員環水素結合]

分子内水素結合

C=C 結合はベンゼン環およびC=O 結合と共役している

9. カルボニル化合物: カルボン酸とその誘導体

9・1 (a) $NaBH_4$ とそれにつづく H^+/H_2O

OEt 基の正の共鳴効果（+M）によって，エステル基のカルボニル炭素原子は，ケトン基のカルボニル炭素原子に比べて求電子性が低下している．このため，ケトン基の方が求核剤に対して攻撃を受けやすくなる．$NaBH_4$ のような穏和なヒドリド還元剤は，ケトン基でのみ反応する．

(b) [反応機構図: 化合物 B から C への変換、H^+ 移動、$-H^+$、$-EtOH$ を経る]

(c) [化合物 D: 4-ヒドロキシ-1,1-ジフェニル構造、Et, OH, Ph, Ph 置換基を含む]

9・2 (a) H^+/H_2O (b) $LiAlH_4$ とそれにつづく H_2O
(c) CrO_3/H^+ ($PhCO_2H$ を生成させる) つづいて $EtOH/H^+$ (エステル化)
(d) $EtOH/H^+$ (エステル化) (e) H_2O
(f) H^+/H_2O/加熱 (g) $SOCl_2$ または PCl_3
(h) $HNEt_2$

9・3 (a) $PhCOCH_2COPh$
(b) $PhCOCH_2CHO$
(c) $(CH_3)_3CCOCH_2CO_2CH_2CH_3$
(d) $PhCOCH_2COCH_3$

9・4 [化合物構造: E (OH, CO_2Me), F (OH, OH), G (アルデヒド), H (2,4-ジニトロフェニルヒドラゾン)]

9・5 (a) 1. CrO_3/H^+, 2. $MeOH/H^+$ (b) $MeO^-/MeOH$

(c) [反応機構スキーム:シクロヘキサノン-2-カルボン酸メチルエステルのマイケル付加およびアルドール反応によるL生成]

マイケル付加

分子内アルドール反応

→ MeOH → HO → MeO⁻ → HO → −HO⁻ → **L**

9・6

M: CH₃-CO-CH₂CH₂CH₂-CO₂Et

$$\text{M}: \underset{\text{M}}{\text{CH}_3\text{COCH}_2\text{CH}_2\text{CH}_2\text{CO}_2\text{Et}}$$

N: CH₃COO-CH(CH₃)-CH₂CH₂-CO₂Et

O: 1,3-シクロヘキサンジオン

10. スペクトルと構造

10・1 (a) 高分解能 EI または CI 質量スペクトルにおいて,分子イオンピーク M の値が **A** の分子量と一致する.

(b) 質量スペクトルにおいて,M と M+2 ピークが特徴的な 1:1 の比を示すことから確認される.

(c) ^{1}H NMR スペクトルにおいて,−COCH$_3$ の 3 個の等価な水素に由来する単一線が 2.6 ppm 付近に観測される.

^{13}C NMR スペクトルでは,ケトン基 −CO− の炭素原子に由来する特徴的なピークが 200 ppm 付近に観測される(メチル炭素は 25 ppm 付近にピークを与える).

質量スペクトルでは,フラグメンテーションにより 4-BrC$_6$H$_4$C≡O$^+$ が生成する.これによって芳香族ケトンの存在が確認され,また分子イオンピークによって **A** がメチルケトンであることを確認することができる.

(d) ^{1}H NMR スペクトルにおいて,8 Hz 程度の同一のスピン結合定数をもつ 2 組の強度の偏った二重線が芳香族領域に観測される.これは分子が対称面をもつためであり,2 組の水素原子は化

学的に等価となる．下図にはこれらの水素原子を H^A および H^M として表示してある．$COCH_3$ 基（$-M, -I$）は Br 基（$+M, -I$）よりも電子求引性が強いので，H^M は H^A より大きな化学シフトをもつ．この化合物では，2組の二重線の化学シフト差 $\Delta\delta$ がスピン結合定数 J よりも大きい．このような場合のスペクトルを，AM スペクトルという．これに対して，$\Delta\delta$ が J より非常に大きい場合を AX スペクトル，また，J が $\Delta\delta$ より大きい場合を AB スペクトルという．$\Delta\delta$ の値が J の値に接近するにつれて，二重線の内側の線の高さが増大し"寄りかかったような 2 組の二重線"となることに注意せよ．

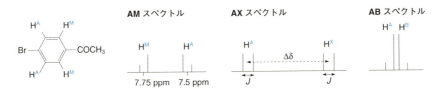

A の 1,2-あるいは 1,3-二置換異性体では，どの芳香族水素原子も化学的に等価ではないので，^1H NMR スペクトルの芳香族領域には 4 個（2 個ではない）のピークが現れることになる．

A の ^{13}C NMR スペクトルの芳香族領域には，2 個の第四級炭素と 2 個の CH 炭素に由来する計 4 個のピークが観測される．**A** の 1,2-あるいは 1,3-二置換異性体では，どの炭素原子も化学的に等価ではないので，^{13}C NMR スペクトルの芳香族領域には 2 個の第四級炭素と 4 個の CH 炭素に由来する計 6 個のピークが現れる．

10・2

B

10・3 **C** のおおよその化学シフト値を示す．分裂様式とスピン結合定数はかっこ内に記した．

^1H NMR
- 4.1 (q, 7 Hz)
- 1.8 (d, 7 Hz)
- 4.5 (q, 7 Hz)
- 1.3 (t, 7 Hz)

^{13}C NMR
- 20, 55, 165, 60, 15

D のおおよその化学シフト値を示す．分裂様式とスピン結合定数はかっこ内に記した．

^1H NMR
- 1.8 (t, 7 Hz)
- 1.0 (t, 7 Hz)
- 2.1 (s)
- 1.3 (sex, 7 Hz)
- 1.5 (s)
- 10.0 (s)

^{13}C NMR
- 210, 30, 15
- 75, 20
- 20, 10, 205

10・4

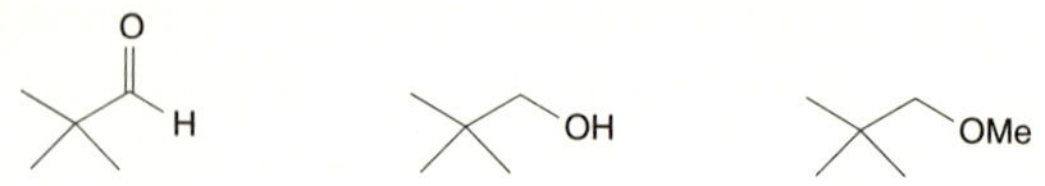
O
H
OH
OMe

E **F** **G**

10・5

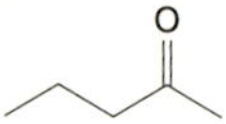
O

10・6

O

11. 天然物および合成高分子

11・1

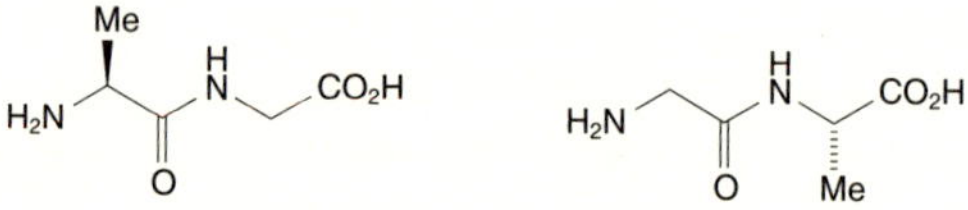
Me
H
H₂N
N
CO₂H
O
H
H₂N
N
CO₂H
O
Me

11・2 (a) 二糖**A**はβグリコシド結合をもつ.

(b) 加水分解によって2分子のグルコースが生成する.

(c) グルコースはアルドヘキソースである.

11・3

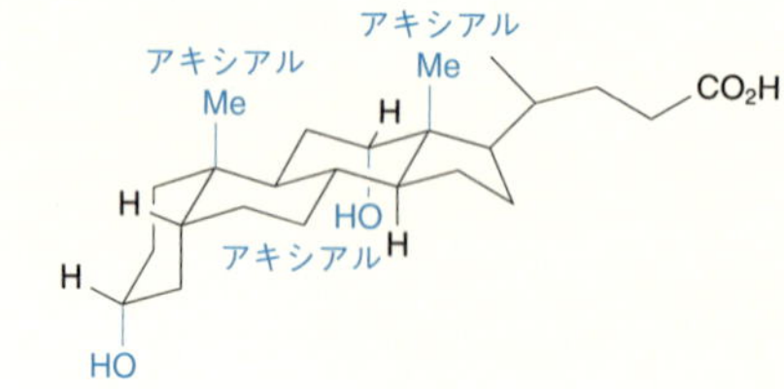
アキシアル
Me
アキシアル
Me
CO₂H
H
H
HO
アキシアル
H
H
HO
エクアトリアル

11・4 アミド基に関する互変異性体を書くと，これらの分子が明らかに芳香族であることがわかる.

C（ウラシル）

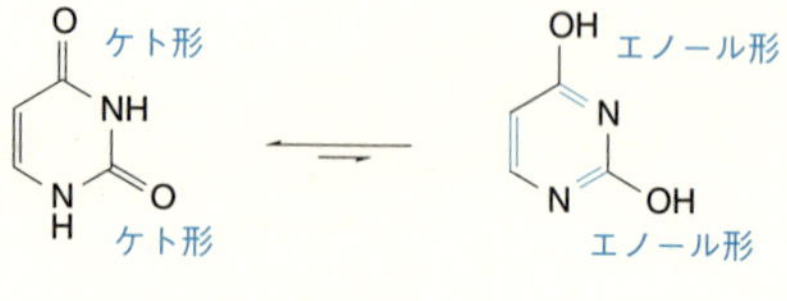
O
ケト形
NH
N
H
O
ケト形
OH
エノール形
N
N
OH
エノール形

D（グアニン）

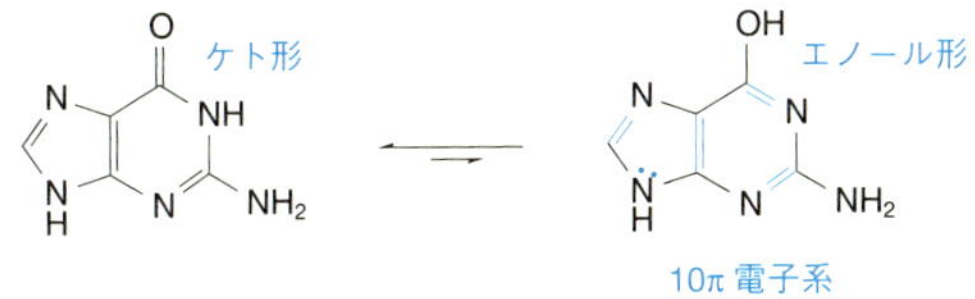

ケト形 ⇌ エノール形

10π 電子系

11・5 これは，ラジカルがモノマーのより置換基の少ない方の炭素原子（尾部）へ付加するため，塩化ビニルの頭部が別の分子の尾部へ結合することになるからである．

塩化ビニル：頭部／尾部

ポリ塩化ビニル(PVC)：頭-尾構造

11・6 (a)

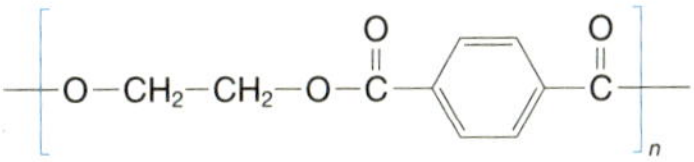

ポリエステルの一種（ダクロン）

(b)

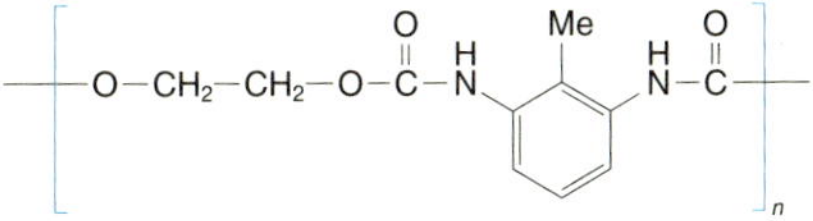

ポリウレタンの一種

11・7 (a) アデニン（A）とシトシン（C）はいずれも，中央の位置が水素結合の受容部位となるため，AとCでは水素結合が形成されない．
(b) グアニンでは，N3 および N7 位の窒素原子が最も求核性が強い．これは，下図に示すように，他の窒素原子上の非共有電子対はすべて，共鳴によって安定化しているためである．また，DNAでは，グアニンの6員環部分は二重らせん内で塩基対を形成しているため，NH_2 基とアミド基は求電子剤に接近しにくいものと推測される．

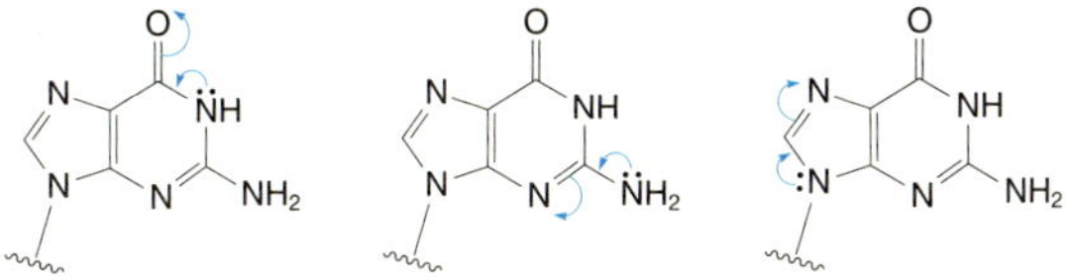

さらに詳しく学びたい人のための参考書

非常に多くのすぐれた有機化学の教科書が出版されている．それらを読むことによって，本書で取上げた話題に関する理解をより深めることができるだろう．最近出版されたいくつかの書物を，以下に掲げておく．

一般化学の教科書
- A. D. Burrows, J. S. Holman, A. F. Parsons, G. M. Pilling, G. J. Price, "Chemistry^3" 2nd Ed., Oxford University Press（2013）．

一般的な有機化学の教科書
- P. Y. Bruice, "Organic Chemistry", 7th Ed., Pearson（2013）．["ブルース有機化学 上・下"，第7版，大船泰史，香月 勗，西郷和彦，富岡 清 監訳，化学同人（2014）．]
- J. Clayden, N. Greeves, S.Warren, "Organic Chemistry", 2nd Ed., Oxford University Press（2012）．["ウォーレン有機化学 上・下"，第2版，野依良治，奥山 格，柴﨑正勝，檜山爲次郎 監訳，東京化学同人（2015）．]
- J. McMurry, "Organic Chemistry", 8th Ed., Brooks/Cole, Cengage Learning（2012）．["マクマリー有機化学 上・中・下"，第8版，伊東 櫂，児玉三明，荻野敏夫，深澤義正，通 元夫 訳，東京化学同人（2013）．]*

反応機構に関する参考書
- M. G. Moloney, "Reaction Mechanisms at a Glance: A Stepwise Approach to Problem-Solving in Organic Chemistry", Wiley-Blackwell（1999）．

より専門的な有機化学の教科書
　"Oxford Chemistry Primer Series" を見よ．そこには，多数の関連ある書物が掲げられている．たとえば，
- J. Jones, "Core Carbonyl Chemistry", Oxford University Press（1997）．
- G. M. Hornby, J. M. Peach, "Foundations of Organic Chemistry", Oxford University Press（1997）．
- M. Sainsbury, "Aromatic Chemistry", Oxford University Press（1992）．

---

* 訳注：原著には旧版が記載されているが，わが国で翻訳出版されている最新の版を掲げた．

- S. B. Duckett, B. C. Gilbert, "Foundations of Spectroscopy", Oxford University Press (2000).

インタラクティブ3Dアニメーション
- ChemTube3D〔http://www.chemtube3d.com/〕

付　　録

付録1　結合解離エンタルピー

結合	BDE[†1]	結合	BDE[†1]	結合	BDE[†1]	結合	BDE[†1]
H−H	436	H_3C−Br	297	C−C	347[†2]	P−O	380[†2]
H−F	570	H_3C−I	239	C=C	612[†2]	S−O	365[†2]
H−Cl	431	H_3C−OH	389	C≡C	838[†2]	P=O	510[†2]
H−Br	366	C−Cl	346[†2]	C−O	358[†2]	S=O	520[†2]
H−I	298	C−Br	290[†2]	C=O	742[†2]	C−B	395[†2]
H−OH	464	C−I	228[†2]	C−N	286[†2]	P−Cl	326[†2]
H−NH_2	391	O−H	464[†2]	C=N	615[†2]	P−Br	270[†2]
H_3C−H	440	R_3C−H	415[†2]	C≡N	887[†2]	S−Cl	271[†2]
H_3C−Cl	356	N−H	391[†2]	B−O	515[†2]		

[†1] BDE = おおよその結合解離エンタルピー($kJ\ mol^{-1}$).
[†2] それぞれの結合の平均的な BDE($kJ\ mol^{-1}$).

付録2　結合距離

結合	結合距離 (pm)	結合	結合距離 (pm)	結合	結合距離 (pm)	結合	結合距離 (pm)
H−H	74	C−H	109[†]	C≡C	120[†]	O=O	121
H−F	92	C−F	139[†]	C−O	142[†]	C≡O	113
H−Cl	128	C−Cl	179[†]	C=O	121[†]	Cl−Cl	199
H−Br	142	C−Br	194[†]	C−N	146[†]	Br−Br	228
H−I	161	C−I	213[†]	C=N	121[†]	I−I	267
H−OH	96	C−C	153[†]	C≡N	116[†]		
H−NH_2	101	C=C	134[†]	HO−OH	148		

[†] それぞれの結合の平均的な結合距離.

付録3　おおよその pK_a（水に対する相対的な値）

名称（官能基）	酸/化学式	共役塩基	典型的な pK_a
硫酸	H_2SO_4	HSO_4^-	−3
アルキルオキソニウムイオン	ROH_2^+	ROH	−2.4
ヒドロニウムイオン	H_3O^+	H_2O	−1.7
硝酸	HNO_3	NO_3^-	−1.4
カルボン酸	RCO_2H	RCO_2^-	4〜5
プロパン酸	$CH_3CH_2CO_2H$	$CH_3CH_2CO_2^-$	4.9
酢酸	CH_3CO_2H	$CH_3CO_2^-$	4.8
ギ酸	HCO_2H	HCO_2^-	3.8
ブロモ酢酸	$BrCH_2CO_2H$	$BrCH_2CO_2^-$	2.9
フルオロ酢酸	FCH_2CO_2H	$FCH_2CO_2^-$	2.7
ピリジニウムイオン	$C_5H_5NH^+$	C_5H_5N	5
炭酸	H_2CO_3	HCO_3^-	6.4
アンモニウムイオン	H_4N^+	H_3N	9.3
フェノール	C_6H_5OH	$C_6H_5O^-$	10
トリエチルアンモニウムイオン	Et_3NH^+	Et_3N	10.7
β-ケトエステル	$RCOCH_2CO_2R$	$RCOCH^-CO_2R$	11

付録3（つづき）

名称（官能基）	酸/化学式	共役塩基	典型的な pK_a
水	H_2O	HO^-	15.7
アミド	$RNHCOR$	RN^-COR	16
アルコール	ROH	RO^-	16〜17
ケトン	$RCOCHR_2$	$RCOC^-R_2$	19
エステル	R_2CHCO_2R	$R_2C^-CO_2R$	25
アルキン	$RC\equiv CH$	$RC\equiv C^-$	25
水素	H_2	H^-	35
アンモニア	H_3N	H_2N^-	38
芳香族メチル基	$ArCH_3$	$ArCH_2^-$	42
アルケン	$R_2C=CHR$	$R_2C=C^-R$	44
アルカン	R_3CH	R_3C^-	≥ 50

付録4 よく用いられる略号

略号	意味	略号	意味
Ac	アセチル $CH_3C(O)-$	J	スピン結合定数(Hz, ^1H NMRにおいて)
aq.	水溶液		
Ar	アリール	k	速度定数
9-BBN	9-ボラビシクロ[3.3.1]ノナン	LUMO	最低空軌道
br	広幅(スペクトルの吸収線について)	mCPBA	m-クロロ過安息香酸 $3-ClC_6H_4CO_3H$
Bn	ベンジル $PhCH_2-$		
Bu	ブチル $CH_3CH_2CH_2CH_2-$	Me	メチル
iBu	イソブチルまたは2-メチルプロピル $(CH_3)_2CHCH_2-$	mp	融点
		MS	質量分析法
s-Bu	s-ブチルまたは1-メチルプロピル $CH_3CH_2CH(CH_3)-$	m/z	質量-電荷比
		NBS	N-ブロモスクシンイミド
t-Bu	t-ブチルまたは1,1-ジメチルエチル $(CH_3)_3C-$	NMR	核磁気共鳴
		Nu	求核剤
Bz	ベンゾイル $PhC(O)-$	m	多重線(^1H NMRにおいて)
CI	化学イオン化(質量分析法において)	PCC	クロロクロム酸ピリジニウム $C_5H_5NH^+ClCrO_3^-$
d	二重線(^1H NMRにおいて)	Ph	フェニル C_6H_5-
DIBAL-H	水素化ジイソブチルアルミニウム iBu_2AlH	Pr	プロピル $CH_3CH_2CH_2-$
		iPr	イソプロピルまたは1-メチルエチル $CH_3CH(CH_3)-$
DMF	ジメチルホルムアミド $(CH_3)_2NCHO$	Py	ピリジン C_5H_5N
DMSO	ジメチルスルホキシド $CH_3S(O)CH_3$	q	四重線(^1H NMRにおいて)
		R	アルキル基(メチル, エチル, プロピルなど)
E	求電子剤		
e^-	電子	R,S	キラル中心における立体配置
ee	エナンチオマー過剰率(0% ee＝ラセミ体)	s	単一線(^1H NMRにおいて)
		THF	テトラヒドロフラン
EI	電子衝撃(質量分析法において)	TMS	テトラメチルシラン(Me_4Si)
Et	エチル CH_3CH_2-	t	三重線(^1H NMRにおいて)
h	時間	Ts	4-トルエンスルホニル $4-CH_3C_6H_4SO_2-$
HOMO	最高被占軌道		
hν	電磁波エネルギー	UV	紫外線
IR	赤外線	X	ハロゲン原子

付録5 赤外吸収

官能基	典型的な波数 (cm^{-1})	官能基	典型的な波数 (cm^{-1})
アルコール O－H	3600～3200	アルケン C＝C	1680～1620
アミン N－H	3500～3300	ベンゼン環 CC	1600～1500
アルカン C－H	3000～2850	エーテル C－O	1250～1050
ニトリル C≡N	2250～2200	アミン C－N	1250～1020
アルキン C≡C	2200～2100	クロロアルカン R－Cl	800～600
カルボニル C＝O	1820～1650	ブロモアルカン R－Br	750～500
イミン C＝N	1690～1640	ヨードアルカン R－I	～500

官能基	C＝O 伸縮振動の典型的な波数 (cm^{-1})	官能基	C＝O 伸縮振動の典型的な波数 (cm^{-1})
酸塩化物 RCOCl	1820	ケトン RCOR	1715
酸無水物 RCO$_2$COR	1800	カルボン酸 RCO$_2$H	1710
エステル RCO$_2$R	1740	アミド RCONH$_2$	1650
アルデヒド RCHO	1730		

付録6 おおよその NMR 化学シフト

^{1}H NMR 化学シフト

官能基	典型的な化学シフト値 δ (ppm)	官能基	典型的な化学シフト値 δ (ppm)
メチル (CH$_3$) 水素		Ar－C(＝O)－CH$_2$－C	2.8
C－CH$_3$	0.9	R－O－CH$_2$－C	3.4
O－C－CH$_3$	1.3	Br－CH$_2$－C	3.4
C＝C－CH$_3$	1.6	Cl－CH$_2$－C	3.5
R－O－C(＝O)－CH$_3$	2.0	HO－CH$_2$－C	3.6
R－C(＝O)－CH$_3$	2.2	Ar－O－CH$_2$－C	4.0
Ar－CH$_3$	2.3	R－C(＝O)O－CH$_2$－C	4.1
N－CH$_3$	2.3		
Ar－C(＝O)－CH$_3$	2.5	メチン (CH) 水素	
R－C(＝O)N－CH$_3$	2.9	C－CH－C	1.5
R－O－CH$_3$	3.3	O－C－CH－C	2.0
R－C(＝O)O－CH$_3$	3.7	R－O－C(＝O)－CH－C	2.5
Ar－O－CH$_3$	3.8	R－C(＝O)－CH－C	2.7
		N－CH－C	2.8
メチレン (CH$_2$) 水素		Ar－CH－C	3.0
C－CH$_2$－C	1.4	Ar－C(＝O)－CH－C	3.4
O－C－CH$_2$－C	1.9	R－O－CH－C	3.7
R－O－C(＝O)－CH$_2$－C	2.2	HO－CH－C	3.7
C＝C－CH$_2$－C	2.3	Br－CH－C	4.3
R－C(＝O)－CH$_2$－C	2.4	ArO－CH－C	4.5
N－CH$_2$－C	2.5	R－C(＝O)O－CH－C	4.8
Ar－CH$_2$－C	2.7	Ar－C(＝O)O－CH－C	5.1

¹³C NMR 化学シフト

官能基	典型的な化学シフト値 δ (ppm)	官能基	典型的な化学シフト値 δ (ppm)
C＝O	220〜165	C−N, C−O	80〜40
置換ベンゼン	170〜110	C−Cl, C−Br	75〜25
C＝C	150〜110	C−C	50〜5

例：おおよその ¹H NMR および ¹³C NMR 化学シフト（¹H NMR 化学シフトは黒字，¹³C NMR 化学シフトは青字で示す）

3-メチル-1-フェニルブタン-1-オン

2-ブロモプロパン酸エチル

(E)-ヘキサ-2-エン-1-オール

4-エチルベンズアルデヒド

ブタン酸2-メトキシエチル

付録7 反応の要約

第5章

$R-\underset{H}{\underset{|}{\overset{R}{\overset{|}{C}}}}-R$ →[X₂, 紫外線] $R-\underset{X}{\underset{|}{\overset{R}{\overset{|}{C}}}}-R$

$R-\underset{OH}{\underset{|}{\overset{R}{\overset{|}{C}}}}-R$ →[HX あるいは PX₃ あるいは SOCl₂, Et₃N あるいは TsCl, X⁻] $R-\underset{X}{\underset{|}{\overset{R}{\overset{|}{C}}}}-R$

$R-\underset{X}{\underset{|}{\overset{R}{\overset{|}{C}}}}-H$ →[Nu⁻ (−X⁻) S_N1 あるいは S_N2] $R-\underset{Nu}{\underset{|}{\overset{R}{\overset{|}{C}}}}-R$

$R-\underset{R}{\underset{|}{\overset{X}{\overset{|}{C}}}}-\underset{H}{\underset{|}{\overset{R}{\overset{|}{C}}}}-R$ →[塩基 (−HX) E1 あるいは E2] $\underset{R}{\overset{R}{C}}=\underset{R}{\overset{R}{C}}$

$\underset{R}{\overset{R}{C}}=\underset{R}{\overset{R}{C}}$ →[Br₂] $R-\underset{H}{\underset{|}{\overset{Br}{\overset{|}{C}}}}-\underset{Br}{\underset{|}{\overset{H}{\overset{|}{C}}}}-R$

↘[HX] $R-\underset{H}{\underset{|}{\overset{Br}{\overset{|}{C}}}}-\underset{H}{\underset{|}{\overset{H}{\overset{|}{C}}}}-R$

第6章

$\underset{R}{\overset{R}{C}}=\underset{H}{\overset{H}{C}}$ →[HX] $R-\underset{X}{\underset{|}{\overset{R}{\overset{|}{C}}}}-\underset{H}{\underset{|}{\overset{H}{\overset{|}{C}}}}-H$

↘[HBr, 過酸化物, 加熱] $R-\underset{H}{\underset{|}{\overset{R}{\overset{|}{C}}}}-\underset{Br}{\underset{|}{\overset{H}{\overset{|}{C}}}}-H$

$\underset{R}{\overset{R}{C}}=\underset{H}{\overset{H}{C}}$ →[Br₂] $R-\underset{H}{\underset{|}{\overset{R}{\overset{|}{C}}}}-\underset{Br}{\underset{|}{\overset{Br}{\overset{|}{C}}}}-R$

↘[Br₂, H₂O] $R-\underset{H}{\underset{|}{\overset{Br}{\overset{|}{C}}}}-\underset{OH}{\underset{|}{\overset{H}{\overset{|}{C}}}}-R$

$\underset{R}{\overset{R}{C}}=\underset{H}{\overset{H}{C}}$ →[H₂O, H⁺ あるいは Hg(OAc)₂, H₂O つづいて NaBH₄] $R-\underset{OH}{\underset{|}{\overset{R}{\overset{|}{C}}}}-\underset{H}{\underset{|}{\overset{H}{\overset{|}{C}}}}-H$

↘[BH₃ つづいて H₂O₂, HO⁻] $R-\underset{H}{\underset{|}{\overset{R}{\overset{|}{C}}}}-\underset{OH}{\underset{|}{\overset{H}{\overset{|}{C}}}}-H$

$\underset{R}{\overset{R}{C}}=\underset{H}{\overset{H}{C}}$ →[RCO₃H つづいて H⁺, H₂O あるいは HO⁻, H₂O] $R-\underset{OH}{\underset{|}{\overset{OH}{\overset{|}{C}}}}-\underset{H}{\underset{|}{\overset{H}{\overset{|}{C}}}}-H$

↘[KMnO₄, 低温, HO⁻, H₂O あるいは OsO₄, H₂O] $R-\underset{OH}{\underset{|}{\overset{OH}{\overset{|}{C}}}}-\underset{OH}{\underset{|}{\overset{H}{\overset{|}{C}}}}-H$

$\underset{R}{\overset{R}{C}}=\underset{H}{\overset{H}{C}}$ →[O₃ つづいて Me₂S] $\underset{R}{\overset{R}{C}}=O + O=\underset{H}{\overset{H}{C}}$

↘[O₃ つづいて H₂O₂] $\underset{R}{\overset{R}{C}}=O + O=\underset{H}{\overset{OH}{C}}$

$\underset{R}{\overset{R}{C}}=\underset{H}{\overset{H}{C}}$ →[Zn(Cu), CH₂I₂] $R-\overset{H_2}{\underset{}{C}}\diagdown\underset{R}{\overset{}{C}}-\underset{H}{\overset{H}{C}}$ (シクロプロパン)

↘[Pd/C, H₂] $R-\underset{H}{\underset{|}{\overset{R}{\overset{|}{C}}}}-\underset{H}{\underset{|}{\overset{H}{\overset{|}{C}}}}-H$

第6章（つづき）

R—C≡C—R
- H₂, リンドラー触媒 → cis CH=CH (R, R同側)
- Na, NH₃ → trans CH=CH

R—C≡C—H
- BH₃ つづいて H₂O₂, HO⁻ → RCH₂CHO
- NaNH₂ つづいて RX → R—C≡C—R

第7章

反応物	試薬	生成物
C₆H₆	Cl₂ / AlCl₃	C₆H₅Cl
C₆H₆	Br₂ / FeBr₃	C₆H₅Br
C₆H₆	HNO₃ / H₂SO₄	C₆H₅NO₂
C₆H₆	H₂SO₄ / SO₃	C₆H₅SO₃H
C₆H₆	RCl, AlCl₃ あるいは RBr, FeBr₃	C₆H₅R
C₆H₆	RCOCl / AlCl₃	C₆H₅COR
C₆H₅NH₂	NaNO₂ / HCl	C₆H₅N₂⁺
C₆H₅COCH₃	Zn/Hg / HCl	C₆H₅CH₂CH₃
C₆H₅NO₂	H₂, Pt あるいは Fe, HCl	C₆H₅NH₂
C₆H₅CH₃	KMnO₄	C₆H₅CO₂H
C₆H₅Br	NaNH₂ (−HBr)	ベンザイン
C₆H₆	Na, NH₃ / EtOH	1,4-シクロヘキサジエン

付　録

第8章

反応物	試薬	生成物	反応物	試薬	生成物
R-CO-R	NaBH$_4$ あるいは LiAlH$_4$ つづいて H$^+$	R-CH(OH)-R	R-CO-R	NaCN (触媒量) HCN	R-C(OH)(CN)-R
R-CO-R	RLi あるいは RMgX つづいて H$^+$	R-C(OH)(R)-R	R-CO-R	Ph$_3$P=CHR (-Ph$_3$P=O)	R$_2$C=CHR
R-CO-R	H$_2$O (H$^+$あるいはHO$^-$触媒)	R-C(OH)$_2$-R	R-CO-R	2ROH H$^+$(触媒) (-H$_2$O)	R-C(OR)$_2$-R
R-CO-R	2RSH H$^+$(触媒) (-H$_2$O)	R-C(SR)$_2$-R	R-CO-R	RNH$_2$ H$^+$(触媒) (-H$_2$O)	R-C(=NR)-R
R-CO-CH$_3$	R$_2$NH H$^+$(触媒) (-HOH)	R-C(NR$_2$)=CH$_2$	R-CO-CH$_3$	Cl$_2$ H$^+$(触媒) (-HCl)	R-CO-CH$_2$Cl
R-CO-CH$_3$	I$_2$, HO$^-$ つづいて H$^+$	R-COOH + CHI$_3$	EtO$_2$C-CH$_2$-CO$_2$Et	EtO$^-$ つづいて R-Br	EtO$_2$C-CHR-CO$_2$Et
2 H-CO-CH$_3$	HO$^-$, 加熱 (-H$_2$O)	H-CO-CH=CH-CH$_3$	R-CO-CH=CH-R	R$_2$CuLi つづいて H$^+$	R-CO-CHR-CHR-H

267

第9章

$R-COOH \xrightarrow[\text{あるいは PCl}_5]{SOCl_2} R-COCl$	$R-COOH \xrightarrow[\text{H}^+(\text{触媒})\ (-\text{HOH})]{ROH} R-COOR$
$R-COCl \xrightarrow[(-\text{HCl})]{H_2O} R-COOH$	$R-COCl \xrightarrow[(-\text{HCl})]{NH_3} R-CONH_2$
$R-CO-OCOR \xrightarrow{H_2O} R-COOH + RCO_2H$	$R-CO-OCOR \xrightarrow{ROH} R-COOR + RCO_2H$
$R-COOR \xrightarrow[\text{つづいて H}^+]{LiAlH_4} R-CH_2OH$	$R-COOR \xrightarrow[\text{つづいて H}^+]{RMgX} R-CR_2-OH$
$R-COOH \xrightarrow[\text{つづいて H}^+]{LiAlH_4} R-CH_2OH$	$R-COOR \xrightarrow[(-\text{ROH})]{H^+, H_2O} R-COOH$
$R-CONH_2 \xrightarrow[H_2O]{H^+} R-COOH$	$R-C\equiv N \xrightarrow[H_2O]{H^+} R-COOH$
$HOOC-CHR_2 \xrightarrow[\text{つづいて H}_2O]{Br_2,\ PBr_3} HOOC-CBrR_2$	$2\ RO-CO-CH_3 \xrightarrow[\text{つづいて H}^+]{RO^-} RO-CO-CH_2-CO-CH_3$

付録8　用語解説

アキラル［achiral］　それ自身とその鏡像が一致する形状をいう．

アシル基［acyl group］　アルキル基あるいはアリール基に結合したC=Oを含む置換基（たとえば，$-COCH_3$，$-COPh$）．

アリール基［aryl group］　フェニル基$-C_6H_5$あるいは置換基をもつフェニル基をいう．

アルキル化反応［alkylation］　反応物にアルキル基が付加する反応．

アルキル基［alkyl group］　アルカンから水素を1個除去してできる置換基（たとえば，メタンCH_4からメチル基$-CH_3$が生成する）．

α水素［α-hydrogen］　α炭素に直接結合している水素原子．

α炭素［α-carbon］　注目している官能基，特にカルボニル基（C=O）に直接結合している炭素原子．

アンチ［anti］　二つの原子あるいは原子団が反対方向を向いた構造．二つの原子あるいは置換基が同一平面にあるときは，アンチペリプラナーという．

アンチ脱離［anti elimination］　二つの原子あるいは原子団が，互いに反対方向に脱離する反応．

アンチ付加［anti addition］　二つの原子あるいは原子団が，分子面に対して反対側から付加する反応．

イオン結合［ionic bond］　反対の電荷をもつ2個のイオンの求引力によって形成される結合．

異性化反応［isomerisation］　分子がその異性体に変換される反応．

異性体［isomer］　同一の分子式をもつ異なる化合物．

位置選択性［regioselectivity］　反応において，他の原子よりもある特定の原子との結合の形成が優先すること．

1当量［one equivalent］　化学量論に従って他の物質の1 molと反応する物質の量．

一分子反応［unimolecular reaction］　反応速度が一つの反応物の濃度のみに依存する反応（たとえば，S_N1反応）．

イリド［ylide］　隣接する原子上に負電荷と正電荷をもつ化合物．

エナンチオマー［enantiomer］　鏡像異性体，光学異性体ともいう．互いに鏡像関係にあり，重なり合わない1組の分子の一方をいう．

エノール化［enolisation］　ケト形がエノール形に変換する反応．

塩基性［basisity］　プロトンに対して電子対を供与する性質．

エンタルピー［enthalpy］　反応の進行に伴って，熱として発生あるいは吸収されるエネルギー．

エントロピー［entropy］　閉鎖系における無秩序さあるいは乱雑さの尺度となる物理量．

化学選択性［chemoseletivity］　⇔ 官能基選択性

角ひずみ［angle strain］　理想的な結合角からのずれによって生じるひずみ．

加水分解［hydrolysis］　水が反応物となる反応．

活性化エネルギー［activation energy］　反応物のエネルギーと遷移状態のエネルギー

との差.

活性化基〔activating group〕 有機反応,特に芳香族求電子置換反応に対して芳香環の反応性を高める置換基.

価電子〔valence electron〕 原子の最も外側の電子殻にある電子.

加溶媒分解〔solvolysis〕 反応物と溶媒との反応.

カルベン〔carbene〕 炭素原子上に非結合性の電子対と空軌道をもつ化学種(たとえば,$H_2C:$).

カルボアニオン〔carbanion〕 炭素原子上に負電荷をもつ化学種.

カルボカチオン〔carbocation〕 炭素原子上に正電荷をもつ化学種.

環化反応〔cyclization〕 環が形成される反応.

還元剤〔reducing agent〕 反応において還元をひき起こし,それ自身は酸化される反応剤.

還元反応〔reduction reaction〕 炭素とそれよりも電気陰性な原子(たとえば,O, N, ハロゲン原子)との共有結合の数が減少し,C−H結合の数が増大する反応.

官能基〔functional group〕 異なる化合物にあっても常に類似の化学的性質を示す原子あるいは原子団をいう.

官能基選択性 他の官能基の存在下で,ある特定の官能基が優先して反応すること.

幾何異性体〔geometric isomer〕 シス−トランス異性体あるいは *EZ* 異性体のこと.

軌　道〔ortibal〕 電子を見いだす確率が高い原子核のまわりの空間領域を記述した関数.

求核剤〔nucleophile〕 電子対を供与して共有結合を形成する電子豊富な反応剤.

求核性〔nucleophilicity〕 求核剤の相対的な反応性.

求電子剤〔electrophile〕 電子対を受容して共有結合を形成する電子欠乏性の反応剤.

求電子性〔electrophilicity〕 求電子剤の相対的な反応性.

吸熱反応〔endothermic reaction〕 生成物のエンタルピーが反応物のエンタルピーよりも大きい反応.反応全体の標準反応エンタルピーは正となる.

鏡像異性体 ⇌ エナンチオマー

協奏反応〔conserted reaction〕 いかなる反応中間体も経由せずに,反応物が直接生成物へ変換される1段階の反応.

共　鳴〔resonance〕 非局在化した電子をもつ分子において,複数の構造を重ね合わせることによってその構造を正しく表記する方法.

共鳴エネルギー〔resonance energy〕 共鳴による電子の非局在化によって獲得された特別な安定化エネルギー.

共鳴効果〔resonance effect〕 π結合を通じて電子密度が非局在化することによる電子効果.

共鳴構造〔resonance structure〕 共有結合および非共有電子対を形成する電子の分布だけが異なる1組の構造のうちの一つをいう.

共鳴混成体〔resonance hybrid〕 非局在化した電子をもつ化合物の実際の構造.複数の共鳴構造の重ね合わせによって表記される.

共　役〔conjugation〕 単結合と二重結合が交互に結合した構造.π軌道の重なりと電子の非局在化により分子は安定化する.

共役塩基［conjugate base］ 酸の脱プロトン化によって生じる塩基.
共役酸［conjugate acid］ 塩基のプロトン化によって生じる酸.
共有結合［covalent bond］ 電子対を共有することによって形成される結合.
極性結合［polar bond］ 電子を等しく共有していない原子間で形成される共有結合.
極性反応［polar reaction］ 求核剤と求電子剤との反応.
キラル［chiral］ それ自身とその鏡像が一致しない形状をいう.
キラル中心［chiral center］ 4個の異なる原子あるいは原子団に結合した原子をいう.
均一分解 ⇌ ホモリシス
形式電荷［formal charge］ 本来もっている価電子数と，ルイス構造から求められる価電子数との差から原子に割り当てられる正あるいは負の電荷.
結合角［bond angle］ 連続して結合している3個の原子によって形成される角度.
結合性分子軌道［bonding molecular orbital］ 原子軌道が同一の位相で重なり合うことにより形成される分子軌道.
光学異性体［optical isomer］ ⇌ エナンチオマー
構造異性体［constitutional isomer］ 同一の分子式をもつが，原子の結合様式が異なる分子.
骨格構造式［skeletal structure］ C－C結合を直線として書き，C－H結合を省略する方法によって書かれた構造式.
互変異性体［tautomer］ 速やかな相互変換により平衡として存在する2種類の構造異性体をいう.
孤立電子対 ⇌ 非共有電子対

混成［hybridization］ 複数の原子軌道を混ぜ合わせて新しい原子軌道を形成させる方法.
酸化剤［oxidising agent］ 反応において酸化をひき起こし，それ自身は還元される反応剤.
酸化反応［oxidation reaction］ 炭素とそれよりも電気陰性な原子（たとえば，O, N, ハロゲン原子）との共有結合の数が増大し，C－H結合の数が減少する反応.
ジアステレオマー［diastereomer］ 互いに鏡像関係にない立体異性体.
脂環式化合物［alicyclic compound］ 芳香環ではない環をもつ環式化合物のこと.
σ結合［σ bond］ 原子軌道がそれぞれの頭部で重なり合うことによって形成される共有結合.
脂肪族化合物［aliphatic compound］ 環状構造をもたない化合物のこと.
触媒［catalyst］ 反応において消費されることなく，反応速度を増大させる物質.
シン［syn］ 二つの原子あるいは原子団が同一の方向を向いた構造．二つの原子あるいは原子団が同一平面上にあるときはシンペリプラナーという.
親水性［hydrophilic］ 高い極性をもち，水と親和性が高い分子や分子の一部の性質.
シン脱離［syn elimination］ 二つの原子あるいは原子団が，分子の同一側から脱離する脱離反応.
シン付加［syn addition］ 二つの原子あるいは原子団が，分子の平面に対して同一側から付加する付加反応.
水素化反応［hydrogenation］ 水素が付加する反応.
水素結合［hydrogen bond］ ある分子の部

分的に正電荷をもつ水素原子と，他の分子の部分的に負電荷をもつヘテロ原子との間に生じる非共有結合性の求引力．

水　和［hydration］　反応物に水が付加する反応．

遷移状態［transition state］　反応機構のすべての段階について，反応物から生成物に至る反応経路における最もエネルギーの高い構造．

双極子モーメント［dipole moment］　結合あるいは分子における電荷の分離の尺度となる物理量．

双性イオン［zwitterion］　隣接していない原子上に負電荷と正電荷をもつ化合物．

速度支配［kinetic control］　反応の生成物比がそれぞれの生成速度によって決まること．

疎水性［hydrophobic］　極性が低く，水と親和性が低い分子や分子の一部の性質．

脱水反応［dehydration］　水が脱離する反応．

脱炭酸反応［decarboxylation］　二酸化炭素が脱離する反応．

脱プロトン化［deprotonation］　プロトンH^+が除去される反応．

脱離基［leaving group］　反応物の本体から電子対を伴って離れる（電荷をもった，あるいは電荷をもたない）原子や原子団のこと．

脱離反応［elimination］　反応物から，特に隣接する2個の原子から，原子あるいは分子が失われる反応．

置換基［substituent］　分子における水素原子以外の原子あるいは原子団をいう．

置換反応［substitution reaction］　原子や原子団が，別の原子や原子団によって置き換わる反応．

超共役［hyperconjugation］　$C-H$あるいは$C-C\sigma$結合から隣接する空のp軌道へ電子が供与されること．

電気陰性［electronegative］　それ自身の方へ電子を引きつける性質．

電子求引基［electron withdrawing group］　隣接する原子からそれ自身の方へ電子密度を引き寄せる原子あるいは置換基．

電子供与基［electron donating group］　隣接する原子に対して電子密度を与える原子あるいは置換基．

電子効果［electronic effect］　分子の一部の反応性が，その部分に対する電子の求引や供与によって影響を受けること．

二置換体［disubstituted compound］　水素原子以外の原子あるいは原子団が二つ置換したアルケンやベンゼンをいう．

二分子反応［bimolecular reaction］　反応速度が二つの反応物の濃度に依存する反応（たとえば，S_N2反応）．

二面角［dihedral angle］　それぞれが3個の原子によって定義される二つの面の間の角度．

ねじれひずみ［torsional strain］　一つの結合を隔てて位置する二つの結合電子対間の反発によって生じるひずみ．

熱力学支配［thermodynamic control］　反応の生成物比が生成物の相対的な安定性によって決まること．

配位結合［coordinate bond］　結合を形成する二つの原子のうち，一方の原子が2個の電子を供給する共有結合．

π結合［π bond］　原子軌道が側面で重なり合うことによって形成される共有結合．

配座異性体［conformer］　互いに異なる

構造をもつ安定な(エネルギー極小にある)特定の立体配座.

発熱反応[exothermic reaction] 生成物のエンタルピーが反応物のエンタルピーよりも小さい反応. 反応全体の標準反応エンタルピーは負となる.

反結合性分子軌道[antibonding molecular orbital] 原子軌道が逆の位相で重なり合うことにより形成される分子軌道.

反応エネルギー図[energy profile] 反応物から生成物に至るエネルギー(ギブズエネルギーあるいはエンタルピー)を反応の進行度に対してプロットした図.

反応機構[mechanism] 反応における結合の開裂や生成を段階的に記述したもの. 一般に, 巻矢印を用いて表される.

反応中間体[intermediate] 反応物から生成し, さらに反応して直接的あるいは間接的に生成物を与え, 分子振動よりも明らかに長い寿命をもつ(局所的なエネルギー極小に存在する)化学種.

非環式[acyclic] 原子が環を形成していない分子や分子の一部をいう.

非共有電子対[lone pair] 孤立電子対ともいう. 単一の原子の原子価殻にあって, 共有結合に関与していない2個の対になった電子.

非局在化[delocalization] 非共有電子対やπ結合を形成する電子が, 複数の原子に広がって存在すること.

pK_a 酸解離指数. プロトンの失われやすさの尺度となる物理量(酸性度の定量的尺度).

非プロトン性溶媒[aprotic solvent] 水素結合の供与体にならない溶媒.

比誘電率[relative permittivity, dielectric constant] 誘電率は, 反対の電荷をどのくらい引き離すことができるかの尺度となる溶媒の物理量であり, 溶媒の誘電率と真空の誘電率との比をとった無次元の量を比誘電率という(極性溶媒は比較的大きな比誘電率をもつ).

付加環化反応[cycloaddition] 環が形成される付加反応.

不活性化基[deactivating group] 有機反応, 特に芳香族求電子置換反応に対して芳香環の反応性を低下させる置換基.

付加反応[addition reaction] 二つの原子あるいは原子団がπ結合の両端に結合する反応.

不均一分解 ⇌ ヘテロリシス.

複素環[heterocycle] 環を構成する原子の少なくとも1個が炭素ではない環状構造をいう.

不斉中心[asymmetric center] ⇌ キラル中心.

不飽和化合物[unsaturated compound] 一つあるいは複数の二重結合あるいは三重結合をもつ化合物.

プロトン性溶媒[protic solvent] 水素結合の供与体となる溶媒.

分極率[polarisability] 原子がもつ電子雲のゆがみやすさの尺度となる物理量.

分子間[intermolecular] 二つあるいはそれ以上の異なる分子の間で起こる過程.

分子軌道[molecular orbital] 2個あるいはそれ以上の原子に広がった軌道.

分子内[intramolecular] 単一の分子において起こる過程.

平衡定数[equilibrium constant] 平衡における反応物に対する生成物の比. 一段階で進行する反応では, 正反応と逆反応の速

度定数の比となる．

β脱離［β-elimination］ 隣接する原子上の二つの原子あるいは原子団が脱離してπ結合が形成される反応（たとえば，$BrCH_2CH_3$ から HBr のβ脱離により $H_2C=CH_2$ が生成する）．

ヘテロ原子［heteroatom］ 炭素あるいは水素以外のすべての原子をいう．

ヘテロリシス［heterolysis］ 不均一分解ともいう．結合を形成する2個の電子が，両方とも一方の原子に存在するように結合が開裂すること．

芳香族化合物［aromatic compound］ ベンゼンやそれと類縁の環状構造をもつ環式化合物．

芳香族複素環式化合物［heteroaromatic compound］ 芳香環の一部として少なくとも1個のヘテロ原子を含む芳香族化合物（たとえば，ピリジン）．

飽和化合物［saturated compound］ 二重結合や三重結合をもたない化合物．

ホモリシス［homolysis］ 均一分解ともいう．結合を形成する2個の電子が，それぞれの原子に1個ずつ存在するように結合が開裂すること．

ポリマー［polymer］ 多量体ともいう．一つあるいは複数の構成単位（モノマーという）が多数回繰返された構造をもつ分子．

無水［anhydrous］ 水を取除いた状態．

モノマー［monomer］ 単量体ともいう．ポリマーを形成する繰返し単位のこと．

誘起効果［inductive effect］ σ結合を形成する電子の分極による電子効果．

溶媒和［solvation］ 溶媒と他の分子やイオンとの相互作用のこと．

ラジカル［radical, free radical］ 不対電子をもつ原子あるいは分子のこと．

ラジカルアニオン［radical anion］ 負電荷と不対電子をもつ化学種．

ラジカルカチオン［radical cation］ 正電荷と不対電子をもつ化学種．

ラセミ体［racemate］ 1組のエナンチオマーの等量混合物．

律速段階［rate-determining step］ 反応において最もエネルギーが高い遷移状態をもつ段階．

立体化学［stereochemistry］ 分子内の原子の空間的な関係を扱う化学の研究分野．

立体効果［steric effect］ 原子の立体的な大きさによって分子の物性や反応性が影響を受けること．

立体障害［steric hindrance］ 反応部位に近接するかさ高い置換基が，反応剤の反応部位への接近を困難にすること．

立体選択性［stereoselectivity］ ある立体異性体（エナンチオマー，ジアステレオマー，あるいはシス-トランス異性体）が他の異性体よりも優先して生成すること．

立体特異的［stereospecific］ 反応において，反応物の立体構造によって生成物の立体構造が制御されること（たとえば，E2脱離反応は立体特異的である）．

立体配座［conformation］ 単結合の回転によって生じる原子や原子団の三次元的な配列様式．

立体配置［configuration］ 分子における原子や原子団の空間的な配列様式．立体配置異性体の相互変換には結合の開裂を伴う．

ルイス塩基［Lewis base］ 電子対の供与体のこと．

ルイス酸［Lewis acid］ 電子対の受容体のこと．

索引

あ

IR 分光法 → 赤外分光法
I 効果 → 誘起効果
IUPAC　25
亜鉛　159
亜鉛アマルガム　139
亜鉛カルベノイド　116
アキシアル位　39, 225
アキシアル水素　39
アキラル　42, 108
亜硝酸ナトリウム　140
アシリウムイオン　132, 201
アシル化　132
アシル基　150, 179
アスパラギン　225
アスパラギン酸　225
アスピリン　31
アセタール　162
アセチリド　122
アセチルアセトン　171
アセチレン　6
アセトン　155, 161
アゾ化合物　141
アゾカップリング　141
アタクチックポリマー　231
アデニン　228
アート錯体　176
後処理　154
アニオン　1, 52, 54
アニオン重合　231
アニリン
　　16, 28, 139, 140, 143, 204
アノマー炭素　223

アミド
　　15, 24, 29, 144, 166, 179, 187
アミド結合　225, 226
アミノ酸　47, 165, 226
アミン　14, 24, 26, 154, 164, 206
アミンオキシド　104
アラニン　225
アリル　25
アリール　25
アリルカチオン　86
アリールカチオン　140
アリル転位　90
RNA　228
アルカリ金属　141
アルカン　23, 26, 79
アルキニルアニオン　122
アルキニル金属反応剤　159
アルギニン　225
アルキリデンホスホラン　160
アルキルオキソニウムイオン
　　80
アルキル化　130, 171
アルキル基　24
アルキルクロロスルファイト
　　89
アルキン　23, 26, 27, 102
アルケン　23, 26, 27, 40, 102,
　　104, 160, 211, 213
──のハロゲン化　82
(E)-アルケン　41, 121
(Z)-アルケン　41, 121
アルコール　24, 26, 111, 154,
　　159, 183, 206, 214
──の酸化　156
──のハロゲン化　80
アルデヒド
　　24, 26, 115, 121, 151, 211

アルドース　222
アルドール　152
アルドール反応　172
R 配置　44
α アノマー　223
α 開裂　201
α 水素　155, 169, 172, 191
α 脱離反応　116
α 置換反応　152, 167, 189
α ハロゲン化　169
α らせん構造　227
アルミニウム　163
アレニウス式　68
アレーン　23
アレーンジアゾニウム塩　140
アレーンジアゾニウム化合物
　　138
安息香酸　28, 139
アンチ形配座　36
アンチクリナル配座　37
アンチ−ジヒドロキシル化　112
アンチ付加　83, 107, 113, 121
アンチペリプラナー配座
　　36, 91
アンモニア　15, 142, 154, 184
アンモニウムイオン　15
アンモニウム塩　14

い，う

EI → 電子衝撃
EIMS → 電子衝撃質量分析法
Ei 反応　104
E 異性体　103

索引

E1cB 機構　173
E1cB 反応　96
E1 反応　94, 95, 98
イオン結合　1
イオン反応　53, 64
いす形配座　38
異性　34
異性体　34
E/Z 表示法　41
イソシアナート　233
イソタクチックポリマー　231
イソブチル　25
イソプロピル　25
イソロイシン　225
位置異性体　35
一次構造　227
一重項カルベン　117
位置選択性　64
位置選択的　83
位置番号　26
一分子求核置換反応 → S_N1 反応
一分子脱離反応 → E1 反応
E2 反応　91, 95, 97, 98
イプソ　28
イミド　109
イミン　164, 165
イリド　160
インドール　249

ウィッティッヒ反応　104, 160
ウェーランド中間体　128
ウォルフーキシュナー反応　167
右旋性　43
ウラシル　228, 256
ウレタン　233

え

AX スペクトル　255
AM スペクトル　255
エキソ生成物　248
エクアトリアル位　39
エクアトリアル水素　39
S_Ni 反応　89
S_N1 反応　85, 87, 98
S_N1' 反応　90
S_NAr 機構　138
S_N2 反応　84, 87, 97, 98
S_N2' 反応　90

s 軌道　4
s 性　7, 17
エステル　24, 26, 29, 179, 183, 185
エステル交換　187
S 配置　44
sp 混成　6, 102
sp^2 混成　6, 102, 150
sp^3 混成　5, 79
エタン　26, 35
エチレン　6
エチレンオキシド　30
エチン　6
^1H NMR 分光法　209
HOMO → 最高被占軌道
エーテル　24, 26
エテン　6
エナミン　164, 167
エナール　153
エナンチオマー　43, 85
エナンチオマー過剰率　43
NAD^+ → ニコチンアミドアデニンジヌクレオチド
NMR 分光法 → 核磁気共鳴分光法
NBS → N-ブロモスクシンイミド
エネルギー障壁　36
エノラートイオン　167, 169, 171
エノール　119, 167, 169
エノール形　168
エノン　175
AB スペクトル　255
FT-NMR → パルスフーリエ変換 NMR
エポキシ化　112
エポキシド　30, 112
M 効果 → 共鳴効果
mCPBA → m-クロロ過安息香酸
m/z → 質量-電荷比
エリトロース　48
L 糖　222
L 配置　45
LUMO → 最低空軌道
塩化チオニル　81, 89, 182
塩化トシル　82
塩化 p-トルエンスルホニル　82
塩基　14, 84, 95
塩基性　55
塩基性度定数　14

塩素　26, 199
エンタルピー　66
エンド生成物　248
エントロピー　66, 67, 97

お

オキサホスフェタン　160
オキシ水銀化　110
オキシム　165, 166
オキシラン　30
オキソニウムイオン　80
オクタン　26
オクテット則　2
オスミウム　114
オゾニド　115
オゾン　115
オッペナウアー酸化　155
親ピーク　198
オルト　28, 134, 213
オルト-パラ配向　135, 136
オレウム　130

か

開始剤　230
開始反応　62, 230
回転異性体　35
化学イオン化　202
化学シフト　209, 210, 215
化学選択性　64
鍵と鍵穴モデル　228
可逆的　70
核　酸　228
核酸塩基　228
核磁気共鳴分光法　207
角ひずみ　38
重なり形配座　35
過　酸　112
過酸化水素　111
過酸化物　107, 230
加水分解　113, 186, 223, 224
硬い求核剤　176
片羽矢印　52
カチオン　1, 52, 54
カチオン重合　231
活性化エネルギー　134
活性化基　133

索　引

活性化ギブズエネルギー　67
活性部位　228
ガッターマン-コッホ反応　133
カップリング　63
活　量　65
価電子　2
カニッツァロ反応　155
カープラスの関係　213
過マンガン酸カリウム
　　　　　　　114, 139
過ヨウ素酸　114
加溶媒分解　100
カルバマート　233
カルベニウムイオン　57
カルベン　116
カルボアニオン
　　　　3, 57, 93, 96, 154, 231
カルボカチオン　3, 8, 57, 85, 94,
　　　105, 106, 131, 133, 201, 231
カルボキシラートイオン
　　　　　　　　12, 186
カルボニウムイオン　57
カルボニル化合物
　　　24, 150, 179, 201, 206, 216
カルボニル-カルボニル
　　縮合反応　152, 172, 190
カルボン酸　12, 24, 26, 115,
　　　　　139, 157, 179, 182, 224
カルボン酸誘導体　179
カーン-インゴールド-
　　　　　プレローグ表示法　44
環化反応　174
還　元
　　　60, 117, 121, 141, 154, 187
還元的アミノ化　165
完全な構造式　30
環電流　211
官能基　23
　──の優先順位　26
官能基異性体　35
官能基選択性　64
環反転　39
緩　和　207

き

幾何異性体 → シス-トランス
　　　　　　　　　　異性
キサントゲン酸エステル　104
基準ピーク　199

基底状態　5, 203
軌　道　4
木びき台形表示　35
ギブズエネルギー　65, 67
ギブズエネルギー図　68
逆マルコフニコフ生成物
　　　　　　　　83, 107
逆マルコフニコフ付加
　　　　　　　　110, 120
求核アシル置換反応　180, 232
求核剤
　　54, 55, 72, 84, 87, 151, 154, 176
求核性　55
求核性触媒　88
求核置換反応　84
　　アミドの──　187
　　エステルの──　185
　　カルボン酸の──　182
　　酸塩化物の──　183
　　酸無水物の──　184
求核付加反応　152, 188
吸収スペクトル　202
求電子剤　54, 56, 72, 151
求電子性　56
求電子置換反応　128
求電子付加反応　83, 105
吸熱反応　67, 69
共重合体 → コポリマー
鏡像異性体 → エナンチオマー
協奏的機構　84, 117
共　鳴　9, 207
共鳴エネルギー　128
共鳴効果　9, 133, 134, 181
共鳴構造　9
共　役　11, 204
共役エナール　172
共役エノン　172
共役塩基　11
共役塩基一分子脱離反応 →
　　　　　　　　E1cB 反応
共役系　11
共役酸　14
共役ジエン　118
共役付加　175
共有結合　1
供与結合　2
極限構造 → 共鳴構造
極性効果　59
極性反応　53, 60
キラル　42
キラル中心　43, 85
均一開裂　52

均一重合体 → ホモポリマー
均一触媒　70
緊密イオン対　88

く～こ

グアニジン　238
グアニン　228, 257
空軌道　71
くさび形表示　42
駆動力　66
クライゼン縮合反応　190
グリコーゲン　223
グリコシド結合　223
グリコール　113
グリシン　225
グリセリン　224
グリセルアルデヒド　45, 222
グリニャール反応剤
　　　　　　159, 176, 184, 186
グルコース　162, 221, 222
グルコピラノース　222
グルタチオン　233
グルタミン　225
グルタミン酸　225
クレゾール　22
クレメンゼン還元　140, 167
クロム　156
クロモフォア　204
クロルフェナミン　32
m-クロロ過安息香酸　247
クロロクロム酸ピリジニウム
　　　　　　　　　　157
クロロホルム　116

形式電荷　3
結合解離エンタルピー　7, 64
結合強度　64
結合性分子軌道　4, 127
β-ケトエステル　191
ケト-エノール互変異性化　168
ケト形　168
ケトース　222
ケトン　24, 26, 115, 120, 143, 151
けん化　186, 224
原子軌道　4

硬　化　224
光学異性体　42
光学活性　43

索引

光学分割 43
交差アルドール縮合 173
交差クライゼン縮合反応 191
構成原理 5
酵 素 227
構造異性体 34
広帯域プロトン
　　デカップリング法 215
硬軟の原理 176
高分解能質量スペクトル 200
高分子 → ポリマー
国際純正・応用化学連合 →
　　　　　　　　IUPAC
五酸化二リン 184
ゴーシュ形配座 37
骨格異性体 34
骨格構造式 30
コープ脱離 104
互変異性化 119, 120, 169
互変異性体 168
コポリマー 232
孤立電子対 → 非共有電子対
混合アルドール縮合 → 交差
　　　　　　　アルドール縮合
混合クライゼン縮合反応 →
　　　交差クライゼン縮合反応
混 成 5
混成軌道 5
コンホマー 35
コンホメーション 35

さ

最高被占軌道 72
最低空軌道 72
酢酸水銀(Ⅱ) 110, 119
左旋性 43
酸 11, 110
酸塩化物 26, 132, 182, 183
三塩化リン 182
酸塩基反応 19
酸 化 59, 111, 115, 156
酸化準位 60
酸化的開裂 115
残 基 227
三酸化硫黄 130
三次構造 227
三臭化リン 189
三重結合 6, 42, 54, 102
三重項カルベン 117

酸性度定数 11
ザンドマイヤー反応 141
酸ハロゲン化物 24, 179
三ハロゲン化リン 81
酸無水物 24, 179, 184

し

CI → 化学イオン化
1,3-ジアキシアル相互作用 40
ジアステレオ異性体 →
　　　　　ジアステレオマー
ジアステレオマー 46
ジアゾ化 140
ジアゾニウム塩 140, 141
シアノヒドリン 157
次亜リン酸 141
シアン化物イオン 99, 154, 157
^{13}C NMR 分光法 215
ジエノフィル 118, 138
ジェミナルジオール 161
ジェミナルスピン結合 213
ジエン 108
四塩化チタン 232
1,1-ジオール 161
1,2-ジオール 113, 114
紫外線 202
紫外分光法 203
脂環式化合物 29
脂環式ハロゲン化アルキル 79
磁気回転比 207
σ軌道 103
シグマ(σ)結合 4, 71, 102, 151
シクロアルカン 37
シクロブタン 38
シクロプロパン 38, 116
シクロヘキサン 38
シクロヘキセン 118
シクロヘプタトリエニル
　　　　　　カチオン 127
シクロヘプタトリエン 21
シクロペンタジエニルアニオン
　　　　　　　　127
シクロペンタジエン 21
シクロペンタン 38
ジクロロカルベン 116
1,3-ジケトン 170
四酸化オスミウム 114
脂 質 223
シス異性体 40, 41

システイン 225
シス-トランス異性 41
s-シス配座 118
シソイド配座 118
質量-電荷比 197
質量分析法 197
シトシン 228
磁 場 207
ジヒドロキシル化 114
脂 肪 224
脂肪酸 224
脂肪族化合物 29
脂肪族ハロゲン化アルキル 79
脂肪油 224
ジメチルスルフィド 115
ジメチルスルホキシド
　　　　　　56, 87, 96
シモンズ-スミス反応 116
指紋領域 205
遮 蔽 207
自由回転 36
臭化物 83
重 水 214
臭 素 26, 107, 199
臭素化 108
縮合構造式 30
縮合高分子 230, 232
縮合反応 164
順位則 41
硝 酸 129
触 媒 69
助色団 204
ジョードメタン 116
ジョーンズ酸化 156
シンクリナル配座 36
シンジオタクチックポリマー
　　　　　　　　232
シン-ジヒドロキシル化 114
伸縮振動 205
深色効果 204
シン付加
　　83, 111, 114, 117, 118, 121
シンペリプラナー脱離 138
シンペリプラナー配座
　　　　　　37, 91, 104

す〜そ

水酸化物イオン 80, 154, 166
水 素 117, 121

索　引

水素化　118, 139, 142
水素化アルミニウム
　　　　　ジイソブチル　189
水素化アルミニウムリチウム
　　　154, 163, 185, 187, 188
水素化物イオン → ヒドリド
水素化ホウ素ナトリウム　154
水素結合
　　2, 12, 87, 96, 168, 206, 229
水　和　110, 119, 120, 161
スクシンイミド　109
スクロース　222
ス　ズ　139
スチレン　28
ステロイド　224
ストレッカーのアミノ酸合成
　　　　　　　　　　　165
スピンカップリング　211
スピン結合定数　212
スピン-スピン分裂　211
スピン反転　207
スルフィド　24
スルホン化　130, 145

セイチェフ脱離　93
成長反応　62, 230
正電荷　1, 52, 197
赤外線　202
せっけん　224
Z異性体　103
接頭語　26
接尾語　26
セリン　225
セルロース　222, 223
セロビオース　235
遷移状態　67
浅色効果　204
占有軌道　71

双極子モーメント　8, 151
双極性反応剤　115
双性イオン　226
速度支配　70, 145
速度支配生成物　70
速度定数　68
速度論　65, 67

た　行

多環式芳香族炭化水素　145

ダクロン　257
脱遮蔽　207
脱水剤　162
脱水反応　104
脱スルホン化　130
脱プロトン化　11, 96, 122, 128,
　　　　152, 160, 171, 172, 191
脱離基　84, 88
脱離反応　61, 84, 91, 96
脱硫化　163
多　糖　221, 223
段階的機構　85, 117
炭化水素　23
単結合　6, 36, 54
炭水化物　221
炭素求核剤　157
炭素ラジカル　57, 107
単　糖　221
タンパク質　225, 227

チオアセタール　163
チオエーテル　24
チオフェン　147
チオール　24, 154, 163
置換反応　61, 84, 96
逐次成長高分子　230
チーグラー-ナッタ触媒　232
窒素塩基　81, 82, 89
窒素則　200
チミン　228
チュガエフ脱離　104
超共役　8, 103
長距離スピン結合　214
直鎖構造　34
チロシン　225

釣り針形矢印 → 片羽矢印

DIBAL-H → 水素化アルミ
　　　　ニウムジイソブチル
DEPT法　216
DNA　228
D/L表示法　45
ディークマン反応　192
停止反応　63, 230
D糖　222
D配置　45
ディールス-アルダー
　　付加環化反応　63, 118, 248
デオキシリボ核酸 → DNA
デオキシリボース　228
デカン　26

テストステロン　225
鉄　139
テトラヒドロフラン　30
テトラメチルシラン　209
テトロース　222
デバイ（D）　8
転位反応　62
電気陰性度　7
電気陰性な原子　8, 55
電気陽性な原子　8, 55
電子求引基　57, 134, 136
電子供与基　57, 133, 135
電子効果　59, 137
電子衝撃　200
電子衝撃質量分析法　197
電磁スペクトル　202
電子対　17
電子配置　5
転　写　229
電子励起　203
デンプン　223

糖　47, 221, 228
銅（I）　141, 176
同位体ピーク　199
等電点　226
トシラート　82
トランス異性体　40, 41
s-トランス配座　118
トリアルキルボラン　111
トリエチルアミン　81, 89
トリエチルアルミニウム　232
トリオース　222
トリグリセリド　224
トリクロロメタン　116
トリチルカチオン　58
トリフェニルホスフィン
　　　　　　　　115, 160
トリフェニルホスフィン
　　　　　オキシド　160
トリプトファン　225
トルエン　18, 28, 139
トレオニン　225

な　行

内部アルキン　119
ナイロン　232
ナトリウムアミド　118, 122
ナトリウムD線　43

索引

ナフタレン　127, 145
ニコチンアミドアデニン
　　　ジヌクレオチド　156
二次構造　227
二重結合　6, 41, 54, 102
二重らせん構造　229
ニッケル　163
二　糖　221, 223
ニトリル　24, 26, 188
ニトロ化　129
ニトロ化合物　24
ニトロ基　13, 26
ニトロソニウムイオン　140
ニトロニウムイオン中間体
　　　　　　　　　　129
ニトロベンゼン　129, 139
二分子求核置換反応　→ S_N2
　　　　　　　　　　反応
二分子脱離反応　→ E2 反応
二面角　36
ニューマン投影式　35

ヌクレオシド　228
ヌクレオチド　228

ねじれエネルギー　36
ねじれ角　36
ねじれ形配座　36
ねじれひずみ　36
熱力学　65
熱力学支配　70, 145
熱力学支配生成物　71

ノナン　26

は

配位結合　2, 17
配位錯体　131, 132
π 軌道　103
π* 軌道　103
パイ (π) 結合　4, 71, 102, 151
配向性　134
配座異性体　35
π 電子　126, 146
パウリの排他原理　5
波　数　205
パスカルの三角形　212
ハース投影式　223

旗ざお水素　39
バーチ還元　142
発煙硫酸　130
白　金　117
発色団　204
発熱反応　67, 69
ハモンドの仮説　69
パ　ラ　28, 134, 213
パラジウム　117
パラジウム–炭素触媒　121
バリン　225
パルスフーリエ変換 NMR
　　　　　　　　　　209
ハロアルカン　78
ハロゲン化　128
　アルカンの──　79
　アルケンの──　82
　アルコールの──　80
　エノラートイオンの──
　　　　　　　　　　171
ハロゲン化アリル　90
ハロゲン化アルキル　78, 87, 95
ハロゲン化ビニル　119
ハロホルム反応　171
反結合性分子軌道　4, 127
反応速度　67
反応中間体　67, 68
反芳香族　127

ひ

p 軌道　4
非共有電子対　2
非局在化　8, 9, 126
pK_a　11
非結合電子対　→ 非共有電子対
PCC　→ クロロクロム酸
　　　　　　ピリジニウム
ビシナルスピン結合　213
ヒスチジン　225
比旋光度　43
ヒドラジン　165
ヒドラゾン　165, 166
ヒドリド　106, 154
ヒドリド移動　106
ヒドリド金属錯体　154
β-ヒドロキシアルデヒド　152
ヒドロキシ基　221, 223
ヒドロキシ酸　158
ヒドロキシルアミン　165

ヒドロホウ素化　110, 120
ビニル　25
ビニルアニオン　122
ビニルカルボカチオン　119
ビニルボラン　120
ビニルラジカル　122
9-BBN　→ 9-ボラビシクロ
　　　　　　[3.3.1]ノナン
非プロトン性溶媒　56, 87, 96, 97
比誘電率　87, 95
ヒュッケル則　18, 127
ビュルギ–ダニッツ角度
　　　　　　　　　72, 151
標準反応ギブズエネルギー
　　　　　　　　　66, 97
ピラノース　222
ピリジン　18, 28, 81, 127, 146
ピリミジン塩基　228
ピロール　18, 28, 146

ふ

フィッシャー投影式　47, 226
フェニルアラニン　225
フェニル基　25
フェノキシドイオン　13
フェノール　10, 13, 28, 204
1,2-付加　175
1,4-付加　175
[4＋2]付加環化反応　63
不可逆的　70
付加高分子　230
付加脱離反応　164
不活性化基　134
付加反応　60
不均一開裂　52
不均一触媒　70
不均化反応　156
複素環　28, 127
複素環式化合物　29
不斉炭素原子　42
不斉中心　43
ブタン　26, 36
s-ブチル　25
t-ブチル　25
不対電子　53
フックの法則　205
負電荷　1, 52
舟形配座　39
部分速度比　135

索 引

不飽和脂肪酸 224
不飽和炭化水素 23
不飽和度 200
フラグメンテーション 198
フラグメンテーションパターン 201
フラグメントイオン 198
フラグメントピーク 199
フラノース 222
フラン 28, 147
プランク定数 202
フリーデル-クラフツアシル化 132, 143
フリーデル-クラフツアルキル化 130, 142
プリン塩基 228
フルオレン 18
フルオロホウ酸 141
フルクトース 222
ブルーシフト 204
ブレンステッド-ローリーの定義 11
プロトトロピー 168
プロトン 11
プロトン化 14, 154
プロトン性溶媒 56, 87, 96
プロパン 26
N-ブロモスクシンイミド 108, 139
ブロモニウムイオン 83, 107
ブロモヒドリン 109
プロリン 225
分極率 56
分子イオン 198
分子イオンピーク 199
分子間反応 89
分子軌道 4
分枝構造 34
分子内アルドール反応 174
分子内求核置換反応 → S_Ni反応
分子内クライゼン縮合反応 192
分子内脱離反応 104, 182
分子内反応 89
フントの規則 5

へ

平衡過程 65

平衡定数 65
平面偏光 43
ヘキサン 26
ヘキソース 222
βアノマー 223
ベタイン 160
βシート構造 227
ベックマン転位反応 166
ヘテロ環 → 複素環
ヘテロ環式化合物 → 複素環式化合物
ヘテロ原子 17, 29, 201
ヘテロリシス 52
ヘプタン 26
ペプチド 225
ペプチド結合 225
ペプチド骨格 227
ヘミアセタール 162, 222
ヘミアミナール 164
ペリ環状反応 63, 118
ペリ相互作用 146
ヘルツ (Hz) 212
ヘル-フォルハルト-ゼリンスキー反応 189
変角振動 205
ベンザイン 138
ベンジルカチオン 58, 86
ベンジル基 25
ベンジルラジカル 139
ベンズアルデヒド 28, 133
変 性 228
ベンゼン 28, 126
変旋光 223
ベンゼンスルホン酸 130
ベンゾイン 158
ベンゾイン縮合反応 158
ベンゾニトリル 28
ペンタン 26
ペントース 222

ほ

芳香族 127
芳香族化合物 18, 27, 211, 213
芳香族求核置換反応 137
芳香族性 18
芳香族ハロゲン化アルキル 79
芳香族複素環式化合物 28
飽和炭化水素 23
保護基 163

ホスフィン酸 141
ホスホラン 160
ホフマン脱離 93
ホモポリマー 232
ホモリシス 52
9-ボラビシクロ[3.3.1]ノナン 111
ボラン 110, 120, 185, 188
ポリアミド 232
ポリウレタン 233
ポリエステル 232
ポリエチレン 232
ポリ塩化ビニル 257
ポリペプチド 227
ポリマー 230
ポーリングの電気陰性度 7
ホルムアルデヒド 155, 159, 161
ホルモン 225

ま 行

マイケル反応 175, 231
マイゼンハイマー錯体 138
巻矢印 9, 52, 73
マーキュリニウムイオン 110
マグネシウム 159
末端アルキン 119, 122
マルコフニコフ生成物 83, 106
マルコフニコフ則 106
マルコフニコフ付加 110, 119
マルトース 223
マンガン 114

水 87, 96, 154

娘イオン → フラグメントイオン

命名法 25
メソ化合物 47, 108
メソメリー効果 → 共鳴効果
メタ 28, 134, 213
メタノール 56, 87, 96
メタ配向 136
メタン 5, 26
メチオニン 225
メーヤワイン-ポンドルフ-バーレー反応 155

索引

メントール 50

モジンゴ還元 163,167
モノマー 230
モルオゾニド 115
モル吸光係数 203

や 行

軟らかい求核剤 176

有機亜鉛化合物 159
有機金属化合物 159
誘起効果 8,133,134,181
有機銅反応剤 176
有機マグネシウム化合物 159
有機リチウム化合物 159,176
油　脂 224
UV 分光法 → 紫外分光法

ヨウ素 26
溶　媒 87,95
溶媒殻 89
溶媒和 11,56,87
四次構造 227
ヨードホルム 171

ら 行

ラクタム 24,30

ラクトース 233
ラクトン 24
ラジオ波 202,208
ラジカル 52
ラジカルアニオン 122,142
ラジカルカチオン 198
ラジカル重合 230
ラジカル反応 53,62,64,107
ラジカル連鎖機構 79
ラセミ化 85
ラセミ混合物 43
ラセミ体 43,86
ラネーニッケル 163
ランベルト−ベールの法則
　　　　　　　　　203

リシン 225
リチウム 159
リチウムジイソプロピルアミド
　　　　　　　　　95
律速段階 68
立体加速 59
立体効果 59,137
立体障害 59,85,111,137,144
立体選択性 65
立体選択的 83
立体特異的 65,92,107,117
立体配座 35
立体配置 40
　──の反転 84
立体配置異性体 35,40
立体ひずみ 37
リボ核酸 → RNA
リボース 228

硫　酸 129
両性化合物 226
両性求核剤 171
両羽矢印 52
リノイリド 160
リン酸 228
隣接基関与 89
隣接二臭化物 107,118
リンドラー触媒 104,121

ルイス塩基 17
ルイス構造 2
ルイス酸 17,128,130,132,155

励　起 207
励起状態 203
レッドシフト 204
レフォルマトスキー反応剤
　　　　　　　　　159
連鎖成長高分子 230
連鎖反応 63,107,230

ロイシン 225
ろ　う 224
ロープ 5

わ

ワグナー−メーヤワイン転位
　　　　　　　　　106
ワルデン反転 85

村　田　　滋
むら　た　　　しげる
　　1956年　長野県に生まれる
　　1981年　東京大学大学院理学系研究科修士課程 修了
　　現 東京大学大学院総合文化研究科 教授
　　専門 有機光化学，有機反応化学
　　理学博士

第1版 第1刷 2006年1月20日 発行
第2版 第1刷 2016年6月17日 発行

キーノート 有機化学（第2版）

訳　者　村　田　　滋
発行者　小　澤　美奈子
発　行　株式会社 東京化学同人
　　　　東京都文京区千石 3-36-7（☎ 112-0011）
　　　　電話 03-3946-5311・FAX 03-3946-5317
　　　　URL: http://www.tkd-pbl.com/

印　刷　中央印刷株式会社
製　本　株式会社 松岳社

ISBN978-4-8079-0896-7
Printed in Japan

無断転載および複製物（コピー，電子
データなど）の配布，配信を禁じます．